药用植物种苗繁育概论

卢宝伟 ⊙ 著

中国海洋大学出版社
·青岛·

药用植物种苗繁育概论 / 卢宝伟著 . －青岛：
中国海洋大学出版社 , 2018.5
ISBN 978-7-5670-1840-2

Ⅰ . ①药… Ⅱ . ①卢… Ⅲ . 药用植物－苗木－繁育
Ⅳ . ① S567.03

中国版本图书馆 CIP 数据核字 (2018) 第 135033 号

药用植物种苗繁育概论

出版发行 中国海洋大学出版社	
社　　址 青岛市香港东路 23 号	**邮政编码**　266071
出 版 人 杨立敏	
网　　址 http://pub.ouc.edu.cn	
电子邮箱 155167920@qq.com	
责任编辑 赵冲　矫燕	**电　　话**　0532-85902359
印　　制 北京虎彩文化传播有限公司	
版　　次 2019 年 3 月第 1 版	
印　　次 2019 年 3 月第 1 次印刷	

成品尺寸　170mm×240mm

印　　张　18.75

字　　数　350 千

印　　数　1－3000

定　　价　72.00 元

订购电话　0532-82032573（传真）

如发现印装质量问题，请致电 18600843040，由印刷厂负责调换。

前　言

　　"药材好，药才好"。优质中药材是保证中药有效、安全和稳定的物质基础，是中药现代化的一项非常重要的基础工作。但长期以来，我国中药材生产大都处于自然发展的状态，中药农业的研究基础十分薄弱，如药用植物遗传特性和良种选育、药用植物品质与产量形成机理及其调控、药用植物病虫害发生发展规律及其综合防治技术等方面的研究还相当落后，这些都严重影响了中药材质量，制约了中药材生产的发展。

　　随着我国中药现代化、国际化进程的不断推进，2002 年 6 月 1 日，我国正式施行了《中药材生产质量管理规范（GAP）》，这标志着我国中药材生产已从传统的、自发式的落后状态向现代化、规范化的方向发展。其核心是保证中药材的质量，控制影响中药材质量的各种因子，规范中药材生产全过程。中药材质量受诸多因素制约，其中良种是关键因素，选育、繁育优质高产的药用植物良种是提高中药材质量的当务之急。利用现代遗传育种技术改良药用植物品种，使其向着优质、稳产方向发展是药用植物育种学的根本任务，同时也是实现药材优质、安全、稳定、可控生产目标的根本保证。因此，药用植物育种学无论是在药用植物研究还是在药材生产中都具有重要的地位。

　　由于《药用植物种苗繁育概论》研究内容广泛，具有较强的综合性和应用性，加之编者水平有限，书中不妥之处在所难免，敬请读者批评指正，以便今后进一步修改，使之日臻完善。

目　录

第一章 药用植物种子的生物学基础

从植物界世代交替的生理现象来看，种子植物具有很大的特点，即通常所见的植物体，从几厘米高的杂草至数十米高的林木都属于孢子体世代（无性世代）；而配子体世代（有性世代）则隐藏在花器内，肉眼不易见，其发育持续时间非常短暂。种子通常须经配子体所产生的雌雄配子的融合作用而形成，是有性过程的产物。但就种子本身而言，则是一个非常幼嫩的新孢子体，它将亲代的遗传特性传递给后代，起了承先启后的桥梁作用。

第一节 种子的概念

植物学、生物学、遗传学以及生产上所谓的种子，其意义不同。植物学上的种子，是指受精后的胚珠发育而成的繁殖器官，是植物有性过程的产物，种子的形成是显花植物的特点之一。生物学上的种子，是指具有生命的活的有机体，不断地进行呼吸代谢作用，在适宜条件下，能发育成新的植株个体。

遗传学上的种子，是指植物系统发育过程中保持生命连续性的物质基础，它包含生命有机体的各种遗传因子，能够保证植物不间断地生存繁衍，传宗接代。农业生产上的种子，则是指能作为播种材料的植物器官、组织等，是重要的生产资料。

一、狭义的种子概念

狭义的种子是指植物学上所说的种子，是指胚珠受精后发育而成的繁殖器官。其中，珠被发育为种皮，受精卵发育为胚，受精极核发育为胚乳。

二、广义的种子概念

从广义上说，种子具有广泛的含义。生产中的种子，是指一切可以被用作播种材料的植物器官，即不论植物的哪种器官或营养体的哪一部分，也不论它的形态构造是简单还是复杂，只要能繁殖后代和用来扩大再生产的播种、扦插、栽植的材料，统称为种子。

药用植物种子基本上可分为以下三大类：

第一，真正的种子。这一类就是植物学上所说的种子，是由受精胚珠发育而成。如牡丹、贝母等栽培时所用的种子。

第二，有些"种子"实际上不是种子，而是植物学上所说的果实。其内部含有1粒或几粒种子，而外部则由子房壁或花器的其他部分发育而来。有些植物的果实成熟干燥以后不开裂，或其种子包在果皮之内，不易分离，直接用于播种。它们中有的在外部形态上和真正的种子不易区别，在栽培中常常用这种果实来播种。所以把这类果实亦称为"种子"。这种用种子或果实进行繁殖的方法称为有性繁殖。如牛蒡、红花、当归、防风等栽培时所用的"种子"。

第三，营养器官。有些药用植物的营养器官，或营养器官的变态，如块茎、鳞茎等，在栽培时也常常作为繁殖材料，在一定条件下能生出不定根，且能形成新植株，有时亦把它称为"种子"。但是它们与种子或果实，在本质上完全不同，它们属于营养器官，属于无性繁殖。例如，天麻的块茎、元胡的块茎、贝母的鳞茎和百合的鳞茎等。

近年来，出现了一种新的种子类型——人工种子。人工种子，也称合成种子、无性种子或人造种子，是以人工手段，将植物离体细胞产生的胚状体或其他组织等包裹在一层高分子物质组成的胶囊种皮内形成，使之具有类似植物自然种子的结构与功能，可直接播种。它不是由胚珠发育而成，而是由体细胞经组织培养诱导形成的胚状体，在结构上缺少种被和胚乳。在其表面包上胶囊，不仅起到了自然种子种被的保护作用和胚乳贮藏、供应各种养分的作用，还可赋予人工种子多种功能。如把控制休眠和生长的物质掺入胶囊中，人工种子就具有耐贮藏和旺盛的发根、生长能力；把有用微生物、除草剂及其他农药掺入胶囊中，可使其具有自然种子所不具备的优越性。

制造人工种子有两项关键技术：一是胚状体的诱导与形成；二是人工种皮的制作与装配。高质量的体细胞胚应当是形态上类似于天然合子胚，萌发出的幼苗既有根又有叶；产生的健壮植株在表型上应相似于亲本；耐干燥并能长期保存。目前能成功地大量产生胚状体的植物有100多个种。所配制的人工种皮应对胚无损伤，具有一定硬度，能保持分生组织生存所必需的水分和发芽及早期发育所需要的养分；胚状体萌发后不影响胚突破种皮和胚的生长。

我国从1987年开始"人工种子"的研制工作，并纳入国家高新技术发展计划。目前人工种子技术已开始应用于药用植物中，如在黄连、西洋参、白芨等植物上已获得成功。

第二节 药用植物种子的形态结构与分类

一、药用植物种子的形态结构

我国药用植物种类繁多，其种子形态差异较大。种子的形态和构造，是进行种子鉴定、净度检验、清选分级以及安全贮藏等的重要依据。

（一）种子的形态

种子的大小、形状、色泽随植物种类的不同而异，这些形态和结构上的差别可作为种子识别的主要依据。通常种子的大小用种子的长、宽、厚或千粒重表示，而球形的种子则以直径来表示，椭圆形的种子以长度和直径来表示。不同植物种子大小差异亦较悬殊，较大种子有椰子、槟榔、银杏、桃等，较小的有菟丝子、葶苈子等，极小的有白芨、天麻等。种子大小不但在鉴别上有一定意义，而且在种子精选中亦有重要的意义。在农业生产上，通常以千粒重作为评价一种植物种子质量优劣的重要指标。

每种植物的种子都有一定的形状，如球形、椭圆形、肾形、卵形、圆锥形、多角形等。常见的有球形，如麦冬；扁圆形，如栀子；椭圆形，如芍药；扇椭圆形，如大豆；卵形，如荆芥；扁卵形，如贝母；纺锤形，如云木香；方形，如葫芦；三棱形，如虎杖；肾形，如膜荚黄苗；盾形，如葱等。

种皮细胞中经常含有各种色素，从而使种子外表呈现不同的颜色和斑纹，有的鲜明，有的暗淡，有的有斑纹，有的富有光泽。如绿豆为绿色，扁豆为白色，赤小豆为红紫色；薏苡为红棕色，相思子的一端为红色，另一端为黑色。有的种子表面平滑，具有光泽，如红蓼、北五味子；有的种子表面粗糙，如长春花、天南星；有的种子表面不光滑而具皱褶，如乌头、车前；有的种子表面密生瘤刺状突起，如孩儿参；有的种子表面具茸毛，称为种缨，如白前、萝摩、络石等；有的种子在种皮外尚有由珠柄或胎座部位的组织延伸而成的肉质假种皮，如龙眼、荔枝、卫矛等；有的呈较薄的膜质，常呈棕色、黄色，如阳春砂、白豆蔻、益智、红豆蔻；有些植物的外种皮在珠孔处由珠被扩展形成海绵状突起物，称种阜，如蓖麻、巴豆。

但是不同环境条件下的植物种子，其外部形态可出现较大差异。如某些地区（或年份）种子很饱满，而在另一些地区（或年份）的同一种植物的种子，则比较小；若成熟期间阴雨连绵，则种子颜色暗淡，种子还未成熟便抢采掠青，则种子表现为种仁不饱满等。这些情况，在鉴别种子时应注意。

（二）种子的结构

种子外部形态虽千差万别，但绝大多数种子的内部构造却基本相同，一般是由种皮（有时包括果皮在内）、胚和胚乳三个主要部分组成。

1. 种皮

种皮是由珠被发育而成包在胚和胚乳外面的保护构造，具有保护种子不受外力和机械损伤以及阻碍病虫、微生物侵入的作用，种皮结构致密程度以及细胞内所含的化学物质（如单宁、色素和脱落酸等）都会在不同程度上影响种子与外界环境的关系，如种子的休眠、寿命、发芽以及加工、贮藏和调运等。通常种子只有1层种皮，如大豆、南瓜、竹类等；也有的种子为2层种皮，即外种皮和内种皮，如蓖麻、芥菜、芸苔等；还有些种子有3层种皮，即外种皮、中种皮和内种皮，如银杏等。种皮可以是干性的，如豆类，也可以是肉质的，如石榴种皮和银杏外种皮。种皮常由1种或数种组织构成。

在种子外面，通常可以看到胚珠的原始遗迹。

种孔：就是胚珠时期的珠孔。在受精前，花粉管经此孔伸入胚珠。种孔的位置正好对着种皮里面的胚根尖端，当种子发芽时，水分从种孔进入种子内，胚根细胞首先吸水膨胀，胚根延长从种孔伸出。有些种子的种孔肉眼看不见，可当种子吸涨以后用手挤压，水分则从此孔流出，即可观察清楚。

种脐：种子附着在胎座上的部分，是种子成熟后从珠柄上脱落时所留下的疤痕。种脐最明显的是豆科植物的种子，如刺槐、大豆等。

种脊：是倒生或半倒生胚珠从珠柄和珠被愈合处的维管束遗迹，主要作用是传递养分。种脊比较明显的种子如蓖麻等。

（1）表皮

位于种皮的最外层，通常由1列薄壁细胞组成。有的表皮细胞的细胞壁黏液质特化，吸水膨胀显出层纹、外具角质层，如亚麻子。而芥子、葶苈子的表皮细胞，外壁向外特化为黏液层，细胞中能见黏液质层纹。有的种皮表皮细胞中单独或成群地散列着石细胞，如杏仁、桃仁。有的种皮表皮全由石细胞组成，如大风子、北五味子。有的表皮部分细胞分化出单细胞腺毛，如牵牛子、苘麻子。有的表皮全部分化为单细胞非腺毛，细胞壁木化，如马钱子。有的种子表皮细胞呈栅状，如白扁豆、决明子。有的种子栅状表皮细胞含有1个草酸钙球状结晶体，如黑芝麻。有的种皮表皮细胞呈不规则波状凸起，细胞壁有透明状的纹理，如葶苈子。

（2）栅状细胞层

有的植物种子，在表皮内侧，有栅栏细胞层，由 1 列或 2～3 列狭长细胞组成。有的其细胞内壁和侧壁增厚，如白芥子。有的在栅状细胞的外缘处，可见 1 条折光率较强的光带，光带又称亮线或亮纹，是栅栏细胞层中最不能渗透的区域，如牵牛子、菟丝子等。

（3）油细胞层

有的种子的表皮层下方，由数列内贮挥发油的细胞组成，有时常与色素细胞相间排列在一起，如白豆蔻、红豆蔻、阳春砂、益智等。

（4）色素层

有的种皮的表皮层含色素物质，使种子具不同颜色。有的种子在表皮层下方，具有 1 至数列薄壁细胞，内含色素组成色素细胞层，如枳椇子、川楝子等。

（5）厚壁细胞层

除种子的表皮有时具石细胞之外，有时表皮内层几乎全由石细胞组成，如栝楼、中华栝楼、王瓜等；或内种皮为石细胞层，如白豆蔻、阳春砂、草果等。

（6）维管束

种皮中有时可见到简单的维管束，维管束形小而构造简单。有的则不甚明显。

（7）营养层

多数种子的种皮中，常有数列充满淀粉粒的薄壁细胞，为营养层，如牵牛子。但多数种子成熟后，营养物质被消耗，营养层往往成为薄的颓废组织。

2. 胚

胚是种子的主要部分，是由受精卵发育而成的幼小植物体。植物种类不同，其胚的形状各异，但其基本构造相同。种胚的形状及在种子中的位置因植物不同而异，根据其外部形态，可把种胚分为 6 种类型。

（1）直立型

胚根、胚轴和子叶与种子纵轴平行。如菊科、柿科、葫芦科等植物的种子。

（2）弯曲型

胚根、胚芽弯曲呈钩状。如豆科植物的种子。

（3）螺旋型

子叶、胚根在种皮内盘旋呈螺旋状。如番茄、辣椒等茄果类植物的种子。

（4）环状型

胚细长，沿种皮内层绕一周呈环状，胚根与子叶几乎相接，如菠菜种子。

（5）折叠型

子叶大而薄，折叠多层填满于种皮内部，如棉花种子。

（6）偏在型

胚体较小，子叶盾状，多位于胚乳的侧面或种背的基部，如稻、麦、玉米等禾本科植物种子。

不管胚属于哪种形状类型，种胚均可分为胚芽、胚轴、胚根和子叶等四部分。胚根是未发育的初生根，尖端有分生组织，种子吸水膨胀后，这些分生组织的细胞迅速生长和分化，发育成初生根。胚芽是幼小植株的生长点，由胚轴上端的生长圆锥突起和旁边的叶原基和腋芽原基组成，发育后即成为茎、叶。胚轴是在胚根以上的过渡部分。在种子发芽前大都不明显，位于子叶着生点以下，亦称下胚轴。有的植物种子萌发时，下胚轴迅速伸长，把子叶和胚芽顶出土面称为子叶出土植物，如棉花等；有的植物种子在萌发时，上胚轴伸展迅速，下胚轴几乎不伸展，子叶遗留在土中，称为子叶留土植物，如山杏等。

子叶是种胚的幼叶，起保护胚芽和贮藏并供给种胚营养的作用。子叶出土的种子，子叶还是幼苗最初期的同化器官，能进行光合作用。植物种类不同，其子叶数不同，单子叶植物为 1 枚子叶，双子叶植物为 2 枚子叶，裸子植物子叶数不固定，如侧柏、杉木等为 2 片子叶，油松、红松、樟子松、落叶松、马尾松等为多片子叶（一般为 7～11 片）。

通常每粒种子只有一胚，但有时发现一粒种子含有二胚或多胚，这种现象称为多胚现象。多胚现象多发生在松类、柑橘类植物中。另外，有时发现种子外形正常，而内部却没有胚，称为无胚现象，是由于卵细胞未能受精，或受精以后在发育过程中受到某些不良条件的影响而使种胚没有发育的结果。

3. 胚乳

胚乳是由珠心层或受精的极核发育而成的。主要由薄壁细胞或厚壁性细胞组成，细胞呈等径的多面体。薄壁细胞的胞壁均由纤维素构成，厚壁性细胞的胞壁由纤维素及半纤维素构成，而且在壁上具明显的微细纹孔，新鲜时尚见到胞间联丝。胚乳细胞常含有大量的淀粉粒、糊粉粒、脂肪油等营养物质。位于种皮的中层及内层、胚乳细胞层的外侧，常有数列贮有淀粉粒及其他营养物质的薄壁细胞，称为营养层。在种子发育过程中，细胞内的淀粉被消耗，故种子成熟时，营养层往往成为扁缩而退化的薄层，如牵牛子。大多数种子具内胚乳。在无胚乳种子中，也可见到少量残留的内胚乳细胞，如杏仁。胚乳细胞中有时在糊粉粒内具草酸钙的小簇晶，如小茴香。少数种子具外胚乳，也有少数种子的种皮内层和外胚乳常插入内胚乳中形成错入组织，如槟榔。还有少数种子的外胚乳内层细胞向内转入，与白色的内胚乳交错形成错入组织，如肉豆蔻。单子叶植物的胚乳外层有明显的含有大量糊粉粒的糊粉层存在，如小麦、玉米等。

由珠心层发育而成的贮藏营养物质的结构称为外胚乳，位于极核受精所发育的胚乳的外侧。胚乳的主要作用是贮藏营养，供种胚发育时吸收利用。有的胚乳在种子发育过程中就被种胚吸收殆尽，因此成为无胚乳种子，如山杏等。

二、药用植物种子的分类

（一）按照有无胚乳

可以将种子分为 2 类。

1. 有胚乳种子

此类种子均具胚乳，根据胚乳和子叶的发达程度以及胚乳组织的来源，又可分为以下 3 种类型。

（1）内胚乳发达。在有些植物中，胚只占据种子的一小部分，其余大部分为内胚乳。这类植物很多，如禾本科、大戟科、茄科、伞形科等植物的种子。

（2）内胚乳和外胚乳同时存在。这类植物很少，如花椒、姜等。

（3）外胚乳发达。这类植物在胚的形成过程中消耗所有的内胚乳，但由珠心层发育而成的外胚乳却被保留下来，如藜科等。

2. 无胚乳种子

在种子发育过程中，营养物质转移到子叶中，因此，这类植物种子的胚较大，有发达的子叶，其内胚乳和外胚乳几乎不存在，只有内胚乳及珠心残留下来的 1 ~ 2 层细胞，其余部分完全被成长的胚所吸收。如十字花科、豆科、葫芦科、锦葵科、菊科等都属于这一类型。也有植物种子内毫无胚乳的残留，如眼子菜科（其营养物质集中贮藏在下胚轴内）。

（二）按照组成部分分类

可以将主要科别种子分为 5 个类型。

从植物形态学来看，种子往往包括种子以外的许多构成部分，而同科植物的种子常具有共同特点。

1. 包括果皮及其外部的附属物

禾本科（Graminece）：颖果，外部包有颖（即内外颖，有的还包括护颖），如稻、大麦、燕麦、黍等。

藜科（Chenopodiaceae）：胞果，外部附着花被及苞叶，如甜菜、菠菜。

蓼科（Polygonaceae）：瘦果，花萼不脱落，成担状或肉质，附着在果实基部,称为宿萼,如荞麦、大黄。

2. 包括果实的全部棕榈科(Falmaceae)(如椰子)

蔷薇科(Rosaceae):如草莓。

豆科(Leguminosa):如黄花苜蓿。

桑科(Moraceae):如大麻。

荨麻科(Urticaceae):如芒麻。

山毛榉科(Fagaceae):如板栗、麻栎、槲栎等。

伞形科(Umbellifeme):如胡萝卜、芹菜、茴香、当归、芫荽等。

菊科(Compositae):如向日葵、蒲公英、苍耳等。

睡莲科(Nymphaeaceae):如莲。

3. 包括种子及果实的一部分(主要是内果皮)

蔷薇科(Rosaceae):如桃、李、梅、杏、樱桃。

桑科(Moraceae):如桑。

杨梅科(Myricaceae):如杨梅。

胡桃科(Juglandaceae):如胡桃、山核桃。

鼠李科(Rhamnaceae):如枣。

五加科(Araliaceae):如人参、五加。

4. 包括种子的全部

石蒜科(Amaryllidaceae):如石蒜。

樟科(Lauraceae):如樟。

山茶科(Theaceac):如茶、油茶。

椴树科(Tiliaceae):如黄麻。

锦葵科(Malvaceae):如洋麻、苘麻。

番瓜树科(Caricnceae):如番木瓜。

葫芦科(Cucurbitaceae):如南瓜、冬瓜、苦瓜等。

十字花科(Cruciferae):如油菜、芥、荠菜等。

苋科(Amaranthaceae):如苋菜。

蔷薇科(Rosaceae):如苹果、梨、蔷薇等。

豆科(Leguminosa):如大豆、猪屎豆、紫云英。

亚麻科(Linaceae):如亚麻。

芸香科(Rutaceae):如柑、橘、柚、金橘、柠檬。

无患子科(Sapindacea):如龙眼、荔枝、无患子。

漆树科(Anacardiaceae):如漆树。

大戟科(Euphorbiaceae):如蓖麻、橡皮树、油桐、巴豆、木薯。

葡萄科（Vitaceae）：如葡萄。

柿树科（Ebenaceae）：如柿。

旋花科（Convolvulaceae）：如甘薯。

茄科（Solanaceae）：如茄、烟草、番茄、辣椒。

胡麻科（Pedaliaceae）：如芝麻。

茜草科（Rubiaceae）：如栀子。

松科（Pinaceae）：如马尾松、杉、落叶松、赤松。

5. 包括种子的主要部分（种皮的外层已脱去）

银杏科（Ginkgoaceae）：如银杏。

第三节 种子的主要成分

种子的成分非常复杂，其中最主要的是水分、糖类、脂肪、蛋白质，此外还有少量的维生素、矿物质、生长素、单宁、色素和各种酶等。这些物质是种子萌发和幼苗生长初期所必需的养料和能量，对种子的生理机能有重大影响。种子内部的贮藏物质、贮藏物质的性质及其在种子中的分布状况，又会影响种子的生理特性、耐贮性和加工品质。种子化学成分的复杂性不仅表现为种类繁多，而且各种不同成分的含量，受气候、土壤及栽培条件影响变化很大。因此，了解种子成分，对于合理采种、加工、贮藏以及运输等均具有重要意义。

一、水

水分是种子细胞内部新陈代谢作用不可缺少的介质。在种子成熟、后熟和贮藏期间，种子物理性质、生化过程的变化和水分的状态及含量有密切关系。种子中的水分有2种状态，一种是游离水（自由水），另一种是胶体结合水（束缚水）。前者具有一般水的性质，可作为溶剂，0℃能结冰，容易从种子中蒸发出来；而后者则牢固地和种子中的亲水胶体（主要是蛋白质、糖类及磷脂等）结合在一起，不容易蒸发出来，不具溶剂的性能，低温时不会结冰，并具有另一种折光率。

种子内部一系列生命活动，必须在游离水存在的状况下才能进行。当种子水分减少至不存在游离水时，种子内的酶首先是水解酶就成为不活动状态，种子的新陈代谢降低到很微弱程度，以至不易觉察出它是一种有生命的物质。当游离水出现以后，酶就由不活动状态转变为活动状态，这个转折点因植物种类而不同。在一定温度条件下，一般种子中出现游离水以后，种子不耐贮藏。

种子含水量不同时，其生命活动的强度和特点有明显差异，安全贮藏也受到影响。种子水分又是仓虫活动和繁殖的重要条件，当种子水分达到8%～9%，一般仓虫开始活动和繁殖。种子水分占18%～20%时，贮藏种子将会"发热"；而当种子水分占40%～60%时，种子会发生发芽现象。

种子水分随着吸附与解吸过程而变化。在吸附过程占优势时，种子水分会增加；当解吸过程占优势时，种子水分则降低。如果将种子放在固定不变的温、湿度条件下，经过相当时间后，种子水分基本上稳定，保持在一定水平，即达到平衡状态，此时种子对水汽的吸附和解吸作用以同等速率进行，此时的种子含水量就称为该条件下的平衡水分。种子的平衡水分因植物、品种及环境条件不同而有显著差异。其影响因素包括大气湿度、温度以及种子化学成分的亲水性等。

（一）湿度

在一定温度条件下，大气中相对湿度越高，种子水分含量也越高。有些资料指出，麦粒在水汽饱和的大气下，不接触水也能吸足萌发时所需的水分。相对湿度越高，种子的平衡水分亦随之增长。在相对湿度0～25%，平衡水分随湿度提高而急剧增长；在相对湿度25%～70%，平衡水分随湿度提高而缓慢地增长；而在相对湿度70%～100%时，平衡水分又随湿度提高而急剧增长。因此在相对湿度70%～100%时，要特别注意种子的吸湿回潮问题。空气的相对湿度在一昼夜和一年四季内都在发生变化，清晨收获的种子易受到露点的高湿度影响。

（二）温度

在同样的相对湿度下，气温越低，则种子水分越高，反之则越低。因为空气中水汽的绝对含量，虽因低温而减少，但空气的保湿量也减少，从而使种子水分增加。

（三）种子化学物质的亲水性

亲水性是由于种子化学物质的分子组成中含有大量的亲水基所致。蛋白质分子中含有两种极性基，亲水性最强。脂肪的分子结构中不含极性基，所以表现疏水性。因此，一般蛋白质丰富的种子吸水力特别强，而油分多的种子则相反。种子的平衡水分，对种子的生理代谢和贮藏安全性具有重大意义。在某种环境条件下，如能保持种子的平衡水分在安全贮藏要求的水平以下，则可保证种子长期稳定，具有较强的发芽力和生活力；如果种子贮藏在较高的平衡水分条件下，则种子内部可能出现自由水，会引起微生物、仓虫的活动和繁殖，并导致种子变质。因此，控制种子的含水量是安全贮藏种子的重要措施之一。

二、糖类

糖类是种子中最重要的贮藏物质之一，也是最主要的呼吸物基质。在种子发芽时，供给胚生长发育所必需的养料和能量。种子中糖类的总量约占干物质的25%～70%，其存在形式包括可溶性糖和不溶性的淀粉、纤维素、半纤维素以及在水中成黏性胶溶液的树胶质、果胶和木质素等多糖类。

（一）可溶性糖

种子中可溶性糖的种类在成熟过程中变动很大，充分成熟种子的含糖量变动幅度也较大，但几乎完全不以还原糖（单糖）而主要以蔗糖的状态存在。单糖在种子中只是一种过渡形式，在成熟过程中很快就转化为双糖和其他较复杂的形式。大多数禾本科植物种子中可溶性糖含量为2%～2.5%，而甜玉米的含糖量高达16%。蔗糖含量以胚部及种子外围部分（包括果皮、种皮、糊粉层及胚乳外层）为高，在胚乳中最低，但其绝对含量相差不远。

（二）不溶性糖

种子中的不溶性糖主要包括淀粉、纤维素、半纤维素、果胶等，完全不溶于水或吸水而成黏性胶溶液。

1.淀粉

淀粉是植物种子中分布最广的化学成分，是谷类作物种子最主要的贮藏物质，不同栽培条件对淀粉含量有很大影响。淀粉成粒状贮存于胚乳细胞中，糊粉层和胚部的含量很少。各种淀粉粒的主要成分是多糖，此外还含有矿物质、磷酸及少量脂肪酸。

不同植物种子的淀粉，除了在数量方面存在差异外，淀粉粒的形态随植物种类及成熟度而不同。根据这种特征可鉴定淀粉的种类。一般淀粉粒的直径界于12～150μm。淀粉粒具晶体构造，当淀粉粒充分膨胀、压碎或干燥时，晶体结构就会消失。许多淀粉粒在核的周围有许多环纹，如马铃薯淀粉粒等。淀粉粒按其构造可分单粒和复粒两种，水稻和燕麦的淀粉粒一般是复粒淀粉；而玉米、小麦、蚕豆等为单粒淀粉。马铃薯等一般是单粒淀粉，但有时也形成复粒或半复粒。淀粉由两种物理与化学性质不同的成分——直链淀粉和支链淀粉所组成，淀粉特性主要取决于直链淀粉和支链淀粉的比例。

2.纤维素和半纤维素

种子中除淀粉外，其他多糖类主要是纤维素和半纤维素。纤维素是组成细胞壁的基本成分。它和木质素、矿质盐类及其他物质结合在一起成为果皮和种皮最重要的组成成分。纤维素虽然由葡萄糖所组成，但通常不易被消化和吸收利用。半纤维素也是种子中细胞壁的主要成分，只有机械支持功能，是果皮和种皮最重要的成分之一；但和纤维素不同的是它可以作为植物的"后备食物"，在种子发芽时能被半纤维素酶水解，为种子吸收利用。在某些种子中半纤维素贮藏在胚乳或子叶的膨大细胞壁内，这种种子硬度很高。

三、脂类

绝大多数植物的种子都含有油脂。特别是油料作物种子中含油脂很多，如核桃仁含 60% ~ 65%，蓖麻含 60%，芝麻含 53%，花生含 38% ~ 50%，大豆含 17% ~ 20%，谷类作物的种子油脂含量则很少。脂类物质包括脂肪和磷脂两大类，前者以贮藏物质的状态存在于细胞中，后者是构成原生质的必要成分。

（一）脂肪

有些种子中，脂肪占贮藏物质的很大部分。脂肪中含氧较少，氧化时必须从空气中夺取较多的氧气而放出更多的热能。每克脂肪所贮藏的能量比等量的糖或蛋白质所贮藏的能量几乎要高 1 倍。

种子中脂的性质可用脂肪的价——酸价、碘价来表示。中和 1g 脂肪中的全部游离脂肪酸所必需的氢氧化钾的毫克数，称为酸价；与 100g 脂肪相结合所需碘的克数，称为碘价。油质种子贮藏时，很容易发生酸价的变化，所以这是一项极重要的指标。在贮藏条件不合理的情况时，由于脂肪酶作用，能使脂肪物质分解而释放出游离脂肪酸，使种子酸度增加，品质恶化，脂溶性维生素破坏。试验表明，游离脂肪酸和种子生活力之间存在相关性，如棉子在田间成熟期间贮藏条件不良，所有游离脂肪酸高于 5% 的种子都是死的，而在含游离脂肪酸少于 1% 的种子中，死种子仅占少数。

种子的脂肪成分中，一般含有较多的不饱和脂肪酸，不饱和脂肪酸含双键的部分，能与碘发生化合作用，因此碘价能指示脂肪酸的不饱和程度。脂肪成分中不饱和脂肪酸的含量越高，脂肪越容易氧化。种子在贮藏过程中，不饱和脂肪酸会氧化成酮和醛等物质。种皮破裂的种子，以及在湿润、空气充足的条件下，这种过程加速进行，以致造成种子产生不良的气味和苦味。此外，微生物对脂肪酸的分解作用，也是造成种子发苦的原因。

种子脂肪酸的种类一般有亚油酸、芥酸及亚麻酸等。亚油酸和亚麻酸都能降低血脂，但亚麻酸容易氧化变质；芥酸对人体有害，含量过高会降低脂肪品质。一般有胚乳植物种子的脂肪，存在于胚和糊粉层的细胞里，胚乳中脂肪含量不超过 1%。

（二）磷脂

种子中除脂肪外，还有化学结构与脂肪相似的磷脂。磷脂是细胞原生质的组成成分，主要累积在原生质表面，可生成多种膜，和原生质的透性有很大关系。磷脂可以限制种子的透水性，并有良好的阻氧化作用，有利于种子生活力的保持。植物体内的磷脂存在于根、叶、种子等部分，以种子中的含量最多，一般可达 1.6% ～ 1.7%；在胚芽中的含量又较内胚乳中的多。某些植物种子（特别是禾谷类植物）的磷脂中含有葡萄糖、半乳糖或戊糖等，相互结合得很牢固。大豆种子磷脂的含量特别丰富，尤以胚芽部分为高，子叶里也相当丰富。

四、蛋白质

种子中的含氮物质主要是蛋白质，非蛋白氮很少，主要以氨基酸状态集中于胚及糊粉层中，其含量主要取决于种子的生理状态，未成熟的、受过冻害的、发过芽的种子中含量较高，而正常成熟的种子中含量很少。种子中的大部分蛋白质都是简单蛋白质——贮藏蛋白质，以糊粉粒状态存在于细胞内，只有极少部分在胚内的蛋白质才是复合蛋白质。简单蛋白质根据在各种溶剂中溶解度的不同，可分为清蛋白、球蛋白、醇溶谷蛋白和谷蛋白 4 种。

清蛋白在中性或弱酸性情况下能溶解于水，在加热或在某种盐类的饱和溶液中会沉淀。小麦的麦粒蛋白和燕麦蛋白就是清蛋白。这类蛋白在小麦种子中含量很少；但在胚部却可占干物质的 10% 以上。球蛋白不溶于水，但溶于盐类溶液，是豆类植物种子所含的主要蛋白质，在禾谷类种子中的含量却很少。醇溶谷蛋白不溶于水和盐类溶液，但能溶于低浓度的酒精溶液中。所有的禾谷类植物都含有这类蛋白质，它是禾谷类特有的一种蛋白质，如小麦和黑麦种子中的麦胶蛋白，大麦种子中的大麦胶蛋白，燕麦种子中的燕麦胶蛋白，玉米种子中的玉米胶蛋白等。谷蛋白不溶于水、盐类溶液和稀酒精溶液，但溶于 0.2% 的碱溶液。

种子的透明度与蛋白质含量存在密切的关系，一般透明度越高，蛋白质含量越高。种子的营养价值与种子中蛋白质的含量、状态和氨基酸的种类、含量有关，因此蛋白质的成分具有重要意义。如果蛋白质的成分中缺少色氨酸、赖氨酸等氨基酸时，动物就不能利用植物中的蛋白质更新构成自己所特有的蛋白质。

五、其他成分

（一）维生素

种子中的维生素分为脂溶性和水溶性两大类。种子中的脂溶性维生素有维生素 A 和维生素 E，水溶性维生素有维生素 C，以及维生素 B 族的 B_1、

B_2、B_6、PP、泛酸和促生素等。植物体内并不存在维生素 A 本身，但含有形成维生素 A 的前体物质——胡萝卜素。胡萝卜素在酶的作用下能分解为维生素 A，所以被称为维生素 A 原。

维生素 E 在禾谷类种子的胚中及油质种子中大量存在。它是一种阻氧化剂，对于防止油脂的氧化及变味有显著作用。

属于水溶性维生素的维生素 B 有多种，在禾谷类和大豆种子中的含量非常丰富。禾谷类中的维生素 B 主要存在于种子的胚部。

维生素 C（抗坏血酸）是葡萄糖经过强烈氧化的衍生物。成熟的禾谷类植物种子中没有维生素 C，在种子发芽过程中却能大量生成，因而在幼芽含量很丰富。豆类种子发芽过程中，能在子叶内合成维生素 C。

维生素含量因环境影响差异很大，烟酸的含量主要取决于遗传因素，因而通过育种可以大大提高其含量。许多种子发育成熟以及萌发时的维生素含量有很大变化。例如，在甜玉米中，核黄素、泛酸等发育前期逐渐增加，后随成熟度增加而下降。维生素 B_6 在成熟种子中的含量最高，在萌发早期，维生素 C、核黄素及维生素 B_1 增加，维生素 B_2 的变化不大，因此，可以推测各种维生素与种子发芽有密切关系。维生素 B_1 对胚根的生长具有强烈刺激作用，当其他维生素同时存在时（如维生素 B_6），这种刺激作用表现得更明显。

维生素对种子所起的作用和酶有密切关系，许多酶由维生素和酶蛋白结合，因此缺乏维生素时，酶的形成就受到影响。

（二）色素

种子的色泽能表示出种子的成熟度、品种特性和品质状况，色泽是品种差异及品质好坏的重要指标之一。种子的色泽可以根据种皮（或果皮和种皮）、胚乳或子叶的颜色来决定。种子内所含的色素有叶绿素、类胡萝卜素、黄素酮以及花青素等。叶绿素主要存在于禾谷类种子外壳和果皮中，以及某些豆科植物的种皮中。种子中的叶绿素和植物体其他部分一样，具有进行光合作用的功能；随着种子逐步成熟，叶绿素逐渐破坏，但在部分成熟种子仍大量存在，如蚕豆等。

种子中的黄色素属于类胡萝卜素，它存在于禾谷类种子的种皮和糊粉层中，麦粒胚乳的颜色就是由这种色素决定的。花青素和以上几种色素的性质不同，它是水溶性的细胞液色素，主要存在于某些豆科的种皮中，使种皮具有各种各样的颜色或斑纹。

（三）矿物质

种子中矿物质的含量比植物体内的含量要低得多，一般禾谷类作物种子为 1.5% ～ 3.0%，豆类作物比较高，特别是大豆，高达 5%。种子所含矿物质元素有磷、钙、铁、镁、硫、锰、硅等多种。镁盐和铁盐对幼苗形成叶绿素有关；硫在所有蛋白质中多少有一些，而且参加到胱氨酸和谷光甘肽的分子结构中；锰对植物生长有刺激作用。各种矿质元素含量不同，一般以磷的含量为最高。矿物质在种子中的分布很不均匀，胚和种皮的灰分率要比胚乳的高许多，而且各种矿物质在种子中的分布部位也不相同。一般说，种子矿物质含量最多的部分，也是含纤维素比较多的部分。

种子中除含有上述的各种化学成分外，还含有许多有机化合物。例如，有些种皮中含蜡质，这是高级醇和高级脂酸的几种酯的混合物，比甘油酯较难水解；有些种子含有咖啡碱、可可碱等；有些种子中含有皂苷或其他糖苷，如银杏、无患子和七叶树种子富含皂苷；油桐种子含有皂苷及其他有毒物质。针叶树种子含有松油脂，在皮内含量尤其丰富。种子的折叠子叶上的黑色腺体内含有毒的酚类化合物——棉酚，等等。

六、种子化学成分的影响因素

种子的化学成分受到内因、外因的影响而存在一定的变异幅度。

（一）内因

影响种子化学成分的内在因素是植物的遗传特性及种子的成熟度。即使是同一种植物的种子，化学成分在品种间的差别也很悬殊。

（二）外因

影响种子化学成分的外因，主要是成熟期间的气候、土壤条件和从开花到成熟期间的雨量等。在干旱的情况下，细胞膨胀程度降低，淀粉和脂肪的形成活动受到破坏，而蛋白质合成过程所受到的影响较淀粉和脂肪为小。因此，土壤溶液的渗透压越高，蛋白质含量也就越高。土壤中肥料含量及施用肥料的种类，对种子中蛋白质含量同样也有很大影响。氮肥能提高蛋白质含量；而钾肥过多会使蛋白质含量相对降低。

种子在成熟期间受严重冻害时，蛋白质含量会降低。适宜的低温有利于油脂在种子中的积累，而降低种子蛋白质的含量。因此，一般产于南方高温气候条件下大豆品种含油量较低，而蛋白质含量较高，产于北方低温气候条件下的品种相反。油分和蛋白质有相互消抵的关系。油分的性质，即碘价的高低与油分有同样规律，南方品种的碘价比北方品种低。影响碘价高低的主要因素是温度，凡生育后期（成熟期）温度较低昼夜温差大的条件下（如高纬度地区或山区以及晚熟品种），有利于不饱和脂肪酸合成，因而碘价较高；反之有利于饱和脂肪酸的合成，碘价较低。

第四节 药用被子植物生殖器官的发育及结构

一、花的发育及结构

被子植物从种子萌发开始，经过一定时间的营养生长开始形成花，经过开花、传粉、受精再形成果实和种子。通过果实与种子的形成和传播，繁衍后代，延续种群，并在数量和分布范围上扩大种群。

（一）花的组成

被子植物的完全花通常由花柄、花托、花萼、花冠、雄蕊群和雌蕊群等几部分组成。有些植物的花缺少其中一个或多个部分，为不完全花（incomplete flower）。

花柄（pedicel）是着生花的长轴状结构，内部结构与茎相似，并且与茎连通，是各种营养物质和水分由茎向花输送的通道。当果实形成时花柄成为果柄。

花托（receptacle）是花柄顶端着生花萼、花冠、雄蕊群、雌蕊群的部分，花托的形状在不同被子植物中变化较大，有的伸长呈棒状或圆锥形，有的凹陷呈杯状或壶状等。

花被（perianth）是花萼与花冠的合称，尤其是当花萼和花冠形态相似不易区分时，常统称花被，如辛夷、百合。

花萼（calyx）位于花的最外轮，由若干片组成，各自分离或多个联合。有些植物在花萼之外还有副萼。花萼和副萼具有保护幼蕾和幼果的作用。

花冠（corolla）位于花萼内轮，由若干花瓣组成，排为 1 轮或几轮，分离或有不同程度的联合。花冠常有鲜艳色彩，适应于昆虫传粉。有些被子植物的花冠多退化，以利于风力传粉。

一朵花内所有的雄蕊总称为雄蕊群（androecium）。每个雄蕊由花丝（filament）和花药（anther）两部分组成。花药是花丝顶端膨大成囊状的部分，一般由 4 个花粉囊（pollen sac）组成，花粉囊内产生大量花粉粒。花丝常细长，基部着生在花托或贴生在花冠上。

一朵花内所有的雌蕊总称为雌蕊群（gynoecium）。雌蕊由 1 个或多个心皮组成，心皮是构成雌蕊的变态叶。雌蕊通常分化出柱头、花柱和子房三部分。

柱头（stigma）位于雌蕊上部，是承受花粉的地方。

花柱（style）位于柱头和子房之间，是花粉萌发后，花粉管进入子房的通道。

子房（ovary）是雌蕊基部膨大的部分，外为子房壁，内为1至多数子房室。胚珠着生在子房室内。受精后整个子房发育成果实，子房壁形成果皮，胚珠发育为种子。

由于组成雌蕊的心皮数目和结合情况不同，雌蕊常可分为以下几种类型。由1个心皮构成的雌蕊称为单雌蕊（simple pistil），如决明、苦参；由2个或2个以上的心皮联合而成的雌蕊称为复雌蕊（compound pistil），如红花、款冬由2心皮联合生成；有些植物一朵花中虽然具有多个心皮，但各个心皮彼此分离，各自形成一个雌蕊，它们被称为离生单雌蕊，如芍药、乌头等。

小麦、薏苡、玉米、白茅等禾本科植物花的外面有2个鳞片状结构，称为稃片，外边的叫外稃（lemma），里边的叫内稃（pelea）。外稃的中脉明显，并外延成芒（awn）。在子房基部有2个小的片状结构叫浆片（lodicule），在开花时浆片膨胀，可使内外稃张开，露出花药和柱头。花的中央有3个或6个雄蕊及1枚雌蕊。雌蕊的柱头二裂并呈羽毛状，子房1室。禾本科植物的花和内、外稃组成小花（floret），再由1至多朵小花与1对颖片（glume）组成小穗（spikelet）。颖片着生于小穗基部，相当于花序分枝基部的小总苞（变态叶）。具有多朵小花的小穗，中间有小穗轴（rachilla）。只有1朵小花的小穗，小穗轴退化或不存在。

（二）花芽分化

花和花序均由花芽发育而来，花芽分化的开始则是被子植物从营养生长进入生殖生长的重要标志。茎生长锥不再产生叶原基和腋芽原基，而分化发生花的各部分原基或花序原基。逐渐依次形成花或花序的各组成部分，分化成花或花序，这一过程称为花芽分化（flower bud differentiation）。

被子植物开始进入生殖生长时，芽的顶端生长锥表面积明显增加，如为单生花的原基，生长锥便逐渐增宽变平；以后，随着花部原基（萼片原基、花瓣原基、雄蕊原基和心皮原基）或花序各部分的依次发生，生长锥面积又逐渐减小；当花中心的心皮原基形成后，顶端分生组织就完全消失。

花的各部分原基分化顺序，通常由外向内进行，萼片原基发生最早，以后依次向内产生花瓣原基、雄蕊原基和雌蕊原基。但由于植物种类不同，花部形态多样，花芽分化顺序也会出现一些变化。

（三）雄蕊的发育与结构

雄蕊由雄蕊原基经细胞分裂、分化而来，其顶端膨大成花药，基部伸长形成花丝。

花丝结构比较简单，最外为一层表皮，内为薄壁组织，中央有一个维管束，自花托经花丝直达花药药隔。开花时，花丝以居间生长方式迅速伸长，将花药送出花外，以利花粉散播。

大多数被子植物的花药具有 4 个花粉囊。花粉囊是产生花粉粒的处所，每个花粉囊内含有很多花粉粒（pollen grain）。花药中部为药隔，药隔由薄壁细胞及维管束组成。药隔供应花药发育时所需的水分和养料。花粉成熟，花药开裂，散出花粉。

由雄蕊原基顶端发育来的幼小花药，最外层为原表皮，内侧为一群形态相同的基本分生组织。由于花药四个角隅的细胞分裂较快，使花药形成具有四棱的外形。在四棱处原表皮内侧分化出一列或几列孢原细胞（archesporial cell），其细胞体积和细胞核均较大，细胞质较浓，孢原细胞进行平周分裂，形成内外两层，外层细胞组成周缘细胞（porietall cell），内层细胞成为造孢细胞（sporogenous cell）。花药中部细胞逐渐分裂、分化形成维管束和薄壁细胞，构成药隔（connective）。周缘细胞再进行平周分裂和垂周分裂，自外向内逐渐形成药室内壁（endothecium）、中层（middle layer）和绒毡层（tapetum），与花药表皮共同构成了花粉囊壁。在周缘细胞分裂的同时，造孢细胞也进行分裂，形成多个花粉母细胞（pollen mother cell，PM），少数植物的造孢细胞不经分裂可直接形成花粉母细胞，以后再由花粉母细胞经减数分裂形成许多花粉粒。

表皮是由原表皮发育而成，有气孔分布，表皮外表具角质膜，有些植物还具有毛状体。

药室内壁位于表皮内侧，通常为单层细胞，初期常贮藏大量淀粉和其他营养物质。花药纵裂的被子植物在花药接近成熟时，细胞径向增大，细胞内贮藏物质逐渐消失。细胞壁除外切向壁外，其他各面的壁多产生不均匀的条纹状加厚（同侧 2 个花粉囊交接处的药室内壁不发生此种变化），加厚成分一般为纤维素，略有木质素。这时期的药室内壁又称纤维层（fibrous layer），花药成熟时，纤维层失水，其细胞壁加厚所形成的拉力致使花药在抗拉力弱的、仍由薄壁细胞组成的药室内壁处纵向开裂，花粉沿裂缝散出。

中层位于药室内壁的内方，由 1 至数层较小的薄壁细胞组成。在造孢细胞向花粉母细胞发育过程中，中层细胞内贮藏物质渐被其消耗解体而被吸收。所以，成熟花药中一般已不存在中层。

绒毡层是花粉囊壁的最内一层细胞，对于花粉粒的发育起着重要作用。绒毡层细胞大，细胞核较大，细胞质浓，细胞器丰富。初期细胞中含单核，后来形成了双核、多核或多倍体核结构。绒毡层细胞含有较多的 RNA、蛋白质和酶，并含有丰富的油脂、类胡萝卜素和孢粉素等物质。绒毡层细胞对花粉粒的发育形成起着重要的营养和调节作用。绒毡层细胞能合成和分泌胼胝质酶，能分解花粉母细胞和四分体的胼胝质壁，使单核花粉粒互相分离。合成的蛋白质运转到花粉壁构成花粉外壁识别蛋白。如果绒毡层的发育和活动不正常，常会导致花粉发育不正常，出现雄性不育现象。绒毡层细胞在花粉母细胞减数分裂形成四分体时期，发育达到顶峰，以后开始出现退化，待花粉粒成熟时，绒毡层已完全解体。当花粉粒发育完成后，花药也已成熟，此时，花药壁一般仅存表皮和药室内壁。

在花粉囊发育的同时，花粉囊内的造孢细胞也进行分裂，形成许多花粉母细胞，也叫小孢子母细胞。极少数被子植物（如锦葵科和葫芦科）的花粉母细胞可由造孢细胞不经分裂直接发育而成。花粉母细胞体积较大，初期常呈多边形，稍后渐近圆形，细胞核大，细胞质浓，没有明显液泡。花粉母细胞减数分裂（meiosis）后形成的 4 个子细胞，在没有分离前，称为四分体（tetrad）。以后四分体中的细胞各自分离，形成 4 个单核花粉粒。经减数分裂形成的单核花粉粒以及由它们产生的精细胞都是单倍体。花粉母细胞经过减数分裂形成的 4 个单核花粉粒（小孢子）（microspore），被包围于共同的胼胝质壁之中，而且小孢子之间也有胼胝质分隔。减数分裂完成后，在绒毡层分泌的胼胝质酶作用下，将花粉四分体的胼胝质壁溶解，幼期单核花粉粒从四分体中释放出来。单核花粉粒进一步发育才能形成成熟花粉粒（雄配子体）（microgainetophyte）。刚游离出来的单核花粉粒，细胞壁薄，细胞质浓厚，细胞核位于细胞中央。单核花粉粒继续不断地从解体的绒毡层细胞取得营养物质和水分，细胞体积迅速增大，细胞质明显液泡化，逐渐形成中央大液泡，细胞核随之移到花粉粒一侧（单核靠边期）。随着单核花粉粒的生长发育，细胞核进行一次有丝分裂，形成 2 个细胞核，贴近花粉粒壁的为生殖核（generative nucleus），靠近大液泡的为营养核（vegetative nucleus）。胞质分裂时不均等，在两核间形成弯向生殖核的弧形细胞板。最后形成了大小悬殊的 2 个细胞，大的为营养细胞（vegetative cell），小的为生殖细胞（generative cell）。两细胞之间的壁主要由胼胝质组成。

营养细胞包括了原来单核花粉粒的大液泡和大部分细胞质，并富含营养物质和生理活性物质。营养细胞形成后很快进入旺盛代谢活动期，细胞核继续增大，细胞器数量增加，液泡逐渐变小，体积增大，为生殖细胞的活动提供营养保证。

生殖细胞呈凸透镜状，只含少量细胞质，生殖细胞形成不久，细胞核的

DNA 含量通过复制增加了 1 倍，为进一步形成 2 个精子建立基础。同时整个生殖细胞从最初紧贴着花粉粒内壁，逐渐沿壁推移、收缩、脱离开来，成为圆球形，游离于营养细胞细胞质中。生殖细胞由于其外围的胼胝质壁解体消失而成为仅有质膜包被的裸细胞。以后生殖细胞渐渐伸长，呈纺锤形或长圆形。

在花粉粒发育过程中，除细胞内部发生变化外，花粉壁也相应经历了一系列建造过程。尚在四分体时，花粉壁即开始形成，在其胼胝质壁内侧和质膜之间首先发生纤维素的初生外壁（原外壁 primexine）沉积。几乎在初生外壁发育的同时，在质膜上形成许多圆柱状突起，穿过初生外壁，这种柱状结构可能由脂类和蛋白质组成。单核花粉粒游离时，柱状结构上渐渐沉积孢粉素，其顶端和基部各自向四周扩延，按一定形式连接成各种形态的雕纹，初生外壁已发育成花粉外壁（exine）。外壁形成时有些部位没有积累壁物质而留有空隙，将来形成花粉的萌发孔（germinal pore）或萌发沟，花粉在柱头上萌发时，花粉管即从此处伸出。

花粉外壁的内侧为内壁（intine），它的发育常在萌发孔区开始，然后遍及整个花粉外壁内侧。花粉壁物质，在四分体时期由花粉粒自身供应，当四分体分离成单核花粉细胞时，则由花粉自身和绒毡层共同供应。

成熟花粉粒具有 2 层细胞壁，即外壁和内壁，内含 2～3 个细胞，即 1 个营养细胞和 1 个生殖细胞或 2 个精细胞。成熟花粉粒又称雄配子体，精细胞则称为雄配子。花粉粒成熟散出时，如只含有生殖细胞和营养细胞的，称为二细胞型花粉。二细胞型花粉传粉后，在萌发的花粉管内生殖细胞有丝分裂形成 2 个精子。另外一些被子植物的花粉在散出之前，其生殖细胞再进行一次有丝分裂，形成 2 个精细胞，它们是以含有 1 个营养细胞和 2 个精细胞进行传粉的，被称为三细胞型花粉，如小麦等。

花粉粒的形状、大小，外壁的雕纹特征，萌发孔的有无、形状、数量和分布等特征随被子植物种类而不同。这些特征在各种被子植物中非常稳定，是由遗传因素控制的。花粉的形状多种多样。有些植物的幼期单核花粉粒始终保留在四分体中，发育为含 4、8、16、32、64 个花粉粒的复合花粉。这种复合花粉见于杜鹃花科、夹竹桃科、豆科等被子植物中。花粉粒直径一般为 2～250μm。花粉粒外壁较厚，雕纹变化很大。外壁上萌发孔是外壁不增厚仅内壁增厚的部位，是花粉粒萌发时花粉管伸出之处，有各种形式，如孔、沟等。萌发孔的数量变化较大。花粉粒外壁的主要成分为孢粉素，还有纤维素、类胡萝卜素、类黄酮素、脂类及活性蛋白质等。

花粉内壁较薄且柔软，但在萌发孔处较厚，在花粉管萌发前有暂时封闭萌发孔的作用。内壁的主要成分为纤维素、半纤维素、果胶酶及活性蛋白质等。花粉粒外壁和内壁含有生物活性的蛋白质及酶类，外壁蛋白是由绒毡层细胞合成、转运而来；内壁蛋白由花粉自身合成，存在于内壁多糖的基质中，萌发孔区蛋白特别丰富。外壁蛋白是花粉与雌蕊组织相互识别的物质基础。内壁主要含有与花粉萌发及穿入柱头组织有关的酶类。

花粉粒中，生殖细胞和营养细胞的结构有很大差异。生殖细胞无细胞壁，核结构紧密，染色较深，细胞质较少，RNA 含量较低，核蛋白体密度较低，内质网不显著，线粒体小而脊发育差，有成群的微管与细胞长轴平行分布（对维持细胞的形状起重要作用）。营养细胞较大，核结构疏松，核孔较多，核质常向外扩散，染色较浅，有的植物营养细胞核呈不规则的瓣裂状。营养细胞的细胞质多，细胞器丰富，RNA 含量较高，贮藏物质含量丰富，在花粉粒发育后期，质体中常有大量淀粉粒，圆球体逐渐增多，甚至成为细胞质的一个主要组成部分。

花粉内含物主要贮藏于营养细胞的细胞质中，包括营养物质、各种生理活性物质和盐类。它们对花粉萌发和花粉管生长有重要作用。营养物质以淀粉、脂肪为主。此外，还含有果糖、葡萄糖、蛋白质、氨基酸。脯氨酸的含量常是花粉育性的重要标志，不育的花粉中脯氨酸显著减少。花粉中含有多种维生素，尤以 B 族维生素最多。花粉中可能含有生长素、细胞分裂素、赤霉素、乙烯、芸薹素等，但一种花粉不一定同时都含有几类激素。花粉的生长调节物质可抑制或促进花粉生长。花粉中含有如淀粉酶、脂肪酶、蛋白酶、果酸酶和纤维素酶等各种酶，酶对花粉管生长过程中物质代谢、分解花粉的贮藏物质及吸收利用外界物质起重要作用。花粉中还含有花青素、糖苷等色素，以及占干重 2.5% ～ 6.5% 的无机盐。色素能减少紫外线对花粉的伤害，保护花粉。

由于外界条件和内在因素的影响，花粉正常发育受到干扰，形成无生殖能力的花粉，这一现象称为花粉败育。温度过高或过低、水分亏缺、光照不足、施肥不当、环境污染、药剂处理等均可引起被子植物生理失调，而导致花粉败育。

雄性不育是指花中的雄蕊发育不正常，不能形成正常的花粉粒或正常的精细胞。雄性不育可表现为缺少雄性个体或雄性个体高度缺陷，雄蕊异常，如花药消失、萎缩，花药不产生花粉或产生败育花粉。雄性不育的特性一旦形成，可以遗传。雄性不育性可遗传的品系称为雄性不育系。雄性不育在杂交育种中有很重要的作用，应用雄性不育系进行杂交育种，可节省去雄工序，有利于杂交优势利用，雄性不育资源的研究已成为杂交育种的方向之一。

（四）雌蕊的发育与结构

雌蕊由心皮原基分化发育而成，是形成卵细胞（雌配子）的场所。心皮在形成雌蕊时，常向内卷合或数个心皮互相连合形成 1 个雌蕊，心皮边缘相连合处为腹缝线（ventral suture），心皮中央相当于叶片中脉的部位为背缝线（dorsal suture），在腹缝线和背缝线处各有维管束通过，分别称腹束（2 束）和背束（1 束）。心皮卷合成雌蕊后，其上端为柱头，中间为花柱，下部为子房。

柱头位于雌蕊顶端，是承接花粉的地方，也是传粉后，花粉粒与雌蕊之间相互作用或识别过程中决定花粉是否萌发的地方。柱头一般略为膨大或扩展成为不同形状，表面有的凹凸不平，有的表皮细胞隆起成为乳突，或外伸为毛状体，这些特征有利于接纳更多的花粉。柱头表皮及乳突角质膜外侧，覆盖有 1 层亲水的蛋白质薄膜，此膜不仅有粘着花粉或提供花粉所需水分的作用，更重要的是在柱头与花粉相互识别中具有"感应器"的特性。

花柱是柱头与子房连接的部分。花粉萌发后花粉管生长通过花柱到达子房。花柱外围为表皮，表皮内侧为基本组织和维管组织。空心型花柱中央形成 1～2 条不同宽窄的中空沟道，称为花柱道（stylar cannal）。花柱道内壁常为 1 层具有一定分泌功能的花柱道细胞。花柱道细胞代谢活跃，可从邻近细胞中转运物质，并能加工、贮藏分泌物质。花粉管经过花柱时常沿着花柱道表面的分泌物生长，如豆科、罂粟科、马兜铃科和百合科等科一些被子植物。实心型花柱的中央多分化出引导组织（transmitting tissue）。引导组织的细胞一般比较狭长，细胞中富含线粒体、高尔基体、粗糙内质网、核糖体等细胞器，代谢活动旺盛。十字花科、茄科、蔷薇科等许多被子植物具有此型花柱，花粉管沿引导组织的胞间隙生长。但也有些被子植物，如禾本科植物等，它们的花柱结构无引导组织分化，花粉管从花柱中央薄壁组织的胞间隙中穿过。

子房为雌蕊基部的膨大部分，其外部分化成子房壁，内部空间形成子房室，通常一个心皮组成的雌蕊为子房一室；多心皮雌蕊的子房为多室或一室。子房壁的内、外表面均有一层表皮，外表皮上有时可有气孔器和表皮毛的分化。两层表皮之间为薄壁组织，其中有维管束分布。在子房内壁沿腹缝线处的胎座上发生胚珠。

一个发育成熟的胚珠，由珠心、珠被、珠柄和合点等几部分组成。胚珠发生时，首先由胎座表皮下层细胞进行分裂，产生突起，成为胚珠原基。原基前端成为珠心（nucellus），原基基部将发育成珠柄（funiculus）。以后，在珠心基部发生环状突起逐渐向上生长扩展，将珠心包围形成珠被（integument）。珠被 1 层或 2 层，多数被子植物具有双层珠被，即内珠被和外珠被。珠被形成过程中，在珠心最前端留下 1 个小孔，称为珠孔（micropyle），与珠孔相对的一端，珠被与珠心连合的区域称为合点（chalaza）。子房壁中的维管束由胎座经过珠柄到达合点而进胚珠内部，为胚珠输送养料。

胚珠生长时，由于珠柄和其他各部分的生长速度常不均等原因，使得胚珠在珠柄上着生方位有所不同，从而形成不同的胚珠类型。

珠被与珠心组织发育的同时，珠心内部也发生变化。最初珠心由相似的薄壁细胞组成，以后，通常在靠近珠孔端的珠心表皮下渐渐形成一个与周围不同的细胞，即孢原细胞。孢原细胞体积较大，细胞质浓，细胞器丰富，细胞核大而显著。孢原细胞分裂或不分裂形成胚囊母细胞。胚囊母细胞接着进行减数分裂形成 4 个大孢子（macrespore）（四分体），每个子细胞只含单倍的染色体数，通常纵行排列，一般珠孔端的 3 个退化，仅合点端的 1 个发育成有功能的大孢子，以后发育成胚囊。4 个大孢子被共同的胼胝质壁包围，胼胝质壁从合点端的功能大孢子处首先变薄逐渐消失，这样便于功能大孢子从珠心组织中吸收营养物质，对其进一步发育有重要作用，而 3 个无功能的大孢子被胼胝质壁包围较长时间，最后退化消失。留存的一个功能大孢子体积逐渐增大，进而发育为单核胚囊。

单核胚囊（大孢子）继续从珠心组织中吸取养料，然后进行第一次有丝分裂，产生的 2 个细胞核分别移向两极；接着这 2 个细胞核各进行 2 次有丝分裂形成 8 核，胚囊的两端各 4 个核；不久，两端各有 1 核移向胚囊中央，并互相靠近，形成极核。随着核分裂的进行，胚囊体积迅速增大，特别沿纵轴扩展更为明显。8 核胚囊形成后，开始没有细胞壁的形成，以后各核之间产生细胞壁，形成细胞。珠孔端的 3 个细胞的中央一个分化成卵细胞（egg cell），两侧的为助细胞（synergid），三者合称为卵器。合点端的分化为 3 个反足细胞（antipodal cell），2 个极核与周围的细胞质一起，组成大型的中央细胞（central cell）。至此，单核胚囊细胞已发育成具 7 细胞 8 核的成熟胚囊（embryo sac），这就是被子植物的雌配子体（female gametophyte），其中的卵细胞就是有性生殖中的雌配子（female gamete）。这种由近合点端的 1 个大孢子经 3 次有丝分裂形成 7 细胞 8 核胚囊的发育形式，最初在蓼科植物中观察到，所以称为蓼型胚囊。约有 81% 的被子植物的胚囊属于此种发育方式。除蓼型胚囊外，根据参加形成胚囊的大孢子数目，以及大孢子核分裂次数和成熟胚囊结构特点，还可划分出其他 9～10 种胚囊发育类型。

成熟胚囊的卵细胞是一个具有高度极性的细胞，细胞近于洋梨形，狭长端对向珠孔，在珠孔端区域的壁较厚，近合点端区域壁逐渐变薄，甚至完全消失，仅以质膜与中央细胞毗接。卵细胞与助细胞之间细胞壁上有胞间连丝相通。卵细胞的细胞质表现出明显极性，靠近珠孔有一大液泡，细胞核和大部分细胞质位于合点端。卵细胞核大，核仁的 RNA 含量高于胚囊中其他细胞，在其发育早期有较多的细胞器；随着卵细胞发育成熟，其中的线粒体、内质网、高尔基体、核糖体等细胞器解体、退化，数量减少，其合成和代谢活动降低。

助细胞与卵细胞在珠孔端排列成三角状。它们也是高度极性化的细胞。助细胞的壁以珠孔端较厚，向合点端逐渐变薄。助细胞的细胞质和细胞核常偏于珠孔端，液泡则多位于合点端，这种分布上的极性与卵细胞中的恰好相反。助细胞含有丰富的细胞器、内质网、发育良好的线粒体和核糖体以及大量分泌小泡的高尔基体等，表明助细胞是代谢高度活跃的细胞。它能够经珠孔从珠心、珠被等处吸收和运转营养物质进入胚囊，还能合成和分泌某些趋化物质及酶类，引导花粉管定向生长，使之进入胚囊，是花粉管进入和释放内容物的中转站，并有助于精子移向卵细胞和中央细胞。助细胞存在时间较短，受精后很快解体。

中央细胞是胚囊中体积最大且高度液泡化的细胞。成熟胚囊的增大，主要是由于中央细胞液泡的膨大。中央细胞含有 2 个极核，在成熟胚囊中它们相互靠近，或在受精前融合成一个双倍体的次生核。中央细胞与卵细胞、助细胞和反足细胞之间有很薄的壁或仅以质膜为界并且有胞间连丝相通，加强了胚囊内各细胞结构上和生理上的协调。有些植物的中央细胞与珠心毗邻的细胞壁向内形成许多指状内突，说明它有从珠心吸取营养物质，以及向外分泌消化珠心细胞的酶的作用。中央细胞含有丰富的细胞器，如质体、核蛋白体、线粒体、内质网等，同时可以积累大量淀粉、蛋白质、脂类等贮藏物质。显示中央细胞既有较强的代谢活性，也有贮存营养物质的作用。

反足细胞是胚囊中一群变化最大的细胞，大多数被子植物的反足细胞有3 个，但有些被子植物的反足细胞有较强分裂能力，形成数量较多的细胞。反足细胞还可形成多核或多倍体细胞。反足细胞有大量细胞器，如线粒体、核糖体、粗糙内质网等。在多数被子植物中，反足细胞受精前或受精后退化消失。反足细胞代谢活跃，对胚囊发育具有吸收、转输和分泌营养物质的多种功能。

（五）开花、传粉与受精

1. 开花

当植物生长发育到一定阶段，雄蕊的花粉粒和雌蕊的胚囊已经成熟，花被展开，雄蕊和雌蕊露出，这种现象称为开花（flowering anthesis）。开花是被子植物生活史中的一个重要时期，是有花植物性成熟的标志。各种被子植物的开花年龄和开花季节常有差别，一株植物从第一朵花开放到最后一朵花开毕延续的时间，称作开花期。开花期长短随植物种类而异。各种被子植物每朵花开放持续时间以及开花的昼夜周期性也有差别。如小麦单花开放时间只有 3 ～ 30 min。牵牛花在早晨开花，下午花渐萎蔫。

2. 传粉

成熟的花粉粒借外力传到雌蕊柱头上的过程称为传粉（pollination）。传粉是有性生殖过程的重要环节。传粉有自花传粉和异花传粉两种方式。常见的传粉媒介为风媒和虫媒。

自花传粉（self pollination）是指成熟的花粉粒传到同一朵花的雌蕊柱头上的过程。最典型的自花传粉为闭花受精。闭花受精是在花朵未开放，其成熟花粉粒在花粉囊内萌发，花粉管穿出花粉囊，伸向柱头，进入子房，把精子送入胚囊，完成受精。闭花受精是对环境条件不适于开花传粉时的一种合理的适应现象。长期连续自花传粉，往往导致植株变矮，结实率降低，抗逆性变弱；栽培被子植物则表现出产量降低，品质变差，抗不良环境能力衰减，甚至失去栽培价值。尽管自花传粉有害，是一种原始的传粉方式，当缺乏必要的异花传粉条件时，自花传粉则成为保证被子植物繁衍的特别形式。

异花传粉（cross pollination）是植物界最普遍的传粉方式，是指一朵花的花粉传到另一朵花柱头上的过程。它可发生在同一株植物的各花之间，也可发生在同一品种或同种内的不同品种植株之间。从生物学意义上讲，异花传粉是一种进化的方式。异花传粉植物的雌配子和雄配子是在差别较大的生活条件下形成的，其遗传性差异较大，经结合产生的后代，具有较强的生活力和适应性，其植株强壮，开花多，结实率高，抗逆性强。

由于长期自然选择和演化的结果，植物的花在结构和生理上形成了许多适应于异花传粉的性状。常见的有下列几种方式。

（1）单性花（unisexual flower）

具单性花的植物必然需要异花传粉。如雌雄同株的玉米、胡桃等，雌雄异株的大麻、桑等。

（2）雌雄蕊异熟（dichogamy）

是指一株植物或一朵花上的雌蕊和雄蕊成熟时间不一致，或雌蕊先熟或雄蕊先熟。如玉米的雄花序比雌花序先成熟等。

（3）雌雄蕊异长（heterogony）

两性花中，雌蕊、雄蕊长度互不相同，又称花柱异长。如荞麦有 2 种植株，一种植株花中雌蕊的花柱高于雄蕊的花药；另一种是雌蕊的花柱低于雄蕊的花药。传粉时，只有高雄蕊上花粉粒传到高柱头上或低雄蕊的花粉粒传到低柱头上才能受精。

（4）自花不孕（self sterility）

是指花粉粒落到同一朵花或同一植株的柱头上，由于生理上的不协调，花粉不能萌发或不能完成受精的现象。自花不孕有 2 种情况：一种是花粉粒落到自花的柱头上，根本不能萌发，如荞麦等；另一种是自花的花粉粒虽能萌发，但花粉管生长缓慢，没有异花的花粉管生长快，达不到自体受精，如玉米等。此外，某些兰科植物的花粉粒对自花的柱头有毒害作用，常引起柱头凋萎，致花粉管不能生长。

异花传粉的媒介主要是风和昆虫，少数为水、鸟、蜗牛、蝙蝠等。被子植物对不同传粉媒介长期适应，常具有与之相匹配的形态和结构。

依靠风为传粉媒介的植物称为风媒植物，其花称为风媒花（anemophilous flower）。风媒花植物常形成小花密集的花序；花被一般不鲜艳，小或退化形成裸花，无香味，不具蜜腺；花粉量大，细小质轻，外壁光滑干燥。有些植物雄蕊花丝较长，易摆动，有利散发花粉，如玉米。早春开花的风媒植物，先花后叶，可减少枝叶对花粉随风传播的阻障。

借助昆虫，如蜂、蝶、蛾、蚁等为传粉媒介的植物称为虫媒植物，如瓜类、薄荷等。它们的花称为虫媒花（entomophilous flower）。虫媒花具鲜艳的花被，常有香味或其他气味，有花蜜腺，这些都有利于招引昆虫。此外，虫媒花的花粉粒较大，数量较少，表面粗糙，有黏性，易粘附于昆虫体上而被传播。虫媒植物的分布以及开花的季节性和昼夜周期性与传粉昆虫在自然界的分布及活动规律有着密切关系。

3. 受精

雌、雄性细胞，即卵细胞和精细胞的相互融合过程称为受精（fertilization）。药用被子植物受精过程中，一个花粉粒的 2 个精子分别与卵细胞和中央细胞融合，称为双受精（double fertilization）。

花粉粒传到柱头上后，很快就开始相互识别作用。花粉粒和柱头组织间所产生的蛋白质是识别作用的主要物质基础。花粉与柱头接触后，花粉外壁释放识别蛋白与柱头的蛋白质薄膜相互识别（recognition），如果二者是亲和的，花粉内壁释放出来的角质酶前体就被柱头的蛋白质薄膜激活，将蛋白质薄膜下的角质膜溶解。同时花粉粒萌发，从萌发孔 / 沟中长出花粉管，花粉管穿入角质膜被溶解的柱头乳突细胞；如果是不亲和的花粉，柱头的乳突细胞则发生排斥反应，使花粉不能萌发或产生胼胝质，阻碍花粉进入，或花粉虽能萌发但花粉管最后不能进入胚囊完成受精作用。此外，柱头表面存在的酶系和分泌的酚类物质，也与识别作用和花粉管穿入柱头角质膜有密切关系。花粉的识别蛋白与柱头的感受器相互作用，被雌蕊的柱头认可的亲和花粉从周围吸水，代谢活动加强，体积增大，内壁从萌发孔伸出，形成花粉管，这个过程称为花粉粒的萌发。

花粉萌发产生的花粉管，多从柱头乳突式毛基部的细胞间隙进入，并向花柱中生长。在空心花柱中，花粉管沿花柱道内表面在其分泌液中生长；实心花柱中，常在引导组织或中央薄壁组织细胞间隙中生长或在引导组织厚而疏松、含果胶质丰富的细胞壁中生长。花粉管生长过程中，除了消耗自身所具有的贮藏物质外，还从花柱中吸收营养物质，用于花粉管生长和新壁合成。花粉管到达子房后，通常沿子房壁内表面生长，最后从胚珠珠孔进入胚囊进行受精。

花粉管到达子房后，通常从珠孔进入胚囊称为珠孔受精。少数植物花粉管从合点部位进入胚囊，称为合点受精；或从胚珠中部进入胚囊，称为中部受精。

当花粉管到达胚珠前或进入胚珠后，花粉管穿过胚囊壁进入一个助细胞，然后花粉管释放出营养核、2个精细胞及花粉管物质。2个精细胞被释放后，移向卵细胞和中央细胞之间的位置。2个精细胞中的1个与卵细胞接近并互相融合；另1个和中央细胞接近并互相融合，称为双受精。这是被子植物有性生殖中的特有现象。2个精细胞分别与卵细胞和中央细胞融合时，先是质膜融合，使2个精核分别进入卵细胞和中央细胞。精核进入卵细胞后，精核与卵核接近，核膜融合，核质相融，2核的核仁共融成1个大核仁。至此，完成了精卵结合过程，形成双倍体合子（zygote），将来合子发育成胚。另一个精细胞进入中央细胞后，精核与2个极核（或次生核）融合过程与精核和卵核融合过程基本相似，但融合速度较精、卵融合快。精核和极核形成三核并合的初生胚乳核（primary endosperm nucleus），将来发育成三倍体胚乳。

被子植物双受精作用一方面是通过单倍体的雄配子（精细胞）与单倍体的雌配子（卵细胞）结合，形成一个二倍体的合子，保持了物种的相对稳定性；同时使父、母本具有差异的遗传物质重组，形成具有双重遗传性的合子，既加强了后代个体的生活力和适应性，又为后代中可能出现新性状和新变异提供了基础。另一方面是另一精细胞与中央细胞受精形成的三倍体性质的初生胚乳及其发育成的胚乳，同样兼有双亲的遗传性，合子及胚在这样的胚乳哺育下发育，可使子代生活力更强。

自交不亲和性（self-incompatibility）是植物雌蕊的柱头或花柱可以辨别自体和异体花粉，并抑制自体花粉萌发或生长的一种特性。它可避免自体受精，而使遗传组成不同的异体花粉完成受精。因此，自交不亲和性是被子植物预防近亲繁殖和保持遗传变异的一种重要机制，在被子植物早期进化中起着不可低估的作用。自然界中被子植物估计一半以上存在着自交不亲和性。

二、种子的发育

被子植物的花经过传粉、受精之后，雌蕊内的胚珠逐渐发育为种子。子房连同其中所包含的胚珠，共同发育为果实。有些植物，花的其他部分甚至花以外的结构也参与果实的形成。裸子植物不形成雌蕊，胚珠外面无子房壁包被，胚珠发育为种子后，呈裸露状态，这一特征是裸子植物不及被子植物进化的一个重要方面。

被子植物经过双受精以后，胚囊中的受精卵发育成胚（embryo），胚是形成新一代植物体的雏形；中央细胞（极核）受精后形成初生胚乳核，发育成胚乳（endosperm），作为胚发育的养料；珠被发育成种皮（seed coat, testa），包在胚和胚乳之外，起着保护作用；大多数植物的珠心被吸收而解体消失，少数植物的珠心组织被保留下来，继续发育而成为外胚乳（perisperm）；珠柄发育成种柄。于是，整个胚珠便发育成种子（seed）。

（一）胚的发育

卵细胞受精后便成为受精卵，即合子。合子是胚的第一个细胞。合子产生一层纤维素的细胞壁而进入休眠状态。休眠期的长短，因植物种类不同而异。经过休眠后，合子便开始分裂，逐步发育成胚。一般情况下，胚发育晚于其胚乳发育。合子的第一次分裂，大多数不均等横裂为2个细胞。其中，靠近珠孔端的一个称为基细胞，其个体较大；靠近合点端的一个称为顶细胞，其个体较小。顶细胞和基细胞在生理上存在很大差异。顶细胞具有浓厚的细胞质，丰富的细胞器和细胞核，具有胚性；基细胞具有大的液泡，细胞质比较稀薄，不具有胚性，只具有营养功能。细胞的这种异质性，是由合子的生理极性决定的，这两细胞间有胞间连丝相通。

胚在没有出现分化前的阶段，称为原胚（proembryo）。顶细胞和基细胞形成后，即为2-细胞原胚。以后顶细胞进行多次分裂而形成胚体。基细胞分裂或不分裂，主要形成胚柄，或也部分参加形成胚体。随着胚体发育，胚柄也逐渐被吸收而消失。胚柄起着把胚推向胚囊内部合适的位置，以利胚在发育中吸收周围养料以及从周围吸收营养物质转运到胚体供其生长发育的作用，另外胚柄对激素的合成和分泌，以及胚的早期发育等方面也有调节作用。胚柄是短命的，当胚长成时胚柄退化，在成熟种子中仅留痕迹。

1. 双子叶植物荠菜胚的发育

荠菜的合子经休眠后，不均等地横向分裂为2个细胞，近珠孔端的是基细胞，远离珠孔端的是顶细胞。基细胞稍大于顶细胞。基细胞连续多次横向分裂后，形成一列由 6 ~ 10 个细胞组成的胚柄。顶细胞经 2 次相互垂直的纵向分裂后，形成 4 个细胞，即为四分体原胚时期；然后每个细胞再分别进行一次横向分裂而成为 8 个细胞，即为八分体原胚时期。以后八分体原胚先进行一次平周分裂，再进行多次的各个方向分裂，而成为一团细胞，此时称为球形原胚时期。以上各个时期都属于原胚阶段。以后球形原胚顶端两侧分裂生长较快，形成了 2 个突起，称为子叶原基，经过初步分化，此时为心形胚时期。心形胚进一步分化，顶端的子叶原基逐渐发育成为 2 片子叶；在 2 片子叶中间的凹陷部分逐渐分化出胚芽；心形胚的基部和胚柄顶端的一个细胞发育成胚根；心形胚的中部即胚根与胚芽间的部分发育成胚轴。胚体在进一步发育过程中，子叶和胚轴不断延长，由于胚珠内空间的局限，子叶弯曲，使胚体呈马蹄铁形，称为马蹄形胚。至此，成熟而完整的胚体就形成了，胚柄逐渐退化消失。

2. 单子叶植物小麦胚的发育

小麦受精卵经过休眠后，便进行细胞分裂形成了 2 个细胞。靠近珠孔端的细胞为基细胞，而远离珠孔端的细胞为顶细胞。接着，顶细胞进行一次纵向分裂，基细胞进行一次横向分裂，形成 4 细胞原胚。以后原胚继续分裂，体积增大而呈梨形，称为梨形胚。之后，随着细胞分裂和细胞生长的继续，在胚的一侧（腹面）出现一个凹沟，使胚的两侧表现出不对称状态。在形态上胚可以区分为 3 个区，即顶端区、器官形成区和胚柄细胞区。以后，顶端区将形成盾片上半部和胚芽鞘的一部分；器官形成区将形成胚芽鞘的另一部分和胚芽、胚轴、胚根、胚根鞘和外胚叶等。

3. 多胚现象

多胚现象指有些植物的种子中含有 2 个或 2 个以上的胚。一般情况下，一粒种子在合子发育时只形成 1 个胚，但有些植物可以形成多个胚。多胚现象的类型有：裂生多胚、助细胞多胚、反足细胞多胚、不定胚。

裂生多胚：合子胚通过出芽或裂生的方式产生的多胚，在裸子植物中较为普遍，被子植物中有些植物有裂生多胚现象，如郁金香、椰子、百合等。

助细胞多胚：一种情况是多枚精子进入胚囊，除与卵、极核双受精外，还与助细胞受精发育成胚，如慈姑、还阳参等；另一种情况是助细胞不经受精发育成胚，如菜豆、白菜等。

反足细胞多胚：反足细胞发育成原胚，未见到发育成熟的胚，如美国榆、韭菜等。

不定胚：胚囊外面的细胞（如珠心、珠被）形成的胚，可以发育成幼苗，如柑橘、仙人掌、百合等。

（二）胚乳的发育

胚乳是种子中贮藏营养物质的组织。双受精时，极核受精形成三倍体的初生胚乳核。初生胚乳核通常不经过休眠，就开始发育而形成胚乳。所以，胚乳比胚的发育时间早，这有利于给胚的发育提供营养。胚乳的发育方式一般有核型、细胞型和沼生目型3种。其中以核型方式最为普遍，而沼生目型则比较少见。

核型胚乳发育时，初生胚乳核首先进行多次不伴随有胞质分裂的核分裂，形成众多的细胞核，亦称胚乳核。各个胚乳核呈游离状态，分散于中央细胞的细胞质中，呈现出一种多核的现象，此时期被称作是游离核形成期。游离胚乳核的数目因植物种类而异，多的可达数百个，甚至可达数千个，如胡桃等。而少的却只有8个或16个核，最少的可少到4个核，如咖啡。当核分裂进行到一定时期后，便在各游离的胚乳核之间形成细胞壁，而进行细胞质分裂，于是便形成了一个个胚乳细胞。整个组织称为胚乳。核型胚乳的这种发育方式在单子叶植物以及双子叶离瓣花类植物中普遍存在，是药用被子植物中最普遍的胚乳发育方式。

细胞型胚乳发育时，初生胚乳核第一次分裂以及在后续的每一次核分裂后立即伴随有相应的胞质分裂。所以胚乳自始至终都是细胞的形式，不出现游离核时期，整个胚乳是多细胞的结构。大多数合瓣花类植物属于这一类型。

沼生目型胚乳的发育方式是介于核型与细胞型之间的中间类型，受精极核第一次分裂后，将胚囊分隔成两个室，即珠孔室和合点室。珠孔室比较大，这一部分的核进行多次核分裂而成为游离核状态。合点室的核分裂次数较少，并一直为游离核状态。一段时间以后，珠孔室的游离核之间形成细胞壁而进行胞质分裂。这种类型的胚乳，多限于单子叶沼生目种类，如刺果泽泻、慈姑等，但少数双子叶植物，如虎耳草属（Saxifraga）、檀香属（Santalum）等植物也属于这种类型。胚乳含有三倍数的染色体，由母本提供2组，父本提供1组，它同样具有父本和母本的双重遗传性。三倍体的胚乳给胚的发育提供了重要的营养保障，由胚发育而来的子代变异性更大，生活力更强，适应性也更加广泛。

在种子发育形成过程中，通常都有胚乳的形成。有的植物在形成种子时，胚乳没有被胚完全吸收而保留于成熟种子中，形成有胚乳种子，如禾本科植物种子、蓖麻种子等。但是，还有一些植物在形成种子时，随着胚的形成，胚乳中的养料即被胚吸收，贮存在肥大子叶中，所以种子里看不到有胚乳存在，这些是无胚乳种子，如豆类、瓜类的种子。

在胚和胚乳的发育过程中，一般助细胞、反足细胞逐渐解体，作为营养被吸收。胚囊周围的珠心组织往往要作为养料供给胚、胚乳的发育。所以珠心一般遭到破坏而消失。但在少数植物中，珠心始终存在，且在种子中发育成类似于胚乳的贮藏营养组织，称为外胚乳，如苋属、石竹属、甜菜属、姜等。

（三）种皮的发育

种皮是由胚珠的珠被发育而成的。1层珠被胚珠发育成1层种皮；2层珠被（外珠被和内珠被）胚珠发育成2层种皮。但也有许多2层珠被的植物，1层珠被的营养被胚的发育所吸收，所以只有剩余的1层珠被发育成种皮，如蚕豆、小麦等。种皮上常有种脐和种孔。种脐是种子成熟时，从种柄处脱落，在种皮上遗留下的痕迹。种孔来自胚珠上的珠孔。而种柄则是由胚珠的珠柄发育而来。有些植物的种皮外面，还有由珠柄、胎座等部分发育而来的假种皮，如荔枝、龙眼的肉质可食部分，就是由珠柄发育而来的假种皮。

（四）果实的发育

受精后的胚珠发育成为种子时，整个子房迅速生长而发育为果实（fruit）。花的其他部分，如花被、雄蕊及雌蕊的花柱、柱头等通常多枯萎凋谢。单纯由子房发育而成的果实叫作真果（true fruit），多数被子植物的果实为真果，如菘蓝、覆盆子、桃、杏、贝母等的果实。而有些植物，其果实是由子房及花的其他部分，如花托、花萼、花冠以至整个花序共同参与发育而成的，把这种果实称为假果（spurious fruit，false fruit，pseudocarp），如山楂、当归、栝楼、薯蓣等的果实。

真果外为果皮（pericarp），内含种子。果皮是由子房壁发育而成，一般可分为外果皮（exocarp）、中果皮（mesocarp）和内果皮（endocarp）等3层结构。外果皮上常有气孔、角质、蜡质、表皮毛等。中果皮在结构上变化较大，有些植物的中果皮是由多汁的、贮有丰富营养物质的薄壁细胞组成，成为果实中的肉质可食用部分，如桃、李、杏等；而有些植物的中果皮则常变干收缩，成膜质或革质，如蚕豆、花生等。内果皮在不同植物中也各有其特点，有些植物的内果皮肥厚多汁，如葡萄等；而有些植物的内果皮则是由骨质的石细胞构成，如桃、杏、李、胡桃等。

假果是由子房及花的其他部分（如花托、花萼、花冠以至整个花序）共同参与发育而成的果实，因此，其结构较真果复杂，除由子房壁发育而成的果皮部分外，还有花的其他成分。例如，山楂的果实，主要由花托杯、子房发育形成。

第二章 药用植物种子生理

第一节 药用植物种子的寿命

一、药用植物种子的寿命

药用植物种子具有一定寿命，而高活力种子是进行药用植物生产的必要条件。药用植物种子寿命的有效延长有利于降低繁殖成本和经营风险，有利于药用植物生产和药用植物种质资源的保存。由于药用植物种类众多、生长习性和种子寿命差异很大，因此深入了解药用植物种子的寿命，对种子贮藏和药用植物生产有重要意义。

（一）种子寿命的概念

种子寿命指种子在一定环境条件下所能保持生活力的期限。种子寿命亦为一群体概念，指一批种子从收获到发芽率降至 50% 时所经历的天（月或年）数，又称为半活期，为平均寿命。测定种子寿命目前还没有统一的方法，一般是从收获开始，每隔一定时间测一次发芽率，当发芽率降到 50% 的天数即为该种子的寿命。但药用植物种子不能用半活期作为标准，因为实验室种子发芽率高是田间出苗率高的基础，当实验室种子发芽率降低时，田间出苗率降低更快，因此当一批种子发芽率降到一定值时，不能用加大种子用量来进行药用植物生产，种子贮存到一定时间后不能作为生产用种，否则会影响药用植物生产；如白芷种子存放 1 年后种子发芽率降低，出苗抽薹率高；龙胆种子存放 1 年后，种子发芽率接近于 0。

（二）药用植物种子寿命的差异

药用植物种子寿命的差异极大，从几天到几十年几百年甚至上千年不等。1952 年，在我国辽宁省普兰店附近沧子屯村的泥炭层里，人们挖掘出了一批古莲子，据测定，其生存时间已达到 1000 多年之久，但还保持能够发芽的状态；1967 年加拿大在北美育肯河中心地区的旅鼠洞中曾找到 20 多粒北极羽扇豆种子，经测定已有 1 万多年的历史，播种后，其中 6 粒还能发芽成长。而兰科植物天麻的种子细小，不耐贮藏，其寿命为 7 d 左右；辽细辛鲜种子发芽率为 97%，在库房内常温贮存 50 d 后发芽率为 0。早在 1908 年，Ewart 在所谓"最适贮藏条件"的基础上，对 1400 个种及变种的陈种子生活力进行过测定研究，按种子寿命长短将种子分为 3 类，即短命种子（microbiotic）、中命种子（mesobiotic）和长命种子（macrobiotic）。

1. 短命种子

种子寿命小于 3 年，多为一些原产于亚热带的药用植物以及一些春花夏熟的早春植物种子，如肉豆蔻科的肉豆蔻、茜草科的金鸡纳、古酿的古柯科等植物种子，而室温条件下贮藏隔年不宜作种用的伞形科的当归、白芷、北沙参，菊科的蛔蒿、土木香、白术，百合科的重楼、贝母、山丹等都为短命种子。

2. 中命种子

种子寿命在 3 ～ 15 年，如部分禾本科和豆科药用植物等。

3. 长命种子

种子寿命长于 15 年，以豆科植物居多；其次为锦葵科植物，如双荚决明、花葵等。

药用植物种子寿命的差异与贮藏条件关系密切，一些短命种子如果贮藏的温度和湿度适宜可以延长短命种子的寿命。

（三）延长种子寿命的意义

延长种子寿命可减少繁种次数，降低费用，提高质量；合理调节余缺，减少报废损失；有利于品种资源保存；减少病虫危害。

二、种子寿命的影响因素

（一）内在因素的影响

药用植物种子寿命首先是由本身遗传特性决定的，包括种子种皮结构、化学成分、种子的物理特性、种子的贮藏特性等。

1. 种皮结构

种皮是氧气、水分、营养物质进入种子的屏障，凡种皮结构坚硬、致密、具有角质层和蜡质层的药用植物种子寿命较长。而种皮薄、结构疏松、无保护结构的种子一般寿命较短。例如同是豆科植物，黄芪、甘草、决明种子的寿命要长于黑豆、头花黎豆种子。另外药用植物种子外部的稃壳或一些附属结构也影响种子的寿命。

2. 化学成分

糖类、蛋白质和脂肪是种子的主要贮藏物质，其中脂肪更容易水解和氧化，如大枫子、安息香、檀香、土沉香等种子含油量高，易分解为游离脂肪酸，使种子酸度增加，品质恶化。尤其对于一些含有不饱和脂肪酸的药用植物种子，更容易被氧化，如柳叶菜科植物月见草。

3. 种子的生理状态

种子处于较活跃的生理状态，其耐藏性较差。凡是未成熟的种子、受冻的种子、处于萌发状态的种子，由于呼吸旺盛而使寿命缩短。如充分成熟的穿心莲种子贮存 4 年后仍有 53% 的发芽率，而不够成熟的种子发芽率仅为1.5% ～ 4%。受潮种子的呼吸显著高于干燥种子，易引起种子发霉变质，大大降低种子寿命，这类种子由于酶处于旺盛活动状态，所以即便干燥到原来的程度，也存在高于正常值的呼吸强度。因此，维持较低的生理活动水平是延长种子寿命的重要条件。

4. 物理性质

种子的大小、完整性、吸附性等物理性质对药用植物种子的寿命均有影响。一般小粒、破损种子的寿命比大粒、完整饱满种子的寿命短，如天麻、白芨种子细小，寿命极短；棕褐色的老熟的穿心莲种子贮藏 4 年后仍有 53%发芽率，而黄褐色的嫩种子发芽率仅为 1.5%。由于很多药用植物种子的形状不规则、采收调制过程比较粗放，易造成种子破损、呼吸强度增加，降低种子寿命。因此对易破损的种子在入库前进行干燥和清选非常重要。

5. 药用植物种子的贮藏特性

依据种子的贮藏特性，Roberts（1973）等将植物种子分为正常型（orthodox seed）、顽拗型（recalcitrant seed）和中间型（intermediate seed）种子。传统型种子耐干燥，含水量降到较低水平时不受伤害，贮藏寿命随含水量和温度降低而延长，多为中、长命种子。顽拗型种子对脱水和低温高度敏感，干燥时会受损伤，新种子的生活力随干燥而降低，当种子水分降低至某一临界值时，种子生活力全部丧失，因此需高水分适温贮藏，如水浮莲、龙眼、荔枝、银杏等。中间型种子贮藏习性介于传统型和顽拗型之间，即开始寿命随水分降低而延长，但当水分降低到一定程度（7% ～ 12%）时，寿命与水分的负相关关系发生逆转，如柑橘、小果咖啡等。

关于药用植物种子的脱水敏感性，可以从以下几个方面来解释。

第一，种子的生理状态。当顽拗型种子刚脱落时，尽管它们有代谢活动，但处于相对最静止的状态，在这种条件下，细胞内的许多水分以自由水的状态存在，如迅速干燥，大多数水分散失。但随着种子萌发，细胞内各种代谢活动不断加强，对结构水、束缚水的需求越来越多，种子对脱水变得非常敏感，致死含水率值上升，此时含水量低于该临界值时种子将丧失活力。因此，顽拗型种子通常体积较大、含水量较高，胚、胚乳的比例很小，当缓慢脱水时，在短期内萌发仍然不断进行，直到低于临界含水量。甚至当整粒种子进行快速脱水时，一些与萌发有关的代谢仍然能够进行，快速干燥能使胚轴的含水量迅速降低，从而抑制萌发、保持生活力。

第二，种子的水分状态。正常型种子中束缚水（生命水）一般不超过种子干重的10%，由于通过离子键与大分子表面紧密结合，几乎成为种子结构的一部分，脱水时很难失去。不耐脱水的药用植物种子可能是缺乏与大分子物质紧密结合的束缚水；或在干燥时不能保留束缚水，致使种子活力丧失，寿命缩短。

第三，脱落酸与顽拗型。脱落酸在种子发育、萌发和休眠等许多生理生化过程中起着重要作用。在通常情况下，种子应在胚完全成熟后才萌发，但将未成熟的胚从种子中分离出来置于培养基上培养，胚即停止发育而转向萌发，而在培养基中加萌发抑制物质脱落酸（ABA）可以阻止胚的萌发促进其继续发育。在种子发育过程中，ABA对离体胚的贮藏蛋白质合成起到调控作用，随着果实的发育，种子对外加ABA的敏感性逐渐变小。顽拗型种子保存时，选择适当的采种时间进行ABA处理，可以有效地保存种子生命力。

第四，寡糖。水分代谢假说认为，在脱水过程中糖在大分子表面代替水分子，使膜在脱水状态下保持稳定，在成熟种子中，高水平的糖，特别是蔗糖、棉籽糖和水苏糖，能够为脱水耐性种子提供耐脱水的机制。顽拗型种类含有特别高的棉籽糖，在已测定的顽拗型种类的胚轴中缺乏水苏糖，而正常型种类含有较高的水苏糖、蔗糖比率。寡糖在脱水耐性中的另一个作用是形成玻璃化状态，尽管顽拗型种子含有大量和适当比例的寡糖，但仍保持脱水敏感性。

第五，LEA蛋白（胚胎后期富集蛋白）。在脱水耐性种子中起重要作用。干燥过程中，保护分子自然构型维持，减少细胞质离子强度增加。脱水耐性的获得通常是在成熟脱水前及脱水过程中，在种子发育过程中，一组随时间变化的高度丰富的亲水性蛋白与种子的脱水耐性有关。源于热带湿地的顽拗型种子在发育过程中不形成LEA蛋白，温带的顽拗型种子虽然形成，但转向萌发时LEA蛋白的合成能力降低或不能合成，这可能是其脱离母体后活力丧失的重要原因。

（二）环境因素的影响

1.温度对种子寿命的影响

贮藏温度是决定种子寿命的主要因素之一。一些原产寒温带的药用植物种子，大部分适宜存放在干燥冷凉的条件下，在低温条件下种子代谢缓慢，不易发霉变质。哈林顿（Harrington，1959）研究温度、种子含水量与种子寿命关系时指出：在 0 ～ 50℃范围内，种子贮藏环境温度每降低 5℃，种子寿命就提高 1 倍。高温的不利影响从种子发育一直延续到生理学成熟、干燥、贮藏、运输等环节，故很多药用植物种子在室温条件下不耐贮藏，在低温条件下可延长其寿命，如当归种子在 4℃条件下贮藏其寿命显著高于 20℃条件；白头翁种子在室温贮藏 8 个月后发芽率为 0，但在冰箱中贮存，发芽率则为 41.3%。

但对于热带性强的药用植物种子，低温一定要有限度，如槟榔种子在 4℃下贮存 20 d，发芽率只有 6.2%，而在潮湿的自然温度下沙藏 40 d，发芽率为 70%；爪哇白豆蔻种子不同温度湿藏 6 个月，28℃条件下发芽率 66.7%，18 ～ 28℃条件下发芽率为 46.7%，4℃冰箱内贮存丧失发芽能力。

2. 水分对种子寿命的影响

关于种子寿命与含水量的关系，哈林顿（Harrington，1972）提出：种子水分在 14% 的范围内，每降低 1% 水分，可使种子寿命延长 1 倍。对于正常药用植物种子，适当降低贮藏水分可以延长种子的寿命。例如，当归种子含水量达到 20% 时，贮存 3 个月发芽率已降低到 10%，而含水量 4% 的发芽率为 90%。但顽拗型药用植物种子不耐干藏，适宜贮存在湿度较高的条件下，种子含水量降低到一定程度时会导致种子死亡；如海南产青皮（Vatia hainanensis）新种子水分含量为 41.6%，发芽率为 55%，经 20℃风干 3d 水分含量降到 23%，发芽率为 21%。槟榔、肉桂、古柯、沉香、丁香、肉豆蔻等药用植物皆属此类。

3. 发育环境

每种药用植物在种子发育过程中都需要特定的生态条件，母株所处的生态条件，如温度、光周期、降水量、土壤温度、土壤营养等，都可通过种子的形成、发育和成熟过程直接影响到种子的生理状况和种子寿命。适宜环境中形成的药用植物种子活力高、寿命长，而在逆境胁迫条件下形成的种子质量差、寿命短；如金莲花原产海拔较高的凉爽环境，在温度较低湿度较大的河北承德山区结的种子第二年仍保持发芽能力，而引种到北京平原地区后，温度高、湿度小的条件下所结种子第二年即丧失发芽能力。

4. 贮存空间的气体环境

除了温度和湿度是药用植物种子贮藏的主要因子外，空气成分也是重要的因子，特别是在温湿度适宜的条件下，对种子寿命影响较大。如把红花种子分别贮存在封闭环境、氧气、二氧化碳、氮气和真空的容器内，6 年后贮藏在空气和氧气环境下的种子生活力完全丧失，而封闭在二氧化碳、氮气和真空内的种子还具有一定的发芽率；又如防风种子贮存在密闭容器对生活力的保持优于在空气中保存的种子。

5.病虫害及化学物质对药用植物种子寿命的影响

（1）真菌

真菌和细菌的活动，能分泌毒素致使种子呼吸作用加强并加速代谢过程，因而影响其活力。种子传播的腐生性和寄生性真菌包括镰刀菌属、毛壳霉属、芽枝霉属和根霉属，有些真菌可在贮藏的种子上完成生活史，如曲霉属和青霉属，侵入种子可导致种子生活力丧失，游离脂肪酸增加，非还原糖减少，被感染组织呼吸加强，发生霉变。如果种子贮藏在不适宜条件下，短时间内就可变质，丧失活力，缩短寿命。

（2）化学试剂

用化学物质处理种子，可使药用植物种子在贮存期间维持较高活力，特别是对于含油多的种子可以抑制游离脂肪酸的产生，预防种子在贮藏期间的发热现象，如用氯乙醇、氯丙醇处理亚麻种子。但用杀菌剂或熏蒸剂处理种子不当，会降低种子寿命；而用环氧乙烷、氯代醋酸甲酯等处理后会显著降低发芽率。

三、种子寿命的预测

生产中要对种子寿命特别是长寿命种子进行测定，要经历极长时间，常需要预测。目前对古老种子寿命的估算，是利用 ^{14}C 同位素进行；对种子未来寿命的预测，常用数理统计进行推测。

Roberts（1972）认为引起种子丧失生命力有外在和内部两种情况：外在因素是热和微生物引起的种子生活力的退化；内在因素是高分子化合物变性和新陈代谢活动受阻。并提出了一个比较严密的种子寿命方程式：

$$\lg P_{50} = K_v - C_1 m - C_2 t$$

式中，P_{50}——平均寿命（d）；

m——种子含水量（%）；

t——贮藏温度（℃）；

K_v、C_1、C_2——常数。

应用此方程可求算任一温度和水分组合下种子的平均寿命（d），种子要保持一定时间的寿命所要求的温度、水分。

上述方程及其列线图的最大缺陷是以假定种子入库时的发芽率为100%为前提，实际多数情况下不是如此，而原始发芽率的不同，对活力下降的影响极大。

Roberts（1980）经过长期不懈的研究，观察到以下现象：

（1）种子死亡在时间上呈正态分布；

（2）这些分布的标准差，对一个种在给定的贮藏环境下是一常数；

（3）在两个不同的贮藏环境中，寿命是不同的，在一个种内所有种子批是一样的；

（4）种子寿命随温度降低而增加；

（5）在种子寿命和种子含水量之间存在着负对数关系。

种子寿命形成和维持的生理与遗传机制研究一直是植物发育生物学研究的一个重大课题。种子寿命的研究，对人工保存种质资源这一重要技术将有所启示，并将推动种子寿命—贮藏—休眠—萌发理论的进展。对种子长寿命机理的研究（如古莲子），将有助于为长寿命有关基因的最终分离提供可能。若能将分离出的有价值基因（抗逆性、贮藏性）通过基因工程导入各类作物，对培养作物新品种和延长种子贮藏时间等生产实际问题有重大影响。

第二节　药用植物种子的萌发

种子萌发实质是种胚从休眠状态恢复到活跃生长状态的生命活动历程，是植物新的生长周期的起点。从形态上讲，种子萌发是指种胚开始生长，胚根胚芽突破种皮向外伸长的现象。种子萌发的本质是指种胚从生命活动相对静止状态恢复到生理代谢旺盛状态的生长发育阶段。

一、种子的萌发过程

药用植物种子萌发涉及一系列的生理生化变化，并与周围环境息息相关。根据种子萌发的基本过程大致可分为 4 个阶段，即吸涨、萌动、发芽、幼苗形态建成。

（一）吸涨阶段

吸涨（imbibition）是种子萌发的准备阶段和起始阶段，直到吸水饱和，体积达最大。一般成熟干燥种子在贮藏阶段的含水量在 8% ～ 14% 的范围内，各部分组织比较坚实而紧密，几乎所有的组织都呈皱缩凝胶状态，细胞核呈不规则状，细胞内含物具有很强的黏滞性。当水分进入种子后，细胞体积增大而呈膨润状态。由于种子的化学组成主要是亲水胶体，干燥种子放入水中后，除少数硬实种子外，都能很快吸水膨胀，直到内部水分达到饱和状态，种子才停止吸水。种子吸涨后，细胞内部胶体微粒吸附了大量水分子，使胶体微粒间的黏滞性降低，种子的内含物由凝胶状态变为溶胶状态，有利于活细胞内生理生化过程的加速进行。

种子吸涨是物理现象而非生理作用，因为死种子亦可吸涨，伴有水肿现象（假发芽现象）；而活种子有时反而不能吸涨，如甘草等硬实种子即属于此种情况。所以种子能否吸涨不能指示种子有无生活力。一般来讲，种子吸涨能力的强弱取决于种子的化学成分，蛋白质种子的吸涨力大于粉质种子或油质种子的吸涨力。脂肪类的药用植物种子吸涨能力的强弱则主要取决于含脂肪的多少，当种子的其他成分相近时，含脂肪越多则吸水量越少。有些药用植物种子的外表附有一薄层黏滑物质，能使种子吸取大量水分，以供给内部生理活动的需要，如亚麻、佩兰、罗勒等。

种子吸涨速度取决于种被和内含物质地、温度等。种被和内含物质地致密则吸涨慢；吸涨温度过低则吸涨慢，吸涨温度高则吸涨快；如果种子吸涨过速会发生吸涨伤害，即种子吸水快，影响膜的修复，导致内容物外渗，致使种子发芽率低或幼苗孱弱，因此超干种子最好进行渗透调节处理后播种。吸涨能力的大小可用吸涨率来表示，即种子吸水达到一定量时，吸涨的体积与气干状体的体积之比，一些豆科植物种子吸涨率可达200%。同时，种子在吸涨过程中释放出的热量，称为"吸涨热"。吸涨热的释放是胶体的一个重要特性，不含水分的胶体物质吸涨时释放的热量最多，随着含水量的增加，热量的释放也迅速减少，含水量达到一定程度时，热量释放完全停止。

2. 萌动阶段

萌动（protrusion）是种子萌发的第二阶段，亦称为种子萌发的生物化学阶段。到此阶段，种子内部的生物化学变化开始加强，转入一个新的生理状态。在萌动阶段种子膜系统和细胞器得到修复、酶系统得到活化、生理代谢活跃、种胚恢复生长。

在种子萌动过程中，种子内部的生理活性物质发生作用，诱导进行各种酶（主要是水解酶）的催化作用，将不溶性的高分子贮藏物质转化为可溶性的简单物质，种子内的生理代谢和细胞的增殖亦随之加快，呼吸作用增强。当胚的体积增加到一定限度时，胚根尖端向外生长突破种皮，这一现象即为种子的萌动，生产上一般称为"露白"，表示白色的胚部组织从种皮裂缝中开始显现的状况。

种子吸涨到萌动所需的时间因植物种类不同而不同，一般来说草本药用植物种子所需的时间较短，而木本药用植物种子所需的时间较长。种子一开始萌动，其生理状态和休眠期间相比即起了显著的变化。胚部细胞的代谢机能趋向旺盛，而对外界环境条件的反应很敏感。如遇环境条件的急剧转变或各种理化因素的刺激，就可能引起生长发育的失常或活力的降低，严重时会导致死亡，而且易产生变异，有利于诱变育种。

3. 发芽阶段

种子萌动后，胚根胚芽迅速生长，当胚根胚芽伸长达一定长度时，称为发芽（germination）。过去传统习惯把胚根与种子等长、胚芽为根长一半作为发芽标准。而我国新实施的《农作物种子检验规程——发芽试验》的发芽标准为：在实验室内幼苗出现和生长达到一定阶段，幼苗的主要构造表明在田间的适宜条件下能否进一步成为正常的植株，认定为是否发芽。

发芽阶段整个种胚的新陈代谢作用极为旺盛，呼吸强度达最高限度，会产生大量的能量和代谢产物，如此时通气不良会使氧气供应不足、种子产生乙醇等有害物质、引起种子新陈代谢失调，致使种胚窒息以至中毒死亡。在催芽不当或播种以后受到不良环境条件的影响时，常常由于土壤过于黏重、覆土过深、土壤板结等，使得氧气供应不足、生长受阻、幼苗不能顶出地面，导致死苗、烂种和缺苗等现象，降低成苗率。

4. 成苗阶段

种子发芽后，进入成苗阶段（seedling establishment），依据子叶发展趋向分为子叶出土型和子叶留土型。

（1）子叶出土型（epigeal germination）

种子发芽时，下胚轴显著伸长，初期弯曲成弧状，拱土出苗后逐渐伸直，使子叶脱离种皮而迅速展开，子叶见光后逐渐转绿，并开始进行光合作用，以后从两片子叶间的胚芽长出真叶和主茎。子叶出土能保护幼芽、进行光合作用，如决明、甘草、大黄等，但顶土力弱，子叶受损影响幼苗生长。

（2）子叶留土型（hypogeal germination）

种子发芽时，上胚轴伸长露出土面，随即长出真叶而成幼苗，子叶仍留在土中，与种皮不脱离，直至内部贮藏的营养物质消耗尽而萎缩解体。这类种子出芽时，顶土能力强，可较子叶出土型的种子稍深播种，如人参、三七等，但也不宜过深。

种子萌发期间的药用植物种子吸水呈现为 3 个阶段：阶段Ⅰ，即吸涨期间的快速吸水期，靠亲水胶体对水的吸附力吸水，非生命现象，吸水量与化学成分有关，与温度高低无关；阶段Ⅱ，即萌动期间吸水，为吸水滞缓期；阶段Ⅲ，即重新大量吸水期，种子胚部细胞开始分裂，生长伸长，代谢活跃，重新开始吸水。

二、种子萌发过程中的代谢

（一）细胞的活化与修复

成熟而有活力的药用植物种子内部完整保存着与生命代谢有关的生化系统，在种子萌发的初级阶段，细胞吸水后立即开始修复和活化。种子内部活化的系统有酶和细胞器，种胚细胞一旦接触水分，呼吸强度就明显提高，但刚活化的细胞代谢系统的反应效率一般不高，如线粒体呼吸效率较低。另外由于刚接触水，种子外渗物质较多，表明细胞膜系统有损伤需要恢复。除细胞膜系统外，DNA、RNA 分子也存在损伤。

因此，在种子吸涨过程中细胞会发生相应的修复性代谢变化。

1. 酶的活化

萌发过程中，药用植物种子内 NADPH、NADH 等辅酶和 Mg^{2+}、Ca^{2+}、K^+、Na^+ 等离子与酶接触而使钝化的酶活化，而与蛋白结合的 mRNA 在种子吸水以后，复合体水解，使 mRNA 活化，调控蛋白合成。

2. 膜的修复

正常的膜由磷脂和蛋白组成，具有完整的结构，脱水后变为不完整膜。吸水后可修复成完整的膜。

3. 线粒体修复

电镜观察，干燥种子线粒体外膜破裂，细胞色素氧化酶和苹果酸脱氢酶有多个高峰，表明线粒体的外膜有渗漏，吸水修复后，峰值集中。

4.DNA 修复

试验表明低活力种子 DNA 存在损伤，损伤的修复由 DNA 内切酶、DNA 多聚酶和 DNA 连接酶等来完成。以上的活化和修复能力，除了受到环境因素影响外，还与药用植物种子活力密切相关；贮存时间长、低活力的种子活化速度慢、修复困难、损伤程度大，有的活力低的种子会丧失萌发能力。

（二）种胚的生长与合成代谢

种子萌发最初的生长主要表现在种胚细胞活化和修复基础上的细胞器合成，如线粒体膜的修复、呼吸酶的合成、呼吸效率的增加。进而细胞中新的线粒体的形成和增加；同时细胞膜系统如内质网、高尔基体也大量增殖，高尔基体运输多糖到细胞壁作为合成原料，内质网产生小液泡，使胚根体积增大，直接导致种子萌发。

（三）分解代谢

种子在萌发成苗过程中，必须有物质和能量的不断供应，才能维持其生命活动。种子萌发需要的营养物质与能量主要来自贮存物质的转化与利用。

贮存物质主要有淀粉、脂肪、蛋白质，为组成子叶和胚乳的主要成分。

1.淀粉的代谢

药用植物红蓼、荞麦、麻栎、紫茉莉、芡实、薏苡等种子中含有主要化学成分为淀粉，萌发时淀粉在淀粉酶（α-淀粉酶、β-淀粉酶、脱支酶、极限糊精酶）的作用下，分解为麦芽糖、葡萄糖、麦芽丙糖等，淀粉磷酸化过程中合成 G-1-P、UDPG、蔗糖、磷酸蔗糖等物质满足种子萌发过程中合成代谢的需要。

种子 90% 的淀粉水解成葡萄糖主要由淀粉水解酶所催化，而 β-淀粉酶主要预存在胚乳中，α-淀粉酶的产生与 GA 的诱导有关，禾本科植物种子的盾片在种子萌发中具有分泌和消化吸收的功能，在淀粉的分解中起着重要的作用。

2.脂肪的代谢

药用植物大麻、木通、亚麻、黄皮、续随子、巴豆、苘麻、茺蔚子、紫苏等种子主要化学成分为脂肪。种子萌发时脂肪被水解成脂肪酸与甘油后再被转化为糖，供器官生长发育的需要。种子内与脂肪分解有关的细胞器有油体、线粒体和乙醛酸循环体，在油体中脂肪在脂肪酶的作用下进行脂解，生成脂肪酸和甘油。脂肪酸在乙醛酸循环体上进行 β-氧化，产生乙酰 CoA，通过乙醛酸循环缩合为琥珀酸；琥珀酸受线粒体膜上琥珀酸脱氢酶的催化形成苹果酸，苹果酸在线粒体中经过三羧酸循环转变为草酰乙酸，草酰乙酸在细胞质中进一步通过糖酵解的逆转化，形成蔗糖供胚利用。脂肪水解的另一产物甘油在细胞质中迅速磷酸化，随后在线粒体中氧化为磷酸丙糖，磷酸丙糖在细胞质中被醛缩酶缩合成六碳糖，甘油也可转化为丙酮酸，再进入三羧酸循环。

3.蛋白质的代谢

赤豆、白扁豆、乌桕、无患子、罗勒等药用植物种子中蛋白质是主要的贮存成分，萌发过程中贮藏蛋白质在一系列蛋白酶的作用下分解。首先被水解形成水溶性的分子量较小的肽链；第二步是可溶性肽链在肽链水解酶（包括肽链内切酶、羧肽酶、氨肽酶）的作用下水解成氨基酸。产生的氨基酸进入胚的生长部位，直接或经过转化成为新细胞蛋白质合成的原料。种子贮藏蛋白存于两个部位，一为糊粉层中的糊粉粒，一为胚乳中的蛋白质。

蛋白质的分解主要发生在以下 3 个部位。

胚乳：胚乳中分解贮藏蛋白的蛋白水解酶来源于糊粉层和淀粉层自身。除水解贮藏蛋白外，蛋白酶还水解酶原，活化预存的某些酶，如胚乳中的 β-淀粉酶。另外还水解糖蛋白，促进胚乳细胞壁的分解。

糊粉层：糊粉层中受赤霉素的诱导而合成蛋白酶，其中部分蛋白酶就地水解蛋白质，分解产生的氨基酸作为合成 α - 淀粉酶的原料。

中胚轴和盾片：盾片中存在着肽链水解酶，胚乳中水解产生的肽链由盾片吸收之后水解成氨基酸。中胚轴也含有蛋白水解酶，能水解少量的贮藏蛋白。此外，胚部还有大量蛋白水解酶参与种子生长中蛋白质的代谢转化。

4.贮藏磷的代谢

种子萌发时所进行的物质代谢与能量传递都和含磷有机物有直接关系。例如，RNA、DNA、ATP、尿苷三磷（UTP）、卵磷脂、糖磷酸酯等。很多种子中，植酸（肌醇六磷酸）是主要的磷酸贮藏物，一般占贮藏磷的 50% 以上，因贮藏形态为钾、镁、钙盐的混合物，故又称为植酸钙镁。萌发过程中植酸在植酸酶的作用下逐渐被分解，放出磷酸及其他阳离子和肌醇。肌醇常与果胶及某些多糖结合构成细胞壁，对种苗的生长是必需的。核酸磷、脂质磷及蛋白磷在干种子非胚轴中（盾片及糊粉层）含量丰富，萌发时下降；而胚轴的根和茎中却迅速增加。

糊粉层富含肌醇六磷酸。种子萌发时，植酸的含量迅速减少，无机磷与其他有机磷则有所增加。由于肌醇六磷酸不能直接运转至胚轴中，因此要先转化为无机磷，然后才运往生长的胚轴。例如，燕麦干种子中肌醇六磷酸占总磷酸量的 53%，而脂质、核酸、蛋白的磷酸含量则占 27%，吸水后，8d 内各种磷酸的动态变化是在生长胚轴中磷酸总量上升，而非胚轴部分则下降。

三、种子萌发过程与环境之间的关系

药用植物种子能否正常萌发，萌发后能否迅速成长为健壮的幼苗，主要涉及两个方面：一方面为种子的内部生理条件，另一方面为种子所处的生态环境条件。种子的内部生理条件包括种子的遗传特性和种子的活力；种子所处的外部生态环境条件主要是水分、温度和氧气，某些药用植物种子还需要有光照条件。这些条件对药用植物种子萌发所发生的影响很不一致，而各种药用植物种子对同一条件的反应也各不相同。

1.水分

水分是药用植物种子萌发的先决条件，只有当种子的细胞内自由水增多时，才有可能使种子中部分贮藏物质变为溶胶状态，同时使酶的活性增加起到催化作用，种子在吸收一定量水后才能萌发。种子在播入土壤后即从土壤中吸取水分，土壤的供水能力（水势）影响种子吸水效率。如果种子不能与土壤充分接触，即使土壤中有水，种子也得不到水分，从而影响种子的发芽。

温度在种子吸水的一定阶段也会明显地影响种子的吸水速率，一般环境温度每提高 10℃，水分的吸收速率增加 50%～80%。

不同种类种子萌发时对水分要求不同，可以用最低需水量表示，即种子萌动时所含最低限度的水分占种子原重的百分比。各种药用植物种子萌发所需的水量与种子贮藏物质的种类有关；蛋白质含量高的种子吸水量较大，如白扁豆、赤小豆等；含有较多脂肪种子吸水量较少，如大风子、五味子等。一般种子含水量达 40%～60% 就能萌发。

在大田萌发时种子吸水量比浸种后完全吸涨时含水量要低一些。浸种时间依种皮透性而异，小粒种子可几小时至 1 d，大粒种子、种皮坚硬的可多浸 1～2 d。浸种时间过长有时会降低发芽率。一般药用植物种子浸种 2～3 d 不影响发芽，而浸种时间过长则显著降低发芽率。也有些药用植物种子则需长时间的浸种，如黄柏、山楂、葡萄、贝母等种子在水中浸泡 1 个月仍能保持生活力，而且长时间的浸泡还能促进种子的萌发。

2. 温度

种子发芽要求一定的温度，大多数种子在很宽的温度范围内都能萌发。对于不休眠的种子，在温度较高时萌发快。种子萌发的最适温度一般在 20～25℃，一般温带药用植物种子发芽温度为 15～25℃，热带药用植物种子为 25～30℃，寒温带药用植物种子在 10℃ 以上即可发芽。药用植物种子存在最低和最高萌发温度，最低温度、最高温度分别是指种子至少有 50% 能正常发芽的最低、最高温度界限。药用植物种子根据原产地气候条件的不同，较低温度（15℃）可以萌发良好的种类有荆芥、夏枯草、明党参、红花、牛蒡、天南星、芸香、巴豆、十大功劳等，在较高温度（30℃）下发芽良好的种类有凤仙花、浙玄参、穿心莲、连翘、望江南、栝楼、独角莲、薄荷、徐长卿，在 15～30℃ 下都能良好发芽的种类有大黄、地肤、怀牛膝、白芷、菘蓝、黄芩、益母草、香薷、石竹、沙苑子、补骨脂、玉簪、罗布麻等。

在自然条件下，昼夜温度是有变化的。而种子萌发由于自然选择的缘故，已适应了这种变化，因此有的药用植物种子在变温条件下萌发比恒温条件下萌发要好，如柴胡、山莨菪、曼陀罗、毛茛、黄花唐松草、射干、穿龙薯蓣等。在实验室人工控温条件下做种子发芽试验，常采用变温来促进种子发芽。常用的变温为 15℃ 和 30℃ 或 20℃ 和 30℃。变温对不同的药用植物种子萌发的效果不同，对某些品种有效，对另一些品种则可能无效。一些有休眠的药用植物种子在变温条件下可变为不休眠的种子，如月见草、皱叶酸模、车前、马齿苋、人参、刺五加、烟草等。

3. 氧气

药用植物种子在休眠期间进行微弱的呼吸作用，只需少量氧气；种子萌发时，一切生理活动都需要能量的供应，而能量则来源于呼吸作用。由于种子吸水后呼吸作用大大加强，因此在整个萌发过程中需要大量氧气，如将种子浸入水中，表面滴油封闭，隔绝空气进入，则一般种子不能发芽。有些种子在氧气中发芽比在空气中发芽更迅速，说明氧气能促进发芽。不同药用植物种子对氧气的需要量是不同的，一般在 60%。种子发芽需氧气多少，与系统发育有关。长期生长在高温高湿地区的植物种子比生长在干旱低温地区的植物种子需氧气更少。氧气不足时，在乙醇酸脱氢酶和乳酸脱氢酶作用下分别产生对种子有害的乙醇和乳酸。所以药用植物种子播种太深，种子周围的基质太湿，或其他条件限制氧气供应时，胚就生长不好，发芽率降低。湿沙层积药用植物种子或用培养皿测定发芽率，都应经常检查并定期翻动种子；沙藏时种子和沙子应有一定的比例，如沙子过少，培养皿盖得太严而长期不检查，种子就有酒味或酸败味，生活力降低，各种霉菌趁机感染。通气不良或土壤板结也常常影响种子的萌发。因此，在药用植物生产中要考虑到种子萌发对氧气的要求，适当地选择播种深度，播种深度一方面取决于种子的大小，另外则取决于土壤水分状况和通气状况。在土壤水分较多、而土壤通气较差的黏土地块，可适当浅播些。而在沙壤土的地块一般则可播深一些，因为沙壤土通气好而保水差。

4. 光

不同药用植物种子萌发对光要求不同。一般种子对光要求不严格，但有些种子萌发时对光有特殊要求。对光敏感的种子大部分为微粒种子，这可能也是对自然界长期适应的结果。小粒种子本身储备的养料很少，如埋在深土层中在黑暗条件下发芽，势必无力顶出土面而夭折，在土面上有光条件下发芽即可长成小苗。大多数药用植物种子在黑暗中均能够萌发。根据发芽时对光线需求的情况可将种子分为三类：需光性种子、嫌光性种子、对光反应不敏感种子。需光性种子有龙胆、牛姜、月见草、虎耳草、马齿苋、藿香和紫苏；嫌光种子有麻黄、连翘、药用蒲公英和直立婆婆纳。

第三节　药用植物种子的休眠

休眠（dormancy）是生物界普遍存在的一种现象，不仅植物界有，动物界也有。只不过植物种子的休眠现象尤为普遍和典型，特别是很多药用植物种子存在不同形式的休眠现象。深入了解药用植物种子休眠的机理，寻求打破种子休眠的方法，对于药用植物的生产和种质资源的保存具有重要意义。

一、种子休眠的概念和意义

（一）概念

种子休眠指具有生活力的种子在适宜发芽条件下不能萌发的现象。种子休眠是由于内因或外因的限制引起的一时不能发芽或发芽困难的现象，这种现象在药用植物种子中非常普遍。种子休眠分为原初休眠和二次休眠。原初休眠是指种子在成熟中后期自然形成的在一定时期内不萌发的特性，又称自发休眠。二次休眠又称次生休眠，指原无休眠或已通过了休眠的种子，因遇到不良环境因素重新陷入休眠，为环境胁迫导致的生理抑制。

种子休眠的深浅，是以休眠期的长短作指标。种子休眠为一群体概念，是将一批种子，从收获开始每隔一定时间测一次发芽率，然后计算该批种子从收获至最后一次发芽试验置床时的天数。许多药用植物野生习性强，生长发育迟缓，种子的萌发缓慢，在特定的温度、光照及充足的空气与水分条件下不能萌发，需要经过一定时间的形态后熟与生理后熟才能发芽。

（二）意义

种子休眠在生物学上和农业生产上均有重要意义。种子休眠是一种优良的生物特性，是种子植物抵抗外界不良条件的一种适应性，有利于世代延绵；通过这种方式种子可以避免在不适当的季节萌发，以"休眠种子"这一形式躲过严寒、酷暑、干旱等恶劣环境条件，对维持植物生命、繁衍后代有深远意义；也可防止植物在不良环境中生长，以维持物种的生存；同时可防止因种子在母株上"胎萌"而减少果实的收获。如有些种子要求在 1～5℃ 条件下几个星期或几个月的时间，才能打破休眠，完成其整个生长发育过程；有一些种子在冬季低温下休眠，到夏天才开始萌发；而有些不萌发的种子，则导入次生休眠，第二年夏天才萌发。然而，种子休眠给实际生产也带来诸多不便，很多名贵药用植物，如人参、刺五加、黄连、五味子、细辛、三七、川贝、天麻等，由于种子休眠时间长达 0.5～2 年，延长了育苗时间，提高了生产成本；有的药用植物野生性状重，休眠期长短不一，发芽极不整齐，给引种栽培增加了困难。因此如何打破种子休眠，缩短种子繁殖时间，成为生产中迫切需要解决的问题。

二、药用植物种子休眠的原因

药用植物种子休眠的原因很复杂，造成一种种子休眠，可能是单方面原因，也可能是多方面原因综合影响的结果。种子休眠一般由种被障碍、胚未成熟、内源抑制物质、二次休眠、综合休眠等因素引起的。综合休眠指 2 个以上因子同时出现在同一种子中，必须同时去除这些因子，才能打破休眠。如山茱萸种子的休眠由种皮及胚休眠引起，只有剪破种皮，同时在低温下层积完成胚后熟才能萌发；五味子种子的休眠是由于胚的形态未熟和内源抑制物质的存在两个原因引起的。

（一）种被障碍

许多种子在成熟后，种被常成为萌发障碍而使种子处于不能萌发状态，如将胚单独取出，给以合适的培养条件，则胚能萌发。广义的种被包括真种皮、果皮及其附属物。种被障碍种子萌发又分 3 种情况：种被不透水性；种皮限制气体的交换；种皮对胚的生长起机械阻抑作用。很多种子往往因为种皮的存在而引起休眠。种皮障碍引起休眠的主要原因包括 3 个方面。

1. 种被不透水性

许多种子的种被特别坚实致密、不透水，由于种被不透水而不能吸涨发芽的种子称为硬实。硬实（hard seed）的形成是种子较深的一种休眠形式，有利于种子寿命的延长和后代的繁衍。硬实分布很广，在豆科、锦葵科、旋花科、睡莲科、椴树科等许多科属中普遍存在，特别是豆科微粒种子和木本豆科植物种子中比例甚高。检测种子的硬实率必须浸种查算，但硬实的顽固性在群体和个体间均有差别，有的浸泡时间长了可以透水，也有浸泡 10 年仍不透水。因此，一般以浸泡 24 h 不透水吸涨为判定硬实的标准。

硬实不透水的原因主要包括以下方面：

第一，种皮有角质层、有栅状细胞、有明线。如拳参、虎杖等种子外面具厚而坚硬的果皮，其中有蜡质、角质物质，对水有排斥作用，去掉果皮即能加速萌发；五味子种子种皮富含油脂，对其萌发吸涨过程也有一定的影响。

第二，含可变性果胶，果胶所含水分一旦迅速失去，即硬化不再吸水。杜仲种子外的果皮中含有橡胶，种子既不易吸水也不易胀裂，去掉果皮后可显著提高发芽率。金钱草老熟种子发芽率低，主要原因是栅状细胞壁中的果胶质所含水分一旦失去，则丧失可逆性，使种皮硬化，种皮表面的角质层不透水，只有用湿搓法或用热水浸种 2～3 min，才能使硬实种子发芽；泽泻的种子种皮中有果胶质和纤维素，难以透水。

第三，种脐结构特殊。与珠柄连接的种脐处在种子失水干燥的过程中形成了栅栏细胞，叫作副栅栏细胞。当种子萌发从空气或土壤中吸收水分时，栅栏细胞吸水膨胀，将种脐关闭，阻止水和气体进入，这样，随着种子的成熟，它只能失水而不能吸收水分，这种现象在豆科植物种子中非常普遍。

药用植物遗传因素和环境因素是影响硬实形成的主要原因。凡先代硬实率高的，后代也高；种子越老熟，越易成为硬实；高温干燥、施钙肥多，易形成硬实；暴晒干燥，低温低湿贮藏易形成硬实。

2.种被不透气性

有些种子种被可以透水但不透气，阻碍了种子内外气体交换造成休眠。胚外围组织限制气体通过而抑制萌发有两条途径：限制氧气进入、阻止二氧化碳扩散。

如苍耳果实中有 2 粒种子，位于上面的大粒种子成熟后即可萌发，是非休眠种子；而位于下面的小粒种子则要求较高的氧浓度才能萌发，种皮限制氧气的透过，是休眠种子。小粒种子在埋入土壤后第三季才出苗，

但在去除种壳或在高氧浓度下小粒种子即刻就能萌发。在 21℃ 的温度下，大粒种子只要 6% 的氧浓度即可萌发，而小粒种子萌发则要求 60% 的氧浓度。一种美洲艾的种皮内有一层"珠心周膜"，限制气体交换，去掉它种子的发芽率显著提高。

引起种皮不透气的原因有以下两种。

（1）种皮结构

有些种子的种皮存在黏胶物质而不透气，造成缺氧而休眠，或种皮孔隙小，吸水后细胞膨胀，引起通气障碍。

（2）由于酚类相关物质的存在

种皮中存在酚和酚氧化酶，通常条件下，两者分隔存在于细胞不同区域互不接触；种子吸涨后破坏了分隔，使酚和酚氧化酶接触，消耗扩散透入的氧气，把酚氧化成醌，使种子内种胚缺氧不能萌发。例如，大麦的种皮中含有酚氧化酶，可消耗扩散透入的氧气，把酚氧化成醌消耗掉氧气，使种子缺氧不能萌发。

3.机械阻碍作用

有些种子如核果的种被很坚硬，虽透水通气，但胚在一定时间内无法顶

破向外生长，减弱种被约束可打破此类种子休眠，在药用植物中也较为常见。栝楼种子剪破种皮后，置于含激素（KT 2 mg/L+NAA 0.2 mg/L）的 MS 培养基上，每个三角瓶（50mL）放 3～4 粒，用未剪破种皮的种子作为对照，结果剪破种皮的发芽率为 60%，未剪破种皮的发芽率为 0。沙枣、沙棘种子胚形态后熟后，种胚已具有发芽能力，种子无生理休眠，但由于内外种皮的存在，完整沙枣种子 30 d 中发芽率仅为 25%，同样条件下，胚只需 9d 即全部萌发。沙棘种子在种皮存在的情况下，30 d 中发芽率达 62%，离体胚只需 2 d 发芽率就可达 98%。温汤浸种处理后可软化完整种子种皮，一定程度上可起到促进种子发芽的作用。

（二）胚后熟

大多数药用植物种子在成熟时已具备分化好的胚，当一开始吸水并在适宜的环境下胚即开始生长并发芽；但有一部分药用植物种子在成熟收获时胚尚未形成，或虽已形成但处于原胚阶段尚未分化，或胚虽已分化但生理上还未成熟，需要经过一定温度及较高湿度下的层积过程，才能完成器官分化和生理代谢。由于以上原因休眠的种子，需要在特殊的条件下贮藏一定时间，使胚完成分化或长到足够大小或完成生理成熟，这一过程常称之为后熟。这种休眠类型称为"胚后熟休眠"。原产于高寒山区的植物、阴生植物和一些短命速生的植物的种子多属于胚后熟休眠。

1. 胚的形态后熟

此类药用植物种子成熟时胚器官未分化，即胚为一团分生细胞，需要经过一段时间的层积处理才能完成胚的分化。人参种子成熟时胚很小，为胚原细胞团，在解剖镜下才能观察，需要经过 5～6 个月变温层积才逐渐长成完整的胚。细辛种子刚采收时胚圆形，未分化，采后需立即播种，在 20～23℃ 地温下 30 d 开始分化胚，50～60 d 长根，再经 0～5℃低温处理 50 d 才能解除上胚轴休眠，翌年春季出土。五味子种子内存在活性很高的内源抑制物质，果实成熟后 60 d 左右种子的胚完成形态后熟，但此时种子仍不能萌发，需经过几个月的低温层积后，内源抑制物质活性降低到一定程度才能萌发。属于这一类种子的还有杜仲、直立白前、北沙参、银杏、白蜡树、牡丹、芍药、细辛、重楼、玉竹、天门冬等。这些种子采收后胚都处于原胚阶段，需要特定的后熟条件，才能长出胚根及胚芽。

2. 胚的生理后熟

有些药用植物种子胚已分化完全，但在适宜条件下，仍不能萌发，需经几周到几个月的低温才能解除上胚轴休眠完成生理后熟。人参、西洋参、刺五加、全叶延胡索、羌活、细辛、长白橡木、龙牙楤木等药用植物都有胚生理后熟习性。

（三）内源抑制物质

许多药用植物的种皮、胚部或胚乳中，含有各种抑制种子萌发的物质，当积累达到一定量时，种子便陷入休眠。例如，糖槭种子作离体胚培养时，胚可以萌发生长，其休眠原因是子叶中存在着萌发抑制物质，在低温潮湿层积过程中抑制物质逐渐消失后即可萌发；红松的种皮、种仁中均有活性较高的抑制物质；五味子的种皮、种仁中也含有活性相当高的内源抑制物质。

不同植物的种子所含的内源抑制物质的种类、性质、活性、作用方式等各不相同。

种子中的主要抑制物质种类如下：

1. 分子化合物（如氰化氢、氯化钙、氨、乙烯等）；

2. 醇醛类物质（如乙醛、苯甲醛、胡萝卜醇等）；

3. 有机酸类（如 ABA、水杨酸、色氨酸等）；

4. 生物碱类（如咖啡碱、可可碱、烟碱等）；

5. 芥子油类、香豆素类；

6. 酚类物质（如苯酚、儿苯酚等）。

山楂种子中抑制物为氢氰酸；桃、杏的种子内含有苦杏仁苷，在潮湿条件中它们能不断分解出氢氰酸，而产生抑制作用，苦杏仁苷分解完毕，不再释放氢氰酸时，种子即解除休眠。五味子、川贝、三七和红松种子内含有 ABA，低温层积使 ABA 含量降低，可解除休眠。

抑制物质种类多种多样，但概括起来它们有 4 个方面的特点。

1. 水溶性

多数抑制物质能溶于水，可通过温汤浸种降低其浓度，进而促进种子萌发。层积处理和流水冲洗也可降低或除去这类抑制物质。

2. 挥发性

有的抑制物质具有挥发性，如乙烯、氨、氰化氢等，种子在干燥贮藏过程中由于抑制物质挥发而解除休眠。

3. 非专一性

某一种种子所产生的抑制物质，不仅能够抑制该种种子本身发芽，而且还能抑制其他种子发芽。这类抑制物质具有非专一性，所以常用白菜、油菜、绿豆和小麦等发芽率高的植物种子测定抑制物质是否存在和活性的高低。

4. 可转化性

某些抑制物可随种子生理状态改变而转化为刺激物质；有些抑制物质由于浓度的差异，可由抑制萌发转化为促进萌发。如乙烯，高浓度时对种子萌发有抑制作用，低浓度时却有刺激作用。

（四）二次休眠

种子休眠是植物适应环境的一种生态习性，因此环境条件是影响种子休眠的重要因素。二次休眠的产生就是种子遇到不良环境条件所引起的。温度和湿度不仅在成熟过程影响种子休眠，而且在贮藏期间也影响种子休眠。如成熟期间的温度和湿度条件决定黄芪种子的硬实率，但贮藏期间的高温干燥则有利于其解除休眠。美洲艾种子在饱和湿度与 5℃时经过 92d 后即完成后熟，在 20℃条件下可以萌发；但若置于 30℃的高温中，大部分种子即失去萌发的能力，必须再用低温处理 100 d 才能发芽。如厌氧条件可引起苍耳的二次休眠，黑暗可引起莴苣、宝盖草和猫尾草的二次休眠。紫荆的次生休眠种子用浓硫酸浸种 30min，清洗后贮藏在 5℃的低温条件下 30d，可提高萌发率。

三、解除药用植物种子休眠的方法

根据种子的休眠原因，可分别对药用植物种子采取下列方法解除休眠：破坏或去除种皮处理；低温或变温处理；光照处理；化学试剂、植物激素及生长调节物质处理。

（一）种皮处理

人工破坏和去除种皮的方法很多，如用硫酸、石灰、草木灰、碱和其他化学溶剂软化种皮，用砂纸磨、石磙碾压或人工剥除等。漆树、相思树种子可用硫酸处理破坏种皮；樟树种子由于种皮的限制不能萌发，人工去壳后萌发率可达 88.7%。用磨破种皮的机械处理种子，可使种皮产生裂纹，消除皮层障碍，解除种子休眠。当种子量大时，可用磨（碾）米机处理，用此方法可使草木犀种子发芽率由 40% ~ 50% 提高到 80% ~ 90%。处理时以压碾至种皮起毛，但未压碎为原则。甘草播种时用磨米机处理 1 ~ 2 遍，使 80% 以上的种子种皮出现裂隙、小孔、磨痕，可明显提高发芽率。

（二）温度处理

绝大部分休眠种子都可通过温度处理打破休眠。温度处理一般有以下几种方法：低温处理；变温处理；高温处理。

1. 低温处理

大多数非热带植物的休眠种子，在水分充足的情况下，1 ~ 10℃的低温处理都能解除休眠。黄连种子低温（4℃）层积 3 个月后，完成胚发育即能发芽，常温下却不能萌发。窄叶泽泻种子打破休眠也要求低温（4℃）处理，在 15 ~ 30℃的恒温、变温条件下几乎不发芽。必须低温湿沙层积处理的种子还有川贝、糖槭、山茱萸、杜仲、伊贝母等。

2. 变温处理

变温处理是指在控制水分的环境中，对药用植物种子采用先高温后低温或是昼夜变温的处理方法。如将西洋参种子混沙放于培养皿内，保持湿润，置于20℃恒温箱内45 d，再置于15℃的温箱内90 d，然后将培养皿放在4℃的冰箱内4个月，这样，西洋参种子才能完成胚的形态后熟与生理后熟。尖萼漏斗菜种子经过30℃ 8 h、15℃ 16 h的昼夜交替变温处理，55 d后发芽率为60%，但在恒温条件下发芽率为0。

3. 高温处理

高温处理是指用30℃以上的温度处理种子，促进种子发芽的方法。如石椒草种子在湿润条件下以30℃的温度处理，96 d后种子发芽率达78%，而在低于30℃的温度下发芽率较低。菝葜种子在30℃下处理208d后，发芽率为100%，在20℃下处理209 d后发芽率仅为50%，15℃下处理发芽率为0。

4. 光照处理

有的种子对温度不敏感，因此，想要打破种子的休眠还需要光照，甚至有的还与光质有关。光照处理可以是几分钟或长时间的日光照射，也可以是间断光照、长日照或短日照。如水浮莲种子给予连续40 h（20 W 荧光灯，距离10cm）光照后，种子内源抑制物质含量明显下降，发芽良好。而未经光照的种子不能在暗处萌发。莴苣种子只需几分钟的日光即能打破休眠。柳叶白前经过光照和变温处理后，室外发芽需24 d，发芽率为93%。有时光照处理还要考虑温度的影响。莴苣种子在低于23℃条件下没有光照也能萌发，但高于23℃的温度条件下必须有光照才能打破休眠。桦属种子15～30℃不光照即可萌发，15℃以下的温度不光照（黑暗）即休眠。

光照处理打破种子休眠，还与光质有关。尾穗苋、心莴苣种子解除休眠要求远红光照射。此外，有一些种子要求暗发芽条件，不能光照，如金鸡纳、鸡冠花、飞燕草、福寿草等。

5. 化学试剂处理

打破种子休眠有效而快速的途径是用化学试剂处理种子。用7%～10%的 NaOH 或 KOH 溶液浸种 15 min 或 1.5%的 KOH 浸种 24 h 可大大提高结缕草种子的发芽率，用7%～10%的 NaOH 溶液浸种 15 min 后再加入40～160 μg/g的赤霉素或1000 μg/g乙烯利浸种 24 h 进行综合处理，解除结缕草种子休眠效果更好。檫树种子在秋季成熟后就进入休眠，如用5%的过氧化氢溶液处理 45 min，可以改变种皮的透水性和透气性。新采收的檫树种子浸种 48 h 后只吸水 2.1%，浸泡 29d 也只吸水 3.2%；但用过氧化氢处理后，浸种 24 h 吸水就达 4.1%。用石灰水浸种 36～48 h，也可以加速西伯利亚落叶松种子的萌发。用 5% 的氢氰酸处理禾谷类种子 4 ～ 5 h，对打破休眠也很有效。

四、种子休眠的调控机理

有关种子休眠的机理，虽经多年研究，但目前仍无定论，多处于假说阶段。

（一）光调控假说

依据种子萌发对光的敏感性，可分为非感光性种子和感光性种子。非感光性种子，即萌发不受光暗影响。感光性种子包括喜光种子（有光萌发或促进萌发）、忌光种子及有光诱导休眠种子。964 种野生植物种子进行光反应试验，70% 的种子光照促进发芽，27% 的种子抑制发芽，有 3% 不受影响。常见的喜光种子有莴苣、烟草、芹菜等；忌光种子有苋菜、鸡冠花等。

喜光种子之所以对光敏感，主要是种子胚特别是胚轴中存在光敏色素，光敏色素由蛋白质和色素基团组成，为红光型（Pr，钝化型）和远红光型（Pfr，活化型），二者因照射光的不同相互转化，调控休眠与萌发。

（二）植物激素调控假说

植物激素对种子休眠与萌发的调控，最能被人们接受的是 Khan 和 Waters 提出的"三因子"假说。萌发促进物质赤霉素（GA）和细胞分裂素（CTK）和萌发抑制物质脱落酸（ABA）之间的相互作用决定种子休眠与萌发：发芽种子存在 GA，存在 GA 的种子不一定萌发；GA 与 ABA 同时存在，萌发可能受抑制；若三者都存在，萌发成为可能。其中 GA 为主要的因子，而 CTK 在 ABA 存在时才发挥作用。

该模型不仅表明了每种激素的作用，而且也表明了各激素间的互作效应：

1.GA 是种子萌发的必需激素，种子中无足够量 GA，种子不可能萌发。

2.ABA 是诱发种子休眠的主要激素，种子中虽有 GA 但同时存在 ABA，种子休眠。因为 ABA 抑制 GA 作用的发挥。

3.CTK 并不单独对休眠与萌发起作用，不是萌发所必需的激素，但能使因存在 ABA 而休眠的种子萌发。

（三）呼吸代谢调控

许多试验证明，若使种子需氧呼吸代谢的三羧酸循环途径（TCA）受到抑制，从而使磷酸戊糖途径（PPP）顺利进行，种子便能打破休眠而萌发。TCA 及细胞色素氧化酶抑制剂，如氰化物、丙二酸、氟化物等提高 PPP 途径活性或比例，GA、低温处理等可打破休眠。

（四）膜相变化论

根据许多植物种子的休眠及其解除与温度的关系，Bewley（1982）提出了温度导致膜相的变化而影响到休眠状态。细胞膜低温下呈凝胶态（拟晶态），较高温度下变为流动状态（液晶态）。膜相的变化使其他酶的活性变化，膜蛋白发生移位，导致膜透性的变化。

第四节　药用植物种子的处理

由于一些药用植物种子存在休眠，出苗时间长、出苗率低，制约了药用植物的生产，在用种子繁殖药用植物时，需要采取物理、化学或机械的方法处理种子，提高药用植物种子的出苗率，缩短出苗时间，满足生产需求。

一、种子处理的特点

（一）定义

种子处理（seed treatment）是指从收获到播种为了提高种子质量和抗性、破除休眠、促进萌发和幼苗生长对种子所采取的各种处理措施。因此广义的种子处理包括清选、干燥、分级、浸种催芽、杀菌消毒、春化处理及各种物理、化学处理。狭义的种子处理不包括清选、干燥、分级等技术。种子处理的方法很多，处理方法不同，其作用效果也不尽相同。

（二）种子处理目的

1. 防治种子被土壤中病菌和害虫破坏；

2. 刺激萌发和苗期生长；

3. 方便播种；

4. 促进根际有益微生物的生长，进而刺激幼苗生长；

5. 使用安全剂防止幼苗被除草剂危害。通过处理达到苗全、苗壮和增产的目的。

（三）种子处理特点

1. 利用种子具有的保护结构和不同形式的休眠类型，对外界环境较强的适应能力，在一定安全范围内，人为施加各种物理和化学因素，以取得好的农艺效果；

2. 处理方法较多，大多数简便易行，如浸种、晒种、层积等；

3. 使用方法得当，效果显著，且可在短期内表现；

4. 各种药剂处理使用剂量较小，成本低。

二、种子处理的一般方法

目前报道的种子处理方法很多，按性质可分为三类：物理方法、化学处理、生物因素及生物学作用。按作用目的可分为选种、改善贮藏性能、防病防虫、解除休眠、促进萌发、延缓萌发、改善幼苗营养环境、改进播种技术、克服胚败育等。

（一）种子层积处理

种子层积处理就是把种子与湿润物混合或分层放置，促使种子露出胚根的处理。其优点如下：

1. 软化种皮，增加透性；

2. 使种子内含有的抑制物质逐渐消失，而生长激素逐渐增加；

3. 种子在层积催芽过程中，新陈代谢总方向和过程与发芽一致，利于种子的生命活动向好的方向发展。

根据层积温度的不同，层积催芽分为低温层积、变温层积和高温层积三类。

低温层积是指在层积期间，使种子始终处于低温（0～10℃）的环境中进行的层积催芽法，如肉苁蓉种子2～5℃低温层积处理，可在3个月的时间内完成胚的形态后熟。黄连种子低温层积的作用在于促使抑制类物质逐步分解，生长类物质逐步增加，从而使种子解除休眠而萌发。山杏、假连翘、苹果、梨、铅笔柏、女贞、中华猕猴桃、杜仲等种子低温层积能促进萌发，提高发芽率，加快幼苗生长。低温层积所需时间也有长有短。对于一些深休眠的种子可加长冷层积时间，如峨眉蔷薇需要短时间冷温的浅休眠种子，可在早春2～3月播种。

高温层积催芽是指在层积期间，把种、沙混合物置于高温（10℃以上）的环境中进行催芽的方法。白鹃梅种子暖层积有利于种皮内的抑制物质——单宁向外弥散，解除了对种胚的抑制作用，同时更利于种胚的进一步后熟和活力水平的提高。阔瓣含笑、鸡树条荚蒾暖层积比冷层积效果好。这可能是由于上述树种均为亚热带、热带树种，其要求的层积温度也相应较高所致。

变温层积催芽是用高温与低温交替进行的层积催芽法。即先高温后低温、必要时再用高温进行短时间的催芽。某些种子只用低温层积催芽的效果不好，而用变温层积催芽却往往能取得良好的效果。刺楸种子表现为深休眠，主要是由于胚的发育不完全和未能完成形态成熟所致。采用适宜的温度进行沙藏，以先15℃左右后5℃阶段低温或以5～15℃昼夜变温处理种子，可促进胚的形态成熟、打破休眠、促进种子发芽。而在0～5℃低温或超过25℃的高温条件下沙藏，均不利于种胚发育而不能打破休眠。

在进行种子层积时一定要加强温度、湿度、病虫鼠害及安全的管理。

（二）提高种苗活力的种子处理技术

1. 物理因素处理

物理因素处理通常可分为电场处理、磁场处理、射线处理三大类。物理因素处理主要提高了种子活力，具体表现为出苗率、发芽率显著提高，特别是对陈种子活力低的种子效果更明显。

（1）电场处理

电场处理方法很多，在 20 世纪 70 年代苏联和我国对各种电场的处理作用进行了较多的研究，不管采用何种电场处理，其作用基本一致。

低频电流场处理：是将种子放在两个电极之间并加入水，通入低频电流（200 V，50 Hz，0.1 ～ 1.0 A），处理 15 ～ 30 min。

静电场处理：是将种子置于直流静电场中，进行一定时间的处理。作物不同、场强不同，处理的时间不同，场强增高，处理时间适当缩短。处理农作物种子电场强度一般在 100 ～ 550 kV/m，处理时间为 3 s ～ 2 h；蔬菜作物种子一般在 50 ～ 250 kV/m，时间为 1 ～ 1.5 min，不同研究结果之间有较大差异。

电晕场处理：是将种子置于放电的单向电晕场中。种子越小，处理的最佳时间有变短趋势。如菜椒处理时间在 750 kV/m 条件下，10 s 最佳，茄子 40 s 较好，黄瓜 80 s 较好。处理效应与种子原发芽率呈显著负相关。单向电晕场处理不仅具有提高种子活力的作用，同时也明显降低棉花苗期的立枯病。

（2）磁场处理

磁场处理分为永久磁铁、电磁铁和磁化水处理。磁场处理的作用基本同电场处理，可明显提高发芽势和发芽率。戴心维等（1989）研究认为，干种子的处理效果不如湿种子的处理效果。多数报道认为，粮食作物磁场强度在 0.15 ～ 0.20 T（特）、蔬菜种子在 0.10 ～ 0.40 T（特）较为适宜。利用磁化水浸泡种子可得到与磁场直接处理相似的作用。磁场处理的作用磁剂量（磁场强度 × 磁作用时间）不同作物不太一致，需要进一步研究，作用磁剂量一般为 1.50 T/min 为宜。磁化作用除对发芽势、发芽率有影响外，对根系的生长、芽的生长均有较大影响。

（3）电磁波及射线处理

处理种子的射线有超声波、微波、激光、紫外线、红外线、α - 射线、β - 射线、γ - 射线等。利用各种波和射线处理种子，在适宜的范围内均可提高种子的发芽势、发芽率。Spilde 利用微波处理菜豆种子，种温 48℃时，发芽率上升 6%；种温增加到 68℃时，发芽率下降 3.1%。

（4）电场、磁场及电磁波处理的生理机制

各种电场及电磁波处理在适宜的范围内均可提高种子的发芽势、发芽率及种子活力，但作用的真正机制并不清楚，处理前后比较发现，处理后与代谢有关的各种酶活性提高，发芽和萌动期间代谢旺盛。除此之外，还改变了生物膜的透性，改变了生物膜两侧的离子分布和电位。

2. 化学药剂处理

部分化学药剂处理可以有效地促进萌发、生根以及生长。化学药剂的种类不同，作用机理和效果也不同。根据作用机理可分为两大类：一是植物生长调节剂类（植物的营养物质，只起调节作用，作物对其反应十分敏感，不同器官对同一生长调节剂反应常常不一样）；二是微量元素肥料类（即微肥类，虽属植物的营养物质但用量少，如果处理时用量过大会引起伤害和负作用）。

（1）植物生长调节剂处理

生长素类物质处理：生长素类物质有萘乙酸（NAA），吲哚乙酸（IAA），2，4-D，复硝酚一钠等。这类物质处理有促进生根、刺激生长的作用。萘乙酸，吲哚乙酸，2，4-D 等一般采用 5 ～ 10 mg/L 浸种为好。

赤霉素类物质：生产上应用的主要为 GA_3，此外还有 GA_4、GA_7 等。这类物质可促进细胞和茎的伸长、叶片扩大、单性结实，打破种子休眠，还可诱导淀粉酶的产生，提高淀粉酶的活性。用 20 ～ 50 mg/L 的赤霉素处理豌豆种子能加速发芽、提高出苗率。赤霉素类还可促进需光种子在黑暗中萌发，如需光的莴苣、烟草种子吸水后，假如不用红光或白光照射就不能发芽，但若用适当浓度赤霉素处理，即使在黑暗中也可正常萌发。

细胞分裂素类物质：常用的有激动素、6- 苄基腺嘌（6-BA）、玉米素等。该类物质具有促进细胞分裂、诱导组织分化、延缓组织衰老的作用。国内商品化的产品为 5406 细胞分裂素，该商品为粉剂。

其他生长调节类物质处理：矮壮素是赤霉素的拮抗剂，主要是抑制贝壳杉烯的生成，使内源赤霉素生物合成受阻，从而控制植物徒长，使节间缩短，使植株矮、壮、粗，根系发达，抗倒伏；同时叶色加深，叶片增厚，叶绿素含量增多，光合作用增强，提高产量，促进生殖生长。

（2）微量元素肥料处理

微量元素肥料主要有铁、锰、硼、锌、铜、钼等，其中硼、钼、锌肥用得较多，铁、锰次之，铜肥较少。微量元素肥料处理种子一般有拌种和浸种两种。微量元素的作用因土壤的缺素情况而定，不同作物反应也不相同，应通过试验确定具体的用量。硼肥常用的有硼砂、硼酸两种，浸种一般用 0.01% ～ 0.058% 硼酸，拌种时用硼砂，一般为 0.1 ～ 2 g/kg 种子可获得较好的效果；但单子叶作物对硼肥的反应不及双子叶植物敏感。

钼肥常用的有钼酸铵，浸种浓度一般为 0.05% ～ 0.1% 的钼酸铵溶液，拌种时一般为 2 ～ 6 g/kg 种子。钼肥同硼肥一样在大豆上表现效果较好，且施用磷肥可有效促进作物对钼的吸收。锌肥常用的有硫酸锌，浸种浓度一般为 0.02% ～ 0.1%，拌种一般 1 ～ 3 g/kg 种子。当土地有效锌小于 0.5 mg/L 时效果明显。锰肥常用的为硫酸锰，浸种浓度一般在 0.1% 左右，拌种用量为 4 ～ 8 g/kg 种子。

（三）防治病虫的种子处理技术

1. 物理方法处理

物理方法处理是防治病虫的有效措施，包括高温、低温处理，各种射线和辐射处理，各种机械处理等。

（1）高温、低温处理防治种子害虫

22 ～ 32 ℃ 是仓虫活动的最适温度，35 ～ 45 ℃ 是最高临界温度，45 ～ 48 ℃ 绝大多数仓虫处于热昏迷状态，在 48 ～ 52 ℃ 可致死所有仓虫。低温条件同样可以抑制和杀死仓虫，当温度降至 8 ℃ 时，害虫代谢极为缓慢，处于麻痹状态，长时期处于这种状态，就会造成仓虫死亡。

（2）高温处理防治病害

根据种子与病菌间抗热能力不同，杀死病原菌。病原微生物的致死温度因种类不同而有差异，一般病毒的致死温度比真菌、细菌高，同一病原物因菌态不同，其致死温度也不同，一般营养体＜孢子＜休眠体。高温方式不同杀病菌效果不同，湿热需要的温度较低，干热需要的温度较高，如西瓜枯萎病菌的菌丝体，在 55 ℃ 温水中，5 min 死亡，在 110 ℃ 热空气中 20 min 或 120 ℃ 时 10 min 才能死亡。

温汤浸种时应注意严格掌握浸种的水温和时间，降低浸种温度和缩短浸种时间，灭菌效果均会下降，甚至达不到灭菌目的。提高水温和延长浸种时间，虽灭菌效果增强，但种子发芽率会受影响。

高温处理后的种子应及时冷却，一般用冷水降温，浸后的种子应尽快晾干。

2. 化学方法处理

化学方法处理是防治种子病虫害的又一有效措施。它较物理方法处理更加有效、快捷，可用于种子仓虫和地下害虫的防治及种子病害的防治。

（1）化学药剂处理防治种子虫害

化学药剂处理防治种子苗期害虫主要有蝼蛄、地老虎、金龟子、金针虫、蚜虫、红蜘蛛、步行甲、飞虱等。种子处理常用的杀虫剂品种以有机磷类最多，此外还有甲酸酯类。

（2）化学药剂处理防治种子病害

防治种子病害的化学药剂可分为非内吸性杀菌剂、内吸性杀菌剂和复配杀菌剂三大类。非内吸性杀菌剂又分为无机杀菌剂和有机杀菌剂。药用植物生产最好使用抗生素类杀菌剂，如井冈霉素、公主岭霉素等。其作用特点有：有效浓度低，一般为 2 ~ 200 mg/L；多具内吸或内渗作用，易被吸收和治疗；多数抗生素易被生物分解，所以对人的毒性较低、残毒少。

三、种子引发技术

（一）种子引发的概念

"种子引发"（seed priming）也称为"渗透调节"（osmotic conditioning），由英国 Heydecker 教授 1973 年提出，就是在播种前根据种子性质和吸水规律，通过种子缓慢吸水，使其停留在发芽准备状态种子处理方法。种子引发是一项控制种子缓慢吸水和逐步回干的种子处理技术，目前已在许多植物种类上有成功应用。种子引发可提高种子出苗速率、出苗率，苗整齐、苗期抗逆能力强，节约种子、降低成本。

（二）种子引发的方法

目前种子引发包括液体引发（liquid priming）、固体基质引发（solid priming）、滚筒引发（drum priming）、膜引发（membrane priming）及生物引发（bio-priming）。

液体引发：液体引发是以溶质为引发剂，种子置于溶液湿润的滤纸上或浸于溶液中，通过控制溶液的水势来调节种子吸水量的方法。

滚筒引发：滚筒引发体系最早由英国 Wellesbourne 的国际园艺组织建立，目前在某些蔬菜种子中已大规模应用。此法是先将种子放置在铝质的滚筒内，然后喷入水汽，滚筒以水平轴转动，速度为每秒 1 ~ 2 cm。为获得最佳的引发效应，应控制好种子吸水程度。每一批种子的吸水量和吸水速率可采用计算机系统操作。一般来说，种子在滚筒内吸湿 5 ~ 15 d，然后用空气流干燥种子。这一技术发明者 Rowse 于 1991 年、1992 年申请到专利。Warren 和 Bennett 在此基础上做了改进，按一定间隔时间定量加水，控制甜玉米种子缓慢吸水。

滚筒引发流程：设置时间间隔和每个循环加入的水量→确定循环数→控制种子吸水过程，要求在开始下一个循环时无多余的水留下→吸水完成后种子在滚筒内停留一段时间以保证充分吸湿。取出吸湿种子用空气流风干。

（三）种子引发的效果

第一，促进萌发、提高出苗一致性。种子引发可以显著提高种子的田间出苗速度、出苗整齐度。

第二，提高逆境下的出苗。种子引发后可增强种子对逆境的抵抗力及耐受力，经引发处理后的大豆种子在低温下仍保持较高的发芽率和活力指数，且畸形苗比例低。

第三，打破种子热休眠，克服远红光的抑制作用。芹菜、莴苣种子在高温下萌发时容易进入热休眠状态，通常温度在 $25 \sim 30℃$ 时发芽就受到抑制，当温度高于 $35℃$ 时很少有种子发芽。用 PEG 引发、无机盐小分子引发都能使芹菜、莴苣种子的发芽率、发芽指数以及发芽势显著提高，即打破热休眠。

第四，提高未成熟种子和老化种子的活力。未成熟种子由于胚部尚未发育成熟，发芽率很低，通过引发，种子可以进一步实现生理成熟，从而提高发芽率。种子由于质膜结构受到严重破坏，细胞质物质外渗，使种子活力下降。种子在引发过程中可以进行生化作用及修补老化结构，从而提高种子活力。

第五，在高温或低温条件下加速发芽。

第六，提高幼苗干鲜重、苗高，提早成熟，提高幼苗抗病能力，防止幼苗猝倒病，减少吸涨冷害的发生和损失。

（四）种子引发的机制

种子引发的机制就是种子在具有一定渗透压的溶液中，由于完成了一些有利于其萌发及生长的物质代谢过程而使其萌发能力及抗逆能力有明显提高。这一方面是由于膜系统在引发期间得到完善和修复，提高了种苗活力水平，从而为壮苗和丰产奠定了基础；另一方面是在引发过程中，由于水势限制，种子在形态建成上仍停滞在萌发过程的第二阶段，只要水势和其他环境条件合适，大部分种胚随即迅速突破种皮而萌发，因而必然得到出苗整齐一致的效果。但是，引发期间种子内部物质代谢本身就是一个非常复杂的过程，而这些物质代谢过程与引发效果之间的联系至今也没有普遍公认的解释。

1.引发改变种子的渗透势

引发期间种子的部分吸水促进了一些物质的合成，种子重新干燥时保存了这些物质，当种子再次吸涨时细胞就会立即有一个较低的渗透势，使吸水迅速并很快达到萌发所需的膨压，缩短了吸涨到出根的时间，从而加速了种子萌发，所以种子萌发的整齐度也得到了提高。另外，从这个角度看，萌发前必要的溶质积累对于幼苗在以后的迅速生长，特别是在逆境条件下的健康生长都非常有利。

2.有效活化与去阻抑作用

有效活化就是指种子在引发过程中启动了萌发所需的某些代谢过程，这个过程在重新干燥时固定下来，从而在种子萌发过程中减少了启动这些代谢所需的时间。除了启动代谢活动外，引发也可能是由于滤去了种子萌发抑制物的缘故。20世纪80年代Pill等和Furuanni分别发现，去除芹菜和胡萝卜种子的滤出液可加速种子的萌发，说明滤出液中可能存在萌发抑制物。在富氧条件下，大麦种子萌发时被降解的萌发抑制物是ABA。ABA与种子的发芽和休眠有关，未引发的种子含有相对较高的ABA水平，引发后的种子游离ABA或结合态ABA含量均为0。

3.引发诱导细胞膜的修复

种子活力下降是由于膜系统受到损伤，物质外渗量增加而引起的，引发可诱导种子细胞膜的修复，延缓引起膜破坏和电解质外渗的老化过程，进而提高幼苗活力。但是这种处理缓解自然老化效果在贮藏2年的种子上效果最好，以后便下降。存在一种修复膜损伤的临界状态，在这种状态下，修复作用效果最好，超过这一状态，修复作用就减弱，直到在无活力种子中完全丧失。

4.引发诱导与抗性有关物质的合成

引发使物质的合成与积累为种子以后的生长奠定基础，使幼苗在生长过程中更健壮，对不利环境的抵抗性增强。有试验证明，西红柿和芦笋在含盐量高的环境中引发有利于其抗盐性的提高，即在相应的逆境条件下引发，有利于与该种逆境有关的物质的合成及代谢的启动，从而提高了种子抵抗该逆境的能力。

（五）引发条件的选择

由于不同品种的种子，甚至同一品种不同批次的种子对于渗透剂、渗透压、渗透温度及时间的要求各不相同，而且不同的引发工艺对引发条件也有不同的要求，所以最佳引发条件的选择也是非常复杂的，包括渗透剂种类、渗透压、温度、引发时间等。

1.渗透剂的种类

不同的渗透剂对不同种类的种子引发效果不同。研究表明，PEG是有效的引发剂。无机盐的渗透效果与种子品种及无机盐本身的离子强度密切相关。对于芦笋种子，人造海水、$NaNO_3$是PEG的理想替代品。

2.渗透压

种子引发主要是通过调节溶液的渗透压来达到目的，所以渗透溶液渗透压的控制是引发成败的关键。最适的渗透压就是能使种子最大限度地水合而又不让其发生可见的萌发。不同种子、不同渗透剂在不同的浓度和温度下最适渗透压不同。

3.引发温度

引发温度与引发的时间关系非常密切。很多种子在同种渗调剂和渗透压的条件下引发的时间随温度而变化，如对 Canola 种子，23℃时最佳引发时间是 14 ～ 16 h，而 10℃时则为 60 h。一般来说，较低温度下引发对种子萌发率的提高较缓慢，但其最终能达到的萌发率却不比较高温度下引发的低。有研究认为，在一定温度范围内，引发时的温度对于萌发率、出苗率以及出苗率达到 50% 所需的时间无明显影响；但在不同温度下引发的种子在抗性及成苗后的生活力方面都有差别。

4. 引发时间

对不同的种子，在不同渗透压与温度条件下，引发时间的控制也是至关重要的。最适引发时间随温度、渗透压及种子品种而不同，严格地说种子引发的最佳时间应该是指最适温度及最适渗透压条件下达到最好引发效果所需的时间。

第三章 药用植物种子的采收与贮藏

在药用植物栽培过程中，种子作为一种最基本的、不可替代的、具有生命力的农业生产资料，在药材生产中具有重要的作用。但是，与其他作物相比较，药用植物种子生产存在问题较多，提高种子加工水平、加快种子产业化进程是当前十分迫切的问题。近年来，随着中药材规范化、生产质量管理规范的实施，国家对药用植物种子工程也十分重视。种子工程就是以种子加工、包装为突破口，从中间环节抓起，带动科研、育种和育种良法推广。通过种子工程的实施，可以实现统一质量标准，统一加工要求，统一标志包装，统一标牌销售。

第一节 药用植物种子的采收和调剂

种子从采收开始，需要通过一系列的加工过程，才能作为种用。这些过程包括种子的采收、干燥、清选、贮藏等。但并非每一种都需要经过完整的过程，有些种子只要经过其中几个步骤处理，即可进行播种；而有的药用植物种子需经层积处理后才可播种。种子的加工处理会影响种子的播种质量，要想取得品质优良的种子，首先应做好种子的采收工作。

一、种子成熟和采收的时间与方法

（一）种子成熟

药用植物种子成熟包括形态成熟和生理成熟两个方面。形态成熟是指种子的形状、大小已基本固定，并呈现出品种固有色泽。生理成熟是指种胚具有发芽能力。真正成熟的种子表现在：物质运输已经停止，种子所含干物质不再增加；种子含水量减少，大部分贮藏养分处于非水溶状态，生长素、酶、维生素等特殊物质稳定，硬度增加，对外界环境条件抵抗力增强；果皮或种皮变坚硬，呈现本品种固有颜色；种胚具有萌发能力，即种子内部的生理成熟已完成。一般情况下，种子的成熟过程是经生理成熟到形态成熟；但也有些种子形态成熟在先而生理成熟在后，如浙贝母、刺五加、人参、山杏等，当果实达到形态成熟时，种胚还未完全发育，种子采收后，经过贮藏和处理，种胚再继续发育成熟；也有一些种子的形态成熟与生理成熟几乎是一致的，如泡桐、杨树。

一般由子房发育成的果实，里面包含着由胚珠发育成的种子。在自然成熟时，种子和果实的成熟过程同时进行；未成熟的果实，在贮藏期间用乙烯利等人工催熟处理，虽然果实成熟时发生生化变化，但种子却不一定同步进行，表明种子和果实的成熟是既相互联系又相对独立的生理过程。

（二）采收时间

药用植物种子成熟一般从果实和种子的颜色来识别，在种子成熟过程中，果实和种子的颜色逐渐变深。不同类型的果实成熟时形态特征也不相同：①浆果、核果类果皮软化、变色。如南酸枣、杏、木瓜等的果皮由绿色变为黄色；枸杞、山楂、毛冬青、山茱萸等果皮由绿色变为红色；龙葵、土麦冬、女贞、樟树等果皮变为黑色。②干果类（如蒴果、荚果、翅果、坚果等）果皮由绿色变为褐色，由软变硬。其中蒴果和荚果果皮自然裂开，如浙贝母、泡桐、甘草、黄芪等。③球果类果皮一般都是由青绿色变成黄褐色，大多数种类的球果鳞片微微裂开，成熟时的油松、侧柏、马尾松等变为黄褐色。

种子的成熟度对种子的耐贮性、发芽率、幼苗长势等均有影响，应采收充分成熟的种子。但有时也有例外，如当归、白芷等应采收适度成熟的种子作种，老熟种子播种后容易提早抽薹；又如黄芪、油橄榄等种子老熟后往往硬实增多，或休眠加深，若采后即播，多采收适度成熟种子。

不同植物种子成熟阶段其形态特征不同，在药用种子生产中，种子成熟期多以植株上大部分种子的成熟度为标准。现以十字花科植物为例，介绍种子成熟过程中的阶段划分法及其特征。

白熟期：果实绿，种子小呈白色，内含大量汁液。

绿熟期：果实、种子均呈绿色，种子饱满，内含大量水分，体积达最大。

褐熟期：果实褪绿，种皮颜色转深，种子内含物充实，硬度增加且有一定发芽能力。

完熟期：果实黄褐色，种子呈固有颜色、形状和大小，不易用手指挤扁，内无汁液流出。

枯熟期：果皮干硬，种子脱离果荚，果实极易自然开裂而散落种子。

药用植物种类繁多，种子成熟季节各不相同，大部分在秋季成熟，如牛蒡、桔梗、五味子、杜仲、薏苡、乌药等；也有的在夏季成熟，如牡丹、太子参、蒲公英、山杏、皱叶酸模等；还有在冬季成熟，如土麦冬、虎刺、古羊藤等；此外部分在春季成熟，如秋牡丹、枇杷等。同一种药用植物在不同地区、不同年份其种子成熟时间也有差异。一般每向北推进纬度1°或海拔升高100m，开花期约延迟4 d左右，采种期也相应延迟几天。不同年份因气候变化也影响种子成熟期，一般干旱少雨的年份，种子提早成熟，阴雨天多则种子成熟推迟。

（三）种子和果实的采收方法

不同药用植物的果实和种子的大小差异较大，成熟后的散布习性也不同。有些种子成熟后即脱落，随风飞散；有些种子成熟期不一致，随熟随脱落；有些种子和果实成熟后，要经过一段时间才脱落，个别甚至次年春天才脱落。按照种子和果实脱落方式的不同，采种时也应分别采取不同的方式。对成熟时自然开裂、落地或因成熟而开裂散播的种子；如蓇葖果、荚果、蒴果、长角果、球果等，在掉落前，直接从植株上采集；其中黄芩、车前等不容易掌握成熟度的，可以在地面上铺上塑料薄膜等，收集成熟散落种子，而一些果实较大的，可从地面直接拾取。对种子成熟时，果实不开裂的植物，可待全株的种子完全成熟时一次性采收，如薏苡、朱砂根等的种子，否则宜及时分批采收，或待大部分种子成熟后收割，后熟脱粒，如穿心莲、白芷、北沙参、补骨脂等。

二、种子的调制

药用植物种子采集时，一般都是采集果实，把种子从果实中取出的过程称为种子的调制。有的药用植物种子适宜在果实中保存，至翌年播种前脱粒，如栝楼、丝瓜、巴豆、枸杞等种子在果实中保存比种子保存时间长；而大部分种类以种子保存。调制是为了保证种子质量，适宜播种和贮藏。整个调制过程首先是清除杂质，而后是对种子进行处理。种子的调制应按果实类型的不同，分别采取不同的方法。

（一）干果类种子的调制

干果有开裂（裂果）和不开裂（闭果）2种。干果类种子含水量差异较大，干燥时宜采用不同的方法，含水量低的种子可直接放在阳光下晒干，而含水量高的种子应采用室内阴干或直接放在湿沙中贮藏，否则种子因失水过快而丧失活力。由于此类种子类型较多，现分别叙述如下。

1.蒴果类种子的调制

药用植物中浙贝母、细辛、四叶参、柽柳、乌桕、泡桐等的种子都属于蒴果类种子，此类种子一般在种子成熟而蒴果还未开裂时采摘，采收过早种子还未成熟影响种子质量，采收过迟蒴果已开裂，种子散落。蒴果采收后可放在阳光下晒干，对较轻的果实，要采取防风措施，防止果实被风吹散。油茶、茶等含水量较高的蒴果，在阳光下暴晒易引起种子变质，一般适宜在通风处阴干后脱粒取出种子，贮藏备用。

2. 荚果类种子的调制

药用植物种子在荚果类中所占比例也较大，甘草、黄芪、合欢、相思子、大巢菜、槐、小巢菜等均属于这一类种子。此类种子由于含水量较低，种皮保护能力强，可用晒干的方法来进一步干燥果实，晒干后，用棍棒敲打果荚，使种子从开裂的荚果中脱开，除去果荚壳等杂质后，清选、贮藏备用。

3. 翅果类种子的调制

执杨、臭椿、白蜡、菘蓝等的翅果，可直接在阳光下晒干，不需要脱去果翅，即可进行贮藏。但是，杜仲种子不宜直接放于阳光下暴晒，否则种子易丧失生活力，应采用阴干法干燥。

4. 坚果类种子的调制

筋骨草、梧桐等果实，经日晒后，可使果柄、苞片等与果实分离，或经搓揉后，去除杂质，清选后，即可贮藏备用。

（二）肉质果类种子的调制

肉质果类，包括浆果、核果、梨果以及聚花果和聚合果等。由于肉质果果皮柔软，含有较多的果胶和糖类，容易受到微生物侵染，引起霉变和腐烂，影响种子品质。肉质果的调制包括软化果肉、用水淘洗种子、干燥和净种。

天门冬、绞股蓝、麦冬、山豆根、肉桂、女贞、人参等肉质果，可先在水中浸泡后直接在水中搓去并漂浮掉果皮、果肉等杂质，捞出种子用清水洗净后，放在阳光下晒干或置阴凉通风处晾干，贮藏备用。对于一些果皮较厚的核桃、银杏等，即使用水浸泡，也较难软化果皮使其与种子分离，可采用堆沤的方法。通常把果实堆积后，保持堆内湿度，待果皮软腐后取出种子。但注意堆积时间不宜过长，并常翻动，避免堆内温度过高而影响种子质量。苦楝、川楝的肉质果可不进行脱皮，待果肉晾干后即可进行贮藏或播种。

有的药用植物的果实，采用不同的方法处理，种子质量差异较大。如黄精果实发酵 10d 后揉搓的种子质量好于直接揉搓。

（三）球果类种子的调制

药用植物如三尖杉、粗榧、侧柏等的果实属于球果。一般在未开裂时采收，用自然或人工方法将球果干燥，当鳞片张开时，敲打球果，种子即可脱出，进行清选。

球果的干燥方法可使用自然干燥法或人工干燥法。

自然干燥法：利用太阳光暴晒，使球果自然裂开后种子脱落。但要注意暴晒的果球不能堆得太厚，并要经常翻动，促使水分及时蒸发。此外，在晚上或阴雨天气，将球果堆积起来加以覆盖。球果一般经过 5 ～ 10 d 暴晒后，鳞片均能张开，此时用棒轻轻敲打球果，可使种子脱落，待种子脱净后，再进行清选。侧柏、马尾松的球果，由于松脂较多，鳞片较难张开，通常采用的方法是将球果堆集在一起，盖草浇水或用 2% ～ 3% 的石灰水或草木灰水浇淋，并保持堆内湿润状态，每隔 1 ～ 2 d 翻动 1 次，经过 7 ～ 12 d 后，果鳞开裂，再放在太阳下暴晒，使种粒脱出。自然干燥法常常受到气候条件的限制，而且所需干燥时间长。因此，需要干燥大批量球果或急需干燥的种子时，宜采用人工干燥法。

人工干燥法：就是把球果放在干燥室或烘箱内进行干燥，使球果鳞片开裂、种子脱落的方法。人工干燥温度不宜太高，否则会降低或丧失种子生活力，在球果含水量高时尤其需注意。干燥的适宜温度一般在 32 ～ 60℃。含水量高的球果，干燥时应从低温开始，随着干燥程度的加深，使球果接受逐渐升高的温度。各种球果因种类不同其干燥温度也有差异。马尾松不超过 55℃，落叶松、云杉不超过 45℃，杉木不超过 50℃，柳杉为 30 ～ 40℃。经人工干燥从球果中脱出的种子，应及时取出放于阴凉通风的地方。

第二节　药用植物种子的加工

种子加工（seed processing），即对采收的种子进行清选、分级、干燥、消毒、包衣等处理，是提高和保证种子质量的主要措施。清选是从采收的种子中去除未熟、空瘪、受损种子及杂物的过程。种子必须干燥，达到安全贮藏的含水量标准，才能在一定的时期内保持活力和种用价值。种子表面脱毛后便于保存、包衣和播种。种子消毒和包衣是采用物理化学方法处理，杀死病原生物，提高种子抗逆性和改善播种质量。

一、药用植物种子的清选和分级

由于药用植物种子成熟度差异较大、杂质较多，成分相当复杂，必须进行种子清选。种子清选和分级就是根据种子群体的物理特性以及种子和混合物之间的差异性，在机械操作过程中将种子与种子、种子与混杂物分离开，以提高种子质量和减少病虫害传播。

清选种子时，如果量少可采取人工剔除杂物的方法；如果量大则需要用机械进行清选。机械清选不仅能剔除杂物，同时还能对种子分级。种子清选是种子加工的一个基本作业项目，是提高药用植物种子播种品质和安全贮藏性能的重要技术环节。

（一）种子清选和分级的原理

种子清选是根据种子堆中各组成部分所固有的物理特性和机械运动相结合的原理进行的，包括种子和夹杂物的大小、形状、比重、表面特性、色泽等。下面介绍几种常用的清选分级方法。

1. 根据种子大小分离清选种子

根据种子大小分离清选种子通常是以种子的长度、宽度、厚度为标准进行分级，同时将种子堆中的夹杂物清除。按种子大小分离种子时，可根据植物种子的类型和大小，选用不同形状和规格的筛孔，实现种子杂物分离和种子大小分级。

按种子长度分选：选用圆窝眼筒进行分选，圆窝眼筒是用金属板制成的内壁上带有圆形窝眼的圆筒，可水平或倾斜放置，分选时选用一定的旋转速度将长短不同的种子分离。

按种子宽度分选：选用圆孔筛进行分选。圆孔筛的直径应小于种子长度，大于种子厚度。当筛子振动时，种子竖起来通过筛孔，种子厚度和长度不受筛孔的限制，种子宽度大于筛孔的不能通过而留在筛面上。

按种子的厚度分选：选用长孔筛进行分选，筛孔的长度大于种子的长度，而宽度小于种子的宽度。当筛子做平行运动时，种子厚度大于筛孔宽度的留在筛面上，小于筛孔宽度的落在筛面下面。

2. 根据种子比重分离清选种子

根据种子比重分离种子是利用种子在液体中的沉浮性能将不同比重的种子及杂物分离。

3. 根据空气动力分离清选种子

根据杂物与不同大小的种子在气流中产生阻力的差异，通过机械动力产生气流，使杂物和种子在垂直上升的气流中分成下落、吹走、悬浮三种状态，其中使种子处于悬浮状态的气流速度称为临界风速。这样，可以利用杂物与种子之间以及不同大小的种子之间临界风速大小的差异将它们分离。

4. 根据种子形状及表面状态分离清选种子

此法是根据种子与夹杂物的不同形状及表面特性，在清选传送带上不同流动速度及在滚筒上不同粘着能力而进行的分离。对形状不同的种子可在光滑的斜面上进行分离；对表面状况不同的种子，可在不同性质的斜面上进行分离。

（二）种子清选分级的程序

1. 预先准备

为种子基本清洗做准备，主要是利用粗选机进行。是否需要预清，应根据不同批量种子质量情况而定，如种子中的夹杂物对种子流动有显著影响，就需预清，反之则不用。

2. 基本精洗

其目的是清除比清选种子的宽度或厚度过大过小的杂质和重量更轻的物质。

3. 精选分级

基本清选后的种子还不能达到种子质量标准，必须进行精加工。精加工包括按种子长度分级，按种子宽度和厚度分级，按种子比重分级和处理等。

二、药用植物种子的干燥

药用植物种子干燥是保证其安全贮藏的一项重要措施。种子通过各种适宜的方法干燥处理后，使种子内部的含水量降低到安全贮藏水分标准以下，可减弱种子内部生理代谢作用的强度，消灭或抑制微生物及仓库害虫的繁殖和活动，而达到安全贮藏，较长时间地保持种子优良的播种品质的目的。

（一）种子干燥的原理

种子具有吸湿的特性，也会释放出水分。种子的吸湿与解湿是在一定的空气条件下进行的。种子中的水分以液态存在于细胞壁和细胞内含物中，并以气态存在于细胞间隙里。当空气中的蒸汽压超过种子所含水分的蒸汽压时，种子就开始从空气中吸收水分，直到种子水分的蒸汽压与该条件下空气相对湿度所发生的蒸汽压达到平衡，种子水分才不再增加。此时种子所含水分，称为种子在该空气条件下的平衡水分。反之，当空气相对湿度低于种子平衡水分时，种子向空气中释放水分，直到种子水分与该条件下空气相对湿度又重新建立新的平衡时，种子水分才不再降低。大部分种子的标准含水量和它充分气干时的含水量大致相等，如杜仲为13% ～ 14%，皂荚为5% ～ 6%。暴露在空气中的种子水分与相对湿度所发生的蒸汽压相等时，种子水分的增减处在平衡状态，可长期保持稳定不变，不能起到干燥作用。只有当种子水分高于当时的平衡值时，水分才会从种子内部不断散发出来，使其逐渐干燥。种子内部蒸汽压超过空气中蒸汽压越大，则水分越容易向外散发，干燥作用越明显。种子干燥是利用或改变空气蒸汽压，使种子内部水分不断散发的过程。

种子内部水分的移动现象，称为内扩散。内扩散又分为湿扩散和热扩散。

1. 湿扩散

种子干燥过程中，表面水分蒸发，破坏了种子水分平衡，使其表面含水率小于内部含水率，形成了湿度梯度，而引起水分向含水率低的方向移动。

2. 热扩散

种子受热后，表面温度高于内部温度，形成温度梯度。由于存在温度梯度，水分随热源方向由高温处移向低温处。

温度梯度与湿度梯度方向一致时，种子中水分热扩散与湿扩散方向一致，加速种子干燥而不影响干燥效果和质量。如温度梯度与湿度梯度方向相反，使种子中水分扩散和湿扩散也以相反方向移动时，影响干燥速度。如果加热温度较低，种子体积较小，对水分向外移动影响不大；如果加热温度较高，热扩散比湿扩散进行得强烈时，往往种子内部水分向外移动的速度低于种子表面水分蒸发的速度，从而影响干燥质量。严重时，种子内部水分不但不能扩散到种子表面，反而把水分往内迁移，形成种子表面裂纹等现象。

大部分种子的干燥设备是通过对流传递热量。种子干燥要求当水分从表面蒸发出去的同时，水分由内部传递到种子表面。当水分从种子表面蒸发到大气中时，在种子内部形成一个水分梯度，使内部的水分向表面转移。假如种子表面水分蒸发得太快，就会产生极度的水分脱节现象，通常会使种胚损伤并引起生活力的丧失。因此，控制种子干燥，防止水分脱节损伤十分重要。

综上所述，种子干燥的条件主要取决于温度、相对湿度及空气流动的速度。当温度越高，相对湿度越低，空气流动速度越快时，干燥效果越高；在相反的情况下，干燥效果就差。但是提供种子干燥条件时，必须在确保不影响种子生活力的前提下进行，否则即使能使种子达到极度干燥，也失去了种子干燥的意义。因此，种子进行干燥时，不仅要考虑温度、相对湿度和空气流动速度等条件，同时还须考虑种子性质（如种子新陈度、水分及化学成分等）和所采用的干燥方法。

（二）影响种子干燥的内在因素

1. 种子的生理状态

刚收获的种子含水量较高，大部分尚处于后熟阶段，生理代谢较旺盛，呼吸作用释放的热量较大。对此类种子进行干燥时，速度要缓慢，所提供的干燥条件应适当放宽。生产上常采用先低温后高温或两次干燥法进行干燥。如采用高温快速一次性干燥，会损坏种子内的毛细管，致使种子内部水分不能向表面蒸发，发生水分脱节现象，引起种子表面硬化。温度过高情况下，会使种子体积膨胀或胚乳松软，种子生活力丧失。

2. 种子的化学成分

淀粉类、蛋白质类和油料类种子组成的化学成分不同，组织结构上差异很大，干燥时应区别对待。

粉质种子：如薏苡等禾谷类种子。这类种子胚乳由淀粉组成，组织结构较疏松，子粒内毛细管粗大，传湿力较强，因此容易干燥。干燥时，可采用较严的干燥条件，干燥效果也较明显。

蛋白质种子：如豆科种子。这类种子的肥厚子叶中含有大量蛋白质，组织结构较致密，组成的毛细管较细，传湿力较弱。然而此类种子的种皮疏松易失水，如在高温条件下快速干燥，子叶内水分蒸发缓慢，而种皮内水分蒸发很快，易使种皮破裂，失去保护作用，易感染霉菌，给贮藏工作带来困难。同时，高温下蛋白质容易变性而失去亲水性，影响种子生活力。此类种子必须低温缓慢干燥，在生产上干燥豆类种子往往带荚暴晒，当种子充分干燥后再脱粒。

油质种子：这类种子的子叶中含有大量脂肪，为非亲水性物质，其余为淀粉和蛋白质。这类种子的水分比上述两类种子容易散发，可在高温条件下快速干燥。

（三）种子干燥方法

种子干燥的方法有自然干燥和人工机械干燥两种。前者是利用阳光暴晒、通风和摊晾等方法降低种子水分；后者是采用干燥机械内的热空气（即干燥动力）降低种子水分。

1. 自然干燥法

方法简易，成本低，经济安全，一般情况下种子不易失去活力。但必须备有晒场，有时往往受气候条件的限制。为使种子干燥达到预期效果，必须做到以下几点：

（1）清场预晒

选择晴朗天气，清理好晒场，扫除泥沙、石块及异品种种子，防止品种发生混杂，然后让晒场进行预晒增温。出晒时间不宜过早，否则容易引起接近地面的种子结露，造成水分分层，影响干燥效果。

（2）薄摊勤翻

其目的是促使种子增加与日光和干燥空气的接触面，接触面越大，干燥效果越明显。一般小粒种子，摊晒厚度不宜超过 5 cm，中粒种子和大粒种子不宜超过 10～15 cm。为增加接触面可将种子耙成波浪形，提高干燥效果，一般掌握在每小时翻动 1 次，翻动要彻底。

（3）适时入仓

除需热进仓杀虫保管的种子外，暴晒过后的种子应冷却后方能入仓。

2. 人工机械干燥法

即采用动力机械鼓风或通过热空气的作用以降低种子水分。此法不受自然条件限制，具有干燥快、效果好、工作效率高等优点，但必须有配套设备，并严格掌握温度和种子含水量两个重要环节。人工机械干燥可分为自然风干燥和热空气干燥。

（1）自然风干燥

此方法较为简便，只要有一个地面能透风的房子和一个鼓风机即可，但干燥性能有一定限度，当种子水分降低到一定程度时，不能继续降低。这是因为种子具有一定的持水能力，当其与空气的吸水力达到平衡时，种子既不向空气中散发水分，也不从空气中吸收水分。

（2）热空气干燥

一定条件下，提高空气温度可改变种子水分与空气相对湿度的平衡关系。温度越高，达到平衡的相对湿度值越大，空气的持水量也随之增多，干燥效果越明显。但温度过高种子会失去生活力，尤其是高水分种子。因此，采用热空气干燥，必须在保证不影响种子生活力的前提下，适当提高温度。干燥机内的热空气温度一般高于种温，热空气温度越高，则种子停留在机内的时间应越短。而且，种子在干燥机内所受的温度，应根据种子水分适当调节，当水分较高时，种温应低些；反之则可适当提高。

种子干燥机有 3 种基本类型，即分层干燥机、分批干燥机和连续流动干燥机。另外，太阳能干燥、远红外干燥、微波干燥等新型干燥技术也先后应用于药用植物种子的干燥。

三、药用植物种子的包衣

种子包衣技术成熟于 20 世纪 80 年代，目前已广泛应用于多种蔬菜和农作物种子处理。它是指用成膜剂、黏合剂等成分将活性成分均匀地粘合于种子表面，为种子发芽和幼苗生长提供微肥、植物生长调节剂和农药等。

生产中根据使用目的的不同，在种衣剂中可加入不同的活性成分。据此可以分为单一农药型、复合型、多聚物、生物型种衣剂等。根据包衣材料和包衣后种子形状和大小的变化，种子包衣技术可以分为种子丸化技术与种子包膜技术。

（一）种子包膜技术

种子包膜技术是指将种衣剂均匀涂布在种子表面，形成一层包围种子的薄膜。薄膜包衣后的种子外形和大小没有明显变化，种子的重量也几乎不变。

1. 种衣剂

薄膜种衣剂一般采用高分子聚合物胶体分散剂的疏水基和羧基等的离解平衡，配以经超微研磨的农药成分和成膜剂及其他助剂而形成的均一稳定的胶体分散系。

国际上种衣剂有 4 大类：物理型、化学型、生物型和特异型。国外多为单一剂型，目前我国已研制了复合种衣剂、生物型种衣剂。

（1）种衣剂的助剂系统

种衣剂的助剂系统主要有成膜剂、胶体分散剂、胶体稳定剂、乳化剂和渗透剂。

成膜剂：成膜剂是种衣剂具有良好成膜性和种衣牢固度的关键助剂，是种衣剂成膜质量好坏的关键，其作用是使种衣剂被包在种子的表面时能立即固化成膜，形成牢固的种衣。种衣在土壤中遇水溶解缓慢，但能吸涨透水透气，保证种子正常发芽。种衣中的活性成分缓慢溶解，可以延长药品的持效期。成膜剂常与交联剂配合使用，促进成膜剂在种子表面固化成膜。常用的成膜剂有聚乙烯乙酸酯、聚乙烯树脂、聚甲基丙烯酸乙二醇酯、聚乙烯乙二醇、聚乙烯醇缩甲醛、丙烯酸—丙烯酰胺共聚物、水溶性可分散多糖及其衍生物淀粉甲基纤维素等。

胶体分散剂、稳定剂和乳化剂：胶体分散剂是维持稳定胶体系统的关键助剂，它有助于种衣剂中的其他助剂成分和活性成分稳定地分散到整个胶体系统中，并和稳定剂、乳化剂一起维持胶体的稳定，防止絮结沉淀和发生分解或制剂物理性能改变。乳化剂还有助于种衣剂配制时几种黏度不同或不相溶的成分互相融合，如聚乙酸乙烯酯与聚乙烯醇的聚合物等。稳定剂有糊精等。乳化剂有苯乙基酚聚氧乙基醚、烷基酚甲醛树脂聚氧乙基醚、十二烷基苯横酸钙等。

渗透剂：渗透剂主要用于包衣种子遇到合适的条件吸水萌发时，促进有效成分内吸渗透到种子内部而起杀菌和调节作物生长的作用。渗透剂主要有苯乙基酚聚氧乙基醚、JFC 等。

另外，种衣剂中还含有警戒色、防冻剂、防腐剂、扩散剂和黏度稳定剂等。

（2）种衣剂的活性成分

根据种子包衣的不同目的，可为种衣剂添加不同的活性成分，主要有农药、微肥和植物生长调节剂、微生物、抗生素等。

农药：在单一农药型种衣剂及复合型种衣剂中通常含有农药，包括杀菌剂、杀虫剂。

微肥：在种衣剂中加入微肥，可以为种子发芽和幼苗生长提供营养。包衣种子播种后遇水，成膜剂开始吸涨，其中的微肥开始缓慢溶解，随着种子吸涨和幼苗生长进入种子或由幼苗的根部吸收。特别是在一些缺少 1 种或几种作物生长所需元素的土壤中，将缺少元素加入种衣剂中对种子包衣处理可有效促进幼苗生长，提高秧苗素质。

微生物：利用微生物之间的拮抗关系，用微生物代替化学农药作为种衣剂的活性成分，利用有益菌株抑制种传和土壤传播有害菌株的生长，为种子发芽提供健康环境。同时一些菌的代谢产物可为作物的生长提供养分或植物生长调节剂。

抗生素：如用青霉素、四环素、链霉素以及真菌素等抗生素包衣水稻老化种子，能有效提高发芽率，促进幼苗的生长；放线菌酮和链霉素的硫酸盐包衣处理后可以明显抑制真菌生长。

（3）种衣剂理化特性

优良包膜种衣剂的理化特性应达到如下要求。

细度：细度是成膜性好坏的基础。种衣剂细度标准为 2 ～ 4 μm。要求 ≤ 2 μm 的粒子在 92% 以上，≤ 4 μm 的粒子在 95% 以上。

黏度：黏度是种衣剂粘着在种子上牢度的关键。不同种子的动力黏度不同，一般在 150 ～ 400 mPa·s（黏度单位）。

pH 值：pH 值决定了是否影响种子萌芽和贮藏期的稳定性，要求种衣剂为微酸性至中性，一般 pH 6.8 ～ 7.2 为宜。

纯度：纯度是指所用原料的纯度，要求有效成分含量高。

成膜性：成膜性是种衣剂的又一关键特性，要求能迅速固化成膜，种子不黏结，不结块。

种衣牢度：牢度的大小用种衣脱落率表示，一般种衣脱落率不超过药剂干重的 0.5% ～ 0.7%。

缓解性：种衣剂能透气、透水，有再湿性，播种后吸水很快膨胀，但不立即溶于水，缓慢释放药效，药效一般维持 45 ～ 60 d。

贮藏稳定性：冬季不结冰，夏季有效成分不分解，一般可贮存 2 年。

对种子的高度安全性和对防治对象较高的生物活性：种子经包衣后的发芽率和出苗率应与未包衣的种子相似，对病虫害的防治效果应较高。

2. 种子包膜的加工工艺

种子经过清选分级后，在包衣机内种衣剂通过喷嘴或甩盘，形成雾状后喷洒在种子上，再用搅拌轴或滚筒进行搅拌，使种子外表敷有一层均匀的药膜，包膜后的种子外表形状变化不大。包膜时，种子与种衣剂必须要保持一定比例，如玉米的药种比为 1：50，而大豆则为 1：80 效果较好。

（二）种子丸化技术

种子丸化（seed pelleting）就是将小粒种子或表面不规则（如扁平、有芒、带刺等）的种子，通过制丸机将助剂与粉状惰性物质附着在种子表面，在不改变原种子的生物学特性的基础上形成具有一定大小、一定强度、表面光滑的球形颗粒。种子丸粒化包衣技术是在种子膜剂包衣技术基础上发展起来的一项适应精细播种高新技术，是使药用植物种子形状由不规则、微小转为大小均一、形状规则的小球体（包括正圆形、椭圆形、扁圆形等），以便人工与机械化精量播种的加工技术。目前欧洲及美洲与亚洲部分国家几乎所有的甜菜种子及部分蔬菜种子销售前均进行了丸粒化处理；美国、西欧地区的甜菜种子已实现丸化标准；发达国家的花卉种子大部分也实施了丸粒化加工。

1. 种子丸粒化类型

根据丸化程度和用途的不同，种子丸化大致可以分为以下 4 种类型。

重型丸粒：即小粒种子的大粒化，种衣剂的增加量为种子重量的 2 倍以上。

结壳包衣：也称厚膜包衣，是介于膜剂包衣和重型丸粒包衣之间的一种包衣方式，其中种衣剂的增加量为种子重量的 0.5 倍以上 2 倍以下。可以填充粗糙种子表面的自然孔洞，形成表面光滑、形状一致的种子，适合于气动播种机的精确播种。

速生丸粒：在播种前对种子先进行催芽，再进行丸粒化，要求在处理后 10 ~ 15 d 内播种，能保证提前出苗和全苗，如需要大规模育苗、沙漠绿化改造、林木种子播种时可采取该技术。

扁平丸粒：用于飞机播种的种子，如牧草、林木种子等，即把细小的种子制成较大、较重的扁平状丸粒，防止被风吹走，提高飞机播种时的准确性和落地后的稳定性，保证播种质量。

2. 种子丸化材料

种子丸化材料的成分主要有粘合剂、崩解剂、填料、防腐剂、颜料和有效成分等。其中有效成分是决定丸化效果的主要因素，粘合剂、崩解剂和添加剂的性质直接影响到种衣的透水性和透气性。

（1）填料

可改变种衣的机械特性，有利于气体和水分扩散，便于机械化操作，如加大种子直径等。

填料应具备的基本条件：安全性，即不污染环境且对种子本身无不良影响；粉碎性，即可通过粉碎达到一定的细度；吸湿性，即在潮湿的环境中能吸水并迅速软化碎裂；粘合性，即能使辅料包裹在种子表面且具有一定强度；分散性，即能使辅料均匀混合，并具有透气性；缓释性，即可以使农药、微肥等缓慢释放，持续供应。

填料粒径规格：一般 35 ~ 70 目，粒径小的细颗粒用在包衣的最外层，使种子丸粒化更光滑。填料颗粒的大小，直接影响到气体分子在种衣中的扩散，同时对水分在种衣中的通透速度也有一定程度的影响，而水分在种衣中的通透速度又影响种子的吸涨和呼吸能力。常用的填料有铝硅酸盐黏土类矿物（如高岭土、蒙脱石、白陶土、膨润土等）；海泡石类（如凹凸棒土、海泡石、坡缕缟石等）；有机物类（如木炭、锯屑、泥炭、纤维素等）。

（2）有效活性成分

主要包括杀虫剂、杀菌剂、微量元素和植物生长调节剂等。

微量元素：包括硼、铁、铜、锌、钼等微量元素。

生长调节物质：在种子包衣料中，加入生理活性物质，可以改善种子萌发成苗及田间生产性能。

化学药剂：如杀菌剂、杀虫剂、除草剂、驱鼠剂等各种农业化学药剂加入种子包衣料中，当丸化种子播到土壤之后，遇水溶解后，可以有效地控制种子所遇到的生物逆境。

微生物菌种：我国牧草种子丸粒化加工中，用根瘤菌接种已获得成功，成效显著。

吸水性材料：这种材料能将土壤中水分，甚至大气中水分吸收到种子周围，使种子获得足够水分，保证种子顺利萌发。目前生产中选用的吸水性材料有活性炭及淀粉链连接的多聚物。

过氧化物：丸化种子往往由于使用惰性物质的粉剂或粘合剂的种类与分量不当，造成粉衣层板硬，影响吸水和透气，特别是阻碍种子的气体交换，因而播种后，常有延缓出苗的问题发生。如用过氧化钙作为粉衣物质，效果较好，能提高出苗率，增加产量。

（3）黏粘合剂

应具备水溶性好，对种子萌发无副作用，既能保证种衣强度，又能使种衣遇水后迅速破裂。目前最常用的粘合剂有纤维素衍生物（如甲基纤维素、羧甲基纤维素）、聚乙烯衍生物（如聚乙烯酸、聚乙烯醇、聚醋酸乙烯）等。

（4）其他物质

根据不同的用途及工艺，粉料中还可以加入表面活性剂，分散剂，防冻剂，活性炭，防水剂（乙烯树脂、聚氨基甲酸酯树脂、锆化合物）等。

3. 丸粒化种子的制作方法

制备丸粒化种子，除小批量用手工喷黏合剂在竹匾内滚搓成粒外，批量生产都靠机械化完成。目前常用的有以下两种加工方式。

（1）滚动造粒法（旋转法）

将筛选过的种子直接放进一个倾斜的圆锅中，锅转动时，种子在锅内滚动，操作人员交替向种子上喷撒粘合剂和包衣料。种子在锅内滚动时可以均匀地粘上包衣粉剂，丸粒不断增大，并形成光滑的表面。这种方法设备简单，但效率偏低。

（2）流动造粒法

通过气流作用，使种子在成粒筒中散开，处于漂浮状态，包衣粉剂和粘合剂也随着气流喷入成粒筒内，粉粒便吸附在漂浮的种子颗粒表面。种子在气流作用下，不停运动，并相互挤撞、摩擦，种子表面粘附的包衣粉剂被压实，表面呈圆球形。这种方法效率较高，但设备结构较复杂，应用难度较大。

4.加工工艺流程

种子丸粒化的加工工艺有许多特殊要求，如种子质量必须达到国家一级种子标准，包衣药剂粉料要分层包裹成丸等。

第三节 药用植物种子的贮藏

一、药用植物种子与贮藏相关的物理特性

种子的物理特性包括两类：一类根据单粒种子进行测定，求其平均值，如子粒的大小、硬度和透明度等；另一类根据一个种子群体进行测定，如千粒重或百粒重、比重、容重、密度、孔隙度及散落性等。种子的物理特性和种子的形态特征及生理生化特性一样，主要取决于药用植物品种的遗传特性，但在一定程度上也受环境条件影响。从贮藏角度看，种子的物理特性和清选分级、干燥、运输以及贮藏保管等生产环节都有密切关系。了解各种植物种子的物理特性，对做好种子贮藏等工作，具有一定的指导意义。

（一）散落性

当种子从高处落下或向低处移动时，形成一股流水状，因而称它为种子流；种子所具有的这种特性就称为散落性。种子散落性的大小和种子的形态特征、混杂物、水分含量，以及收获后的处理和贮藏条件等有密切关系。凡种子颗粒较大，形状近球形且表面光滑的散落性较大。

散落性可用种子的静止角与自流角表示，虽然不能测得一个比较精确稳定的数值，但在生产上仍具有特定意义。例如，建筑种子仓库时，应根据种子散落性估计仓壁所承受的侧压力大小，以决定仓库建筑应具有的坚固度，这就需要首先考虑该仓库的规模和使用范围，所贮藏的种子种类，堆存方式等，用实际材料测定散落性的若干指标，然后根据其最低值，结合安全系数，作为选择建筑材料与构造类型的依据。

（二）导热性

种子的子粒本身具有一定的导热性能，种子导热性能的强弱取决于种子本身的各种特性、水分、堆装所受压力以及不同部位的温差等条件，通常用导热率来表示。种子导热率就是指单位时间内通过静止的种子堆单位面积的热量。一定时间内，通过种子堆的热量随着种子堆表层与深层的温差而不同，各层之间温差越大、通过种子堆的热量越多、导热率越高。

生产上要求种子的导热率，首先要测定种子的导热系数。种子的导热系数是指 1m 厚的种子堆，当表层和底层的种温相差 1℃时，在每小时内通过该种子堆每平方米表层面积的热量。其单位为 kJ/（m·h·℃）。植物种子的导热系数一般都比较小，大多数在 0.4184 ～ 0.8368 kJ/（m·h·℃），并随种温和水分变化而有所增减。

密闭条件下，种子水分越高、热传导越快；种子堆空隙度越大，热传导越慢。即干燥而疏松的种子堆不易受外界高温的影响，能保持比较稳定的种温；反之，紧密潮湿的种子堆，易受外界温度变化的影响而波动较大。

（三）热容量

种子热容量是指 1 kg 种子升高 1℃时所需的热量，其单位为 kJ/（kg·℃）。种子热容量的大小取决于种子的化学组成以及各种成分的比率（包括水分在内）。在种子的主要化学成分中，干淀粉的热容量为 1.5481 kJ/（kg·℃），油脂为 2.0501 kJ/（kg·℃），干纤维为 1.3388 kJ/（kg·℃），而水分为 4.184 kJ/（kg·℃）。绝对干燥的作物种子的热容量大多数在 1.6736 kJ/（kg·℃）左右。通过种子的热容量可推算一批种子在秋冬季节贮藏期间放出的热量，并可根据热容量、导热率和当地的月平均温度来预测种子的冷却速度。

（四）吸附性

种子胶体具有多孔性的毛细管结构，在种子表面和毛细管内壁可以吸附其他物质的气体分子，当种子与挥发性的农药、化肥、汽油、煤油、樟脑等贮藏在一起，种子的表面和内部均将逐渐吸附此类物质的汽化分子，汽化浓度越高，贮藏时间越长，吸附量越大。植物种子吸附性的强弱取决于多种因素，主要包括下列几方面：种子的形态结构、吸附面的大小、气体浓度、气体的化学性质、气体温度等。

（五）吸湿性

种子对水汽的吸附和解吸的性能，称为种子的吸湿性。种子吸湿性的强弱主要取决于种子的化学组成和细胞结构。种子含亲水胶体的比率越大，吸湿性越强；反之，含油脂较多的种子，吸湿性越弱。因此，在比较潮湿的气候条件下，胚部回潮比胚乳部分要容易得多，往往成为每颗子粒发霉变质的起始点。在贮藏上要根本解决这个问题，可采取密闭贮藏法以隔绝外界水分的侵入。

二、药用植物种子的贮藏条件

任何一种植物种子采收以后，生活力的保持和寿命的延长都取决于贮藏条件，而其中最主要的是温度、水分及通气状况这三个因素。它们在影响贮藏种子的寿命过程中，相互影响、相互制约。因此，提高贮藏效果，延长种子寿命，必须创造出各种因素最佳配合的贮藏方法。

（一）种子含水量

种子含水量对种子的生理代谢和贮藏安全性具有重大意义。某种环境条件下，如能保持种子水分含量在安全贮藏所要求的水平以下，则可保证种子长期稳定，具有较强的发芽力和生活力。如果种子贮藏在较高水分条件下，在种子内部可能出现自由水，并引起微生物与仓虫的活动和繁殖，则难免发生意外。对大多数药用植物种子来讲，充分干燥是延长种子寿命的基本条件。但是，有一类种子具有"脱水敏感性"，即种子的含水量低于某一相对较高的临界含水量时，则种子的生活力全部丧失，称为顽拗性种子。Roberts（1973）根据种子的贮藏行为把种子分为正常型种子（orthodox seeds）和顽拗型种子（recalcitrant seeds），Ellis（1990）等认为在这两者之间还存在中间类型即中间型种子（intermediate seeds）。种子的顽拗性是一个数量性状，具有连续性，分为低度顽拗性种子、中度顽拗性种子、高度顽拗性种子。具顽拗性种子的植物主要来自两类：一类为水生植物，如茭白、菱等；另一类主要是具大粒种子的多年生木本，包括热带作物、热带水果、热带林木，如可可、红毛丹等。顽拗型种子通常不经过脱水干燥，在脱离母体时通常含有大量的水分，存在胎萌现象。同时对水分的缺失存在高敏感性。顽拗型种子不经历成熟脱水，种子脱落时含水量相对较高，在整个发育过程不耐脱水，轻度脱水后生活力显著下降，多数种子在含水量降低至15%～20%时受到损伤，有关种子寿命与风干种子贮藏环境关系的生活力公式并不适合于这一类种子。顽拗型种子通常对低温敏感，不能在10℃以下保存；在适合正常性种子贮藏的条件下，即使将其贮藏在湿境中，寿命仍很短。但顽拗型种子耐脱水的程度在不同种类中有差异。所以，贮藏时应注意物种对种子含水量的特殊要求。

（二）温度

贮藏温度是影响种子新陈代谢的因素之一。种子在低温条件下，呼吸作用非常微弱，种子内贮藏的物质和能量消耗极少，胚细胞能长期保持其生活力。但当低温伴随游离水分出现时，种子易受冻而死亡。有实验报道：种子贮藏过程中，最安全的温度是—5 ～—10℃。在这样的温度条件下种子呼吸强度极低，贮藏安全，种子的寿命可显著延长。在 0 ～ 45℃范围内，温度每下降 5℃，种子寿命可延长 1 倍，反之缩短 1 倍。

（三）种子贮藏期间的温湿度变化

仓贮种子温湿度的变化，除了各类植物种子本身特点外，与它所处的环境条件也密切相关。一般情况下，大气温湿度的变化影响仓内的温湿度；仓内温湿度的变化影响种温和种子水分。用吸湿性小和导热性差的建筑材料所建成的仓库，在密闭条件下，仓内空间及种子所受的大气温湿度的影响较小。不同季节环境对种子的影响程度不同，因此了解种子温湿度的日变化与年变化非常必要。

1.种子温度和水分的日变化

种温在一昼夜之间的变化叫作日变化。通常种温以每日 6:00 ～ 7:00 最低，以后逐渐上升，17:00 ～ 18:00 最高，以后又逐渐下降。种温的日变化表现并不十分明显，仅在种子堆表层 15 cm 和沿壁四周有影响，变化幅度较小。

2.种子温度和水分的年变化

正常情况下种温随气温的升降而相应升降，种温在一年之中的变化称为年变化。在气温上升季节（3 ～ 8 月）里，种温随着上升，但种温低于气温和仓温；气温下降季节（9 月至翌年 2 月），种温也随着下降，但种温高于气温和仓温。种温升降的速度一般要比气温慢 0.5 ～ 1 个月，这种现象往往表现在当气温开始回升，而种温却还在继续下降；当气温开始下降，种温还在继续上升。

种子温湿度的日变化和年变化反映了种子温度和湿度的客观规律。如果种子温湿度变化发生异常现象，就有发热的可能，应采取必要的措施加以处理，防止种子变质、遭受损失。

（四）通气状况

空气中除氮气、氧气和二氧化碳外，还带有水汽和热量。如果种子长期贮藏在通气条件下，由于吸湿增温使其生命活动由弱变强，很快就丧失生活力。一般来讲，正常干燥种子以贮藏在密闭条件下较为有利。

（五）贮藏方法

无论采用什么样的贮藏方法，首先要考虑经济效益；其次要考虑贮藏设施性能，贮藏地区气候条件，计划贮藏年限，贮藏种子种类及种子本身遗传性，种子价值和本地区本单位经济实力等。

1.普通贮藏法（开放贮藏法）

普通贮藏法包括两方面内容：首先，将充分干燥的种子堆放或用麻袋、布袋、无毒塑料编织袋、缸、木箱等盛装贮存于贮藏库里，种子不被密封，种子的温、湿（种子本身的含水量）变化基本随库内的温湿度变化而变化。其次，贮藏库不安装特殊的降温除湿设施。但如果贮藏库内温度或湿度比库外高时，可利用排风换气设施进行调解，使库内温湿度稍低于库外或与库外达到平衡。如果库内的温湿度比库外低时，可以把门窗严密关闭，保持库内低温、低湿条件。

该法简单经济，适合于贮藏大批量的生产用种。为保证贮藏效果，种子采收后要进行严格的清选、分级、干燥以后再入库，贮藏库也要做好清理与消毒工作，还要检查防鸟、防鼠措施是否妥善，房顶、窗户是否漏雨等一系列工作。种子入库后，要登记存档，定期检查检验，做好通风散热等管理工作。

2. 密封贮藏法

种子密封贮藏法指把种子干燥到符合密封要求的含水量标准，再用各种不同的容器或不透气的包装材料密封起来进行贮藏的方法。这种方法在一定的温度条件下，不仅能较长时间保持种子的生活力，延长种子的寿命，而且便于交换和运输。密封贮藏法控制了氧气供给，杜绝了外界空气温度对种子含水量的影响，从而保证种子处于低强度呼吸中。

但密封贮藏种子的容器不能置放于高温条件下，否则会加快种子死亡。这是因为高温会造成容器内严重缺氧，加强酒精发酵，致使种胚变质；而且高温还能促进真菌等厌气性病害的发生，尤其是在种子含水量较高的情况下更明显。因此，密封贮藏种子，只有在温度较低的条件下进行，其贮藏效果才能更明显。密封贮藏法在湿度变化较大、雨量较多的地区，贮藏效果更好。

3. 真空贮藏法

真空贮藏法是一种很有发展前途的贮藏方法，尤其在对育种所用原始材料的种子贮藏方面更为方便。其贮藏原理是将充分干燥的种子密封在近似于真空条件的容器内，使种子与外界隔绝，不受外界湿度的影响，抑制种子呼吸、强迫种子进入休眠状态，从而达到延长种子寿命、提高种子使用年限的目的。

真空贮藏效果的好坏，取决于种子的干燥方法、种子含水量、真空和密封程序以及贮藏温度等条件。真空贮藏种子，要求种子含水量较低，所以必须采用热空气干燥法干燥种子。干燥种子的空气温度依不同植物种类和所要求的不同含水量而定。一般为 50 ~ 60℃干燥 4 ~ 5 h，种子的含水量在 4%以下。

4. 低温除湿贮藏法

低温除湿贮藏法就是在大型的种子贮藏库中装备冷冻机和除湿机等设施，

把库内温度降到 15℃ 以下，相对湿度降到 50% 以下，从而加强种子贮藏安全性，延长种子寿命的方法。该法不用补充外界空气，只限贮藏库内的空气循环，避免了外界热空气的接触，自动控制冷气的温、湿度。一般要将贮温在 15℃ 以下或更低时需密封隔热保持低温。随着气温变化，库内温度超过要求温度时，可采用机械通冷风控制库内温度在 15±1℃ 变化范围。

通风冷却贮藏法、空调低温贮藏法适于高温多湿地区贮藏种子。

5. 超低温贮藏

将种子置于超低温（液氮可达—196℃）状态时，其代谢作用极低，若种子能在结冰及解冻时存活，则可长时间保存。

影响结冰时的存活主要取决于种子含水量和结冰速度。故种子需先加以干燥，使含水量低于临界值，防止结冰时有游离水分形成冰粒。各种种子的临界含水量并不一致，有些特殊的种子不能干燥至低含水量，则需要控制结冰速度，在冷冻过程中细胞间水分会先结冰，造成渗透压差，使细胞中的水分渗透出细胞膜以外，细胞内的水分逐渐减少，如能减至无游离水分结成冰粒的程度，则细胞可以在结冰过程中存活。如结冰太快，此脱水过程未能完成，细胞将受冰粒破坏。反之，脱水过甚细胞亦会受损。故利用结冰温度的不同，控制结冰速度，可以使细胞在结冰过程中生存。

6. 顽拗型种子的贮藏方法

正常型种子的发育、萌发以及贮藏等方面的研究已比较深入，而顽拗型种子的研究起步比较晚，研究的广度和深度较之不够。

顽拗型种子的贮藏应注意考虑以下几种方法：

（1）防干、防霉、防萌发、保持含氧量

黄皮树种子自然条件下的寿命只有 10 d 左右，将生理成熟期的新鲜种子部分脱水后加入 4%～6% 的百菌清装入塑料袋贮于 15℃，600 d 后仍保持 90% 的发芽率。

（2）超低温保存，如我国保存茶种子获得成功，含水量为 13.83% 的茶种子，液氮保存 118 d，发芽率达 93.3%。

三、药用植物种子贮藏期间的管理

（一）种子入库

种子入库是在清选和干燥的基础上进行的，入库前要做好标签，注明种子的种类、产地、收获期和质量等，一式两份标明在种子包和围囤的内外，以防品种混杂。入库时，必须过磅登记，按种子的类别和质量进行堆放。

种子品质决定种子堆放形式，种子堆放形式与管理工作有密切关系。生产上采用的堆放形式有散装贮藏和包装贮藏两种：散装贮藏可节省仓容和包装材料，利于处理和使用机械；包装贮藏适用于多品种种子，并能防止品种间混杂。散装与包装贮藏因品质不同或种子本身要求，在仓内又有各种不同的堆放方式。

1. 散装贮藏

散装贮藏适用于占仓容大、种子数量多、充分干燥的高纯净度种子。包括：

（1）全仓散装及单间散装

全仓散装数量大，种子入仓标准要求严格，平时应特别加强管理，尤其要注意表层种子结露。为方便管理，也可将仓内隔成几个单间，然后堆放种子。

（2）围包散装

按仓房大小，将装好种子的麻袋包沿内壁四周离墙 0.5 m 砌成围墙，在围包内散放种子。

（3）围囤散装

适用于多品种种子而又缺乏包装器材，或种子水分还不能马上达到安全标准的情况下（如阴雨天）做临时堆放用，但后一情况必须加强通风散湿，预防发热。

2. 仓内包装堆垛

对于某些优良品种或果壳脆弱的种子，种皮疏松的种子，均宜采用包装。包装堆垛形式一般根据仓房条件、贮藏目的、种子品质、入仓季节、气温高低和种子状态而定。为检查方便起见，堆垛时应离墙 0.5 m，垛与垛之间相距 0.6m 宽的操作道（实垛例外）。垛高随仓房高度而定，堆垛宽度视种子干燥程度而定。一般水分较高的种子，垛宽越狭越好，便于通风散湿，干燥种子则堆垛可宽些，堆垛方向以门窗方向而定，如门窗南北开，垛则从南到北，以利空气流通，并便于必要时进行通风。

（二）种子发热的原因及预防

正常情况下，种温随着气温、仓温的升降而变化；但是有时会发生异常情况，如在气温上升的季节，种温上升很快超过当时气温，或在气温下降的季节，种温继续上升等均可使种子堆发热。

1. 发热的原因

种子发热主要由以下几方面原因引起。

（1）种子贮藏期间新陈代谢旺盛，释放出大量热能，这些热量又进一步促进种子的生理活动，放出更多热量，如此循环反复，结果就会导致种子发热。

（2）微生物的迅速生长和繁殖引起发热。在相同条件下，微生物释放的热量远比种子多得多。

（3）种子堆放不合理。种子堆各层之间和局部与整体之间温差较大，造成水分转移、结露等，亦能引起种子发热。

（4）仓房条件不良或管理不当。

2.种子发热的预防措施

种子在贮藏期间，本身进行着生命活动，尽管极其微弱，但仍会不断释放水分和热量，同时环境条件（仓虫、微生物、大气温湿度等）每时每刻在影响种子，这些都是种子发热的潜伏因素。但只要掌握种子发热规律，加强管理，这种异常现象可以避免。现根据发热原因，提出如下预防措施：

第一，把好种子入仓关，入仓前必须严格进行清理、分级、干燥、冷却，是防止种子发热，保证安全贮藏的基础。

第二，做好清仓消毒，改善仓贮条件，减少不良环境条件对种子的影响，或使种子长期处于低温密闭干燥的条件下，以保证种子安全贮藏。

第三，加强管理，做到定期、定点仔细检查，遇到特殊情况，机动增点勤加检查，发现异常情况及时采取措施加以制止。根据发热部位，一般采用翻耙、开沟、扒塘，必要时进行倒仓、摊晾和过风等办法。凡经发热的种子必须做发芽试验，如已经丧失生活力，则仅能做其他用途。

（三）合理通风

种子堆放在仓库里，不论是长期贮存还是短期贮存，都需要进行适时通风。通风不但可以降温散湿，同时还能起到气体交流的作用。

通风的方式有自然通风和机械通风两种。自然通风是指打开门窗让空气自然流动，达到仓内降温散湿的目的。机械通风速度快、效果好，但需要有一整套机械设备。有向仓库内种子堆鼓风的，也有从种子堆内吸风的，无论是鼓风还是吸风，都能起到通风的作用。但是从实践效果来看，吸风式通风比鼓风式更彻底。

仓库内是否需要通风和能否通风，则要根据当时仓内温湿度和外界的温湿度变化情况而定，有下面几种情况：

第一，如果仓内温湿度高确实需要通风，而当时外界温湿度都比仓内低时可以通风。但要注意寒流侵袭，防止种子堆内温差过大而造成结露。

第二，当仓外温度与仓内温度相同，而仓内相对湿度大于仓外时，或者仓内外相对湿度基本上相同，而仓内温度大于仓外时，均可通风。

第三，仓外温度高于仓内温度，而相对湿度低于仓内，或者仓外温度低于仓内，而湿度高于仓内时，是否通风要看当时的绝对湿度，如果仓外绝对湿度高于仓内时，不能通风，反之就能通风。

（四）建立管理制度

种子贮藏期间管理的任务主要是保持或降低种子的含水量、种温，从而有效控制种子及种子堆内仓虫与微生物的生命活动，达到安全贮藏的目的。因此，在贮藏期间要做好种子的防潮隔湿、合理通风，低温密闭和温度、水分、仓虫、发芽率的检查工作。

1. 专人专职制度

仓库保管人员应具有较强的责任心和丰富的贮藏工作知识和能力。同时必须建立一整套安全保卫制度；做好防火、防盗工作，保证仓库不出事故。

2. 检查制度

为防止种子在贮藏期间品质下降，建立完善的检查制度非常必要。检查内容包括以下几个方面。

（1）温度

种温变化能够反映出种子的安危状况，检查方法简单易行，所以在生产实践上，普遍采用检查种温的方法指导贮藏工作。检查种温通常在 $100m^2$ 范围内采用 3 层 5 点 15 处的方法，即将整个种子堆分为上、中、下 3 层，每层设 5 点，共 15 处。检查时定层定点与机动设点相结合，仪器检查与感官鉴定相结合，定期进行，以得到正确的结果，作为指导工作的依据。

（2）水分

种子水分增高，会引起发热及仓虫、微生物活动。但种子水分经常受大气温湿度的影响而变化，越干燥的种子吸湿性越强，越容易回潮。当一部分种子受潮，就会引起种子堆内水分的再分配，使其他部分的种子亦开始吸湿而提高水分。因此，检查水分是管理制度上的一项重要措施。

（3）发芽率

种子必须具有优良的播种品质和旺盛的生命力。如果种子在贮藏期间降低或丧失生活力，那就丧失了贮藏的意义。因此，不仅在播种前要测定种子发芽率，而且在贮藏期间也应定时检查种子发芽力。

（4）虫害状况

检查仓虫的方法一般采用筛检法，即取一定数量的种子，经过一定时间的振动筛理，把虫子筛下来，然后分析其活虫头数及虫种，再决定防治措施。筛检害虫的周期，需要根据气温、种温而定。一般情况下，温度是仓虫活动的重要因素，根据实际观察，温度在 15℃ 以上仓虫开始活跃，15℃ 以下逐渐停止活动。因此，4～10 月气温上升季节，一般每月筛检 2 次，11 月到次年 3 月每月筛检 1 次。

（5）建立档案制度

每当一批次种子入库，都应将其来源、数量、品质状况等逐项登记入表。而每次检查的最后详细结果必须记录，以备前后对比，分析考查，有利于发现变化原因和改进工作。

第四节 药用植物种子的包装与运输

一、药用植物种子的包装

种子包装是指为便于种子贮运、销售和计量工作而进行的一种加工处理方式。良好的种子包装不仅有利于种子贮藏、运输和销售现代化，而且也是保证种子质量和数量，方便运输供应，精确计量和点检的重要措施。但是包装不善，可能引起种子混杂、破损，影响种子的播种品质，如种子水分、净度、发芽率等。做好种子包装工作，应考虑以下因素。

（一）包装材料

种子的包装材料依其性能可分为多孔包装材料及抗湿包装材料两种。

1. 多孔包装材料

（1）粗麻布袋

非常结实，贮藏时可堆高，搬运时也不易损坏，可反复多次使用，但应清除袋内残留种子及杂质。

（2）棉布种子袋

一般棉织品袋只能使用一次，如要反复使用，需彻底清除袋内残留种子及杂质，以免品种混杂。

（3）纸质种子袋

广泛用于种子包装，小种子袋多用漂白的亚硫酸盐纸或漂白牛皮纸。

（4）纸板盒和纸板罐

广泛用于种子的包装。纸板容器能保护种子的物理品质，并能应用自动装包和封口设备，使种子免受机械混杂，但缺乏防潮性能。

2. 抗湿包装材料

（1）聚乙烯薄膜

用途最广的是热塑性薄膜。用于种子包装材料的聚乙烯薄膜应从抗张、抗撕、抗裂的强度，对水汽、二氧化碳和氧气的透过速度、密闭性、延伸性、耐折性和抗戳性等指标衡量其优劣。

（2）聚酯薄膜

可以热封，对水汽、二氧化碳、氧气的通透性很低，具有很大的抗张强度。聚酯薄膜不含增塑剂，所以不会随时间而老化变脆。聚酯薄膜本身可以数层压叠，也可与其他材料层叠。层叠制品韧性较强，可适用于大多数软性包装。

（3）聚乙烯化合物薄膜

可热封，具有突出的抗张强度和抗撕性，但仅有中等防潮性能。其热封的温度范围宽，非常适用于自动包装机使用，并适于和纸、金属箔或其他薄膜层叠成薄片。

（4）玻璃纸

由再生纤维制成，目前有 100 多个品种，每个品种都有一定的专门用途。玻璃纸的水汽透过率很低，属于防潮类型。可用于少量种子的包装。用聚乙烯和玻璃纸叠层压制的材料在种子包装中用得相当广泛，因其热封简易，在自动包装机上操作便利。

（5）氯化橡胶软膜

这种制品是热塑的氢氯化橡胶塑料薄膜，能抗划、抗撕、抗裂。在低温时封合质量优良，具有很好的防潮性能。它可以本身层压，也可与纸、金属箔或其他薄膜层压。

（6）铝箔

退火铝箔具有较大的抗张强度，硬化铝箔的抗张强度、抗撕、抗裂性超过同样厚度的退火铝箔。用金属滚压成铝箔时，不可避免地会出现许多小孔，但水汽透过率不高。箔片上孔眼的数目和大小随箔片的增厚而缩减。

（7）叠层制品

铝箔和其他材料的叠层制品已可用于各种各样的种子包装材料，这类叠层制品主要的有下列几种：铝箔／玻璃纸／铝箔／热封漆；铝箔／砂纸／聚乙烯薄膜；牛皮纸／聚乙烯薄膜／铝箔／聚乙烯薄膜；麻布／棉布／涂有沥青和化合乳黏剂的纸张叠层，具有防液态水的良好效果，防水汽的性能较差；纸／聚乙嫌／铝箔，其制品比铝箔或聚乙烯与纸合用，具有更好的防潮性能。

（二）包装的封口

种子除了小规模经营采用过秤、袋装、热封等手工包装以外，规模较大的可用机械包装，即种子的加种、制袋、袋装、封口等都由机器自动进行。

1. 封口

贮藏、运输和销售所用的麻袋，化纤袋要用封包机封口，在没有封包机的情况下，50 kg、100 kg 的包可分别采用 7 针和 9 针双线封口，并将两角扎成马耳形，以便于搬运和运输；聚乙烯和其他热塑料通常是将薄膜加压加热，经过一定时间后即可封口，各种不同质量、不同厚度的材料，封口时所需的温度、时间和压力各不相同；0.5 kg、1.0 kg 的纸袋，要折叠好用订书机封口。

非金属或玻璃的半硬质或硬质容器，常用冷胶或热胶通过手工和机器进行封口。大多数涂胶机器还将容器开口一端加工折叠再置压力，直到上好胶为止。硬质容器如纤维筒，可配上活动的盖子，盖子压紧后即固定。这些盖子用人工闭合，而金属罐的盖用机械闭合。金属罐封口设备可以人工操作，也可半自动或全自动操作。

2. 标签

经营单位之间调拨种子，包装种子容器的上方 1/3 处要印有"种子"二字，容器内外要有种子标签，并注明种子名称、等级、净重、生产单位、收获年月、保管员姓名或代号等，在销售包装时，除有种子标签外，还应在袋（容器）的背面正下方印有纯度、净度、发芽率、水分 4 项指标。

二、药用植物种子的运输

（一）运输中种子的贮藏原理

种子从其生理成熟时期开始直至播种之前，都是在贮藏中。这里所指的"运输中"，不仅包括种子从一个地方运到另一个地方的时候，还包括等待装运的时候。运输中的种子的贮藏原理和仓贮种子的贮藏原理相同。仓库贮藏和运输贮藏的主要差异在于现代化的运输可导致种子环境变化较快，以及工作人员的预见性差，不能估计到装运过程中可能遇到的危险情况。

种子运输能否安全到达目的地，取决于种子所处的温度条件和种子的含水量，后者是由空气的相对湿度或保护种子的包装所制约的。

（二）预防事故

计划装运种子时，应预先估计运输期间和装运前后临时贮藏期间可能发生的各种事故。这些事故和运输的方法（用卡车、火车车厢、船或飞机运输）有密切关系。由于种子在温湿度不同的地区之间运输而造成的温度和相对湿度迅速变化，可以产生难以预料的问题。种子在空运期间受到冷冻，当飞机降落后遇到较高的温度容易结露。许多种子在含水量略超过安全水分界限的情况下，当温度升高时，呼吸作用就加强，贮藏霉菌出现，结果变质败坏。这种情况在种子散装时，更容易发生。

装运时若要把种子和其他货物放在一起时，装运人员应该肯定货物中没有夹带会损伤种子的化学物质，例如某些除莠剂等。凡是可能增加氧气浓度的任何货物，都应予以排除。

第四章 选择育种

选择育种（breeding by selection）是指根据育种目标，在现有的天然或人工群体出现的自然变异类型中，通过单株选择或混合选择，选出优良的自然变异类型或个体，经后裔鉴定，选优去劣而育成新品种的育种方法。选择育种的方法很多，应用也较灵活，但归纳起来最基本的方法有 2 种，即单株选择和混合选择。用单株选择所育成的品种，由自然变异的 1 个个体繁育而成，故也称为系统育种；如经多代自交育成的纯系品种，又称为纯系育种（pure line breeding）；采用混合选择育成品种的方法，则称为混合选择育种（breeding by mass selection）。

选择育种是为生产需要提供新品种最基本、简易、快速而有效的育种方法。人们开始杂交育种以前的大多数栽培植物品种，都是通过选择育种这一途径创造出来的。选择育种有别于杂交育种、诱变育种等方法，它以自然变异或现有品种在生产和繁殖过程中产生的变异作为选择材料，而杂交育种等则是由人工创造出变异，然后进行选择培育而成的。选择育种无论采用系统育种还是混合选择育种，都是利用自然变异进行优中选优，连续选优，育成新品种或对现有品种不断改良和提高。选择育种具有以下特点。

（1）选择优株，简便有效

选择育种与杂交育种等其他育种方法相比，工作环节少，过程简单，试验年限相对较短，也不需要复杂的设备，适用于开展群众性育种。

（2）连续选优，遗传增益不断提高

一个比较纯的品种在广大地区长期的栽培过程中，产生新的变异，进行选择育成新品种；新品种又不断变异，为进一步选择育种提供了材料。

但选择育种也有一定的局限性，它只是从自然变异中选出优良个体，只能从现有变异中分离出优良基因型，不能有目的地创造新变异，产生新的基因型。随着杂交育种等育种方法的广泛应用，选择育种的比重随之降低。尽管如此，选择育种在现代药用植物品种改良中仍具有不容忽视的重要作用。

第一节 选择的基本原理

一、选择的遗传基础

选择就是选优去劣，就是从自然或人工创造的群体中，淘汰不良变异，积累和巩固优良变异的有效手段。无论采用哪种育种途径和利用什么样的育种材料，都必须根据个体的表现型挑选符合人类需要的基因型，使选择的性状稳定地遗传下去。达尔文创立的生物进化学说的中心内容是变异、遗传和选择。变异是选择的基础，为选择提供了材料，没有变异也就无从选择。遗传是选择的保证，没有遗传，选择就失去了意义。有了有利的变异和这些变异的遗传，还要通过不断的选择把它们保留和巩固下来。野生植物在漫长的历史发展过程中，通过选择逐渐向栽培化发展；栽培植物形成后，由于自然的变异和人类按不同方向选择的结果，同一植物可选育出各种不同的品种。品种是人工选择的结果，是人类劳动的产物。

就林木类药用植物而言，在未经遗传改良的类群中自然变异可以分为下列几个层次。

（一）地理变异（种源变异）：指植物长期适应于不同气候、土壤环境而形成的群体水平变异，不同群体在其遗传组成上不同，属可遗传变异。在厚朴、喜树、东北红豆杉、白术等研究中均发现，不同种源的药用植物在生长量、活性成分含量、抗逆性等方面存在显著遗传差异。

（二）立地变异：指同一种源内不同立地条件下生长的植物在生长量、抗逆性上的差异，它是环境差异所致，属非遗传变异。但是立地环境与基因型常存在互作关系。

（三）个体间变异：指种源群体内个体间的遗传差异，它广泛存在于自然变异中，是开展个体选择的基础。

（四）个体内变异：指个体内不同部位间在活性成分含量等性状上的差异。

针对药用植物而言，还有相当一部分种类是未经遗传改良的，即栽培未达到品种化、良种化。分清不同层次的变异，了解各层次遗传变异的规律，对于制订有效的育种程序十分重要。

在栽培植物品种群体内出现的自然变异，主要成因有：第一，由于自然异交而引起基因重组，即使是自花授粉植物也不可避免地发生异交，常异花授粉和异花授粉植物的自然变异率则更高。不同基因型的品种或类型异交后必然引起基因重组，导致出现性状的变异。第二，基因突变。品种在推广和繁殖过程中，由于自然条件的作用和栽培条件的影响，会发生基因突变，在某些基因位点上发生一系列变异或染色体畸变，使品种群体内出现新的类型。第三，品种本身存在剩余变异。另外，从不同生态区引种时常出现遗传变异，可能是由于引入地区环境生态条件差异较大，较易引起自然变异，或者在某些性状上出现了个体间的明显差异。

我国药用植物中有 200 多种为人工栽培，这些品种由于栽培历史悠久，劳动人民在长期的良种选育和生产实践过程中积累了丰富经验，发现了许多种内变异类型，如人参按芦、根的形态特征可分为大马牙、二马牙、长脖、圆膀圆芦和石柱参等 5 种类型；红花根据刺的有无分为有刺和无刺 2 大类型；厚朴按叶形的不同，分为尖叶厚朴、凹叶厚朴和中间型厚朴 3 种类型。另外，我国尚有许多常用中药材来自野生，种内也存在丰富的变异。我国药用植物种质资源丰富，群体中变异类型复杂，这为新品种的选育提供了坚实的基础。

二、纯系学说与群体遗传平衡

（一）纯系学说

丹麦植物学家约翰逊从 1901 年开始，以自花授粉作物菜豆品种"公主"为材料，按秆粒大小、轻重分离出 19 个纯系，再进行连续选择试验。根据试验结果于 1903 年首次提出"纯系学说"（pure line theory）。其主要论点如下。

1. 纯系是自花授粉植物一个纯合体自交产生的后代，即同一基因型组成的个体群。在自花授粉植物原始品种群体内，通过单株选择，可以分离出一些不同的纯系。表明原始品种是纯系的混合物，通过选择把它们的不同基因型从群体中分离出来，这样的选择是有效的。

2. 在同一纯系内继续选择是无效的，因为同一纯系内各个体的基因型是相同的，它们出现的变异是各种环境因素影响的结果，这种变异只影响了当代个体的体细胞，而并不影响到生殖细胞，所以是不能遗传的。

纯系学说长期以来被认为是自花授粉植物纯系育种法的理论基础之一。这个学说把变异分为两类：一类是可遗传的变异，另一类是不可遗传的变异，即环境引起的变异。还强调通过后代鉴定可判断是否属于可遗传的变异，着重于选择可遗传的变异。因此，该学说不但对于自花授粉和常异花授粉植物的纯系育种具有指导意义，而且对于异花授粉植物的自交系选育也具有指导意义。但是纯系学说也存在一定的局限性，即把纯系绝对化是错误的。遗传育种实践的大量事实证明，纯系是相对的，没有绝对的纯系。约翰逊只是研究了菜豆粒重性状，尚未涉及所有的形态性状，由于基因突变、自然异交产生基因重组，以及环境条件引起的微小突变逐步累积成大突变等原因，都可能造成纯系不纯，出现可遗传变异，从"纯系"中进行选择仍然是有效的，可以选择育成许多新的品种。

（二）群体遗传平衡

遗传平衡定律是指在一个大的随机交配的群体里，基因频率和基因型频率在没有迁移、突变、选择的条件下，世代相传不发生变化，并且基因型频率是由基因频率决定的。这个定律于 1908 年和 1909 年分别由英国人 G. Hardy 和 W. Weinberg 独立证明，因此又称为 Hardy-Weinberg 定律。根据这个定律，显性基因的作用可以遮盖隐性基因的作用，但各基因的比例不变，隐性变异也不会因此而消失。此定律包括以下三点内容。

第一，一个无限大的群体，每一个体与群体内所有其他个体交配的机会均等，即不存在优先配对。在一个大的随机交配的群体中，基因频率在没有迁移、突变、选择的条件下，世代相传不发生变化。

第二，在任何一个大的群体里，不论基因频率和基因型频率如何，经过一代的随机交配，这个群体就会达到遗传平衡。

第三，一个群体达到遗传平衡时，基因频率和基因型频率的关系是：$D=p^2$，$H=2pq$，$R=q^2$（D、H、R 分别为三种基因型 AA、Aa、aa 的基因频率，p 是一对等位基因 A 的频率，q 是 a 的频率，并且 $p+q=1$）。

选择的遗传机制是改变群体内基因和基因型频率，使部分基因型具有更多的生存机会。上述群体的遗传平衡是有条件的，但是在自然条件下，基因突变并不是稀有的现象，无论病毒、细菌、植物、动物都广泛存在突变的现象。无性繁殖植物的芽变就是基因突变的明显例证，其他各种植物的嵌合体，也都是来自基因突变。因此，在自然的药用植物群体中，基因频率和基因型频率是经常会发生改变的。在自然选择的作用下，它使种内群体的基因频率改变，定向地产生对自然高度适应的新类型，乃至新物种；在人工选择的作用下，产生合乎人类所需要的优良变异类型和新品种。

第二节 选择方法

一、选择的基本方法

（一）单株选择

单株选择（individual selection）又称为个体选择，就是以个体为单位按育种目标进行选择。在原始群体中，根据植株的表型性状选择符合育种要求的优良个体，并且以个体为单位，分别采种或采条，单独繁殖，每一个个体的子代或无性系分别种植一个小区，并种植对照材料进行鉴定比较。种植的每个小区即为一个个体的子代或无性系，根据小区植株的表现来鉴定各入选单株基因型的优劣，并将误选不良单株的子代或无性系全部淘汰。

通过一次选择可培育出新品系的方法，称为一次单株选择法，如无性繁殖材料一般进行一次选择就可取得效果；种子繁殖材料通常需进行多次选择，称为多次单株选择法，其选择的次数取决于小区内当选个体后代性状是否整齐一致。凡通过一次选择产生的后代，不发生性状分离的，就不再进行单株选择。如果当选单株的后代继续出现分离，就要进行多次选择。结束单株选择的时候，应该就是小区内所有植株性状整齐一致的时候，否则，就应该继续进行单株选择。许多药用植物的选育都采用了多次单株选择法，如蛔蒿，在选择前的群体中，单株山道年含量最低为0.45%，最高为3.21%，含量在3.0%以上的单株只占0.55%；经过3年的单株选择后，蛔蒿群体的组成发生了改变，单株山道年含量最低为2.30%，最高为5.80%，含量在3.0%以上的单株占到9.01%。美国早期（1950～1960年）大面积栽培的红花Nebraska-10就是在1946年通过单株选择育成的早熟高产品种。徐昭玺等（2001）和郭巧生等（2003）也采用此法分别培育了"边条人参"和"红心白菊"新品种。

单株选择可根据当选植株后代的表现，对当选植株遗传性状优劣进行鉴定评价，消除环境因子的干扰，把一些遗传性状差，只是在选择时由于环境条件较好而一时表现较好的单株淘汰，即可获得选择效果好的单株。单株选择法将入选单株分别种成株行，并将后裔表现作为鉴定、比较和选择的依据，可以最大限度地剔除误选的遗传性状并不优良的单株。另外，当选单株种成株行，可加速性状的纯合与稳定，增强株行后代群体的一致性。多次单株选择可定向积累变异，有可能选出超过原始群体内最优良单株的新品种。

单株选择也有不足之处。当选的单株分别种植成株系和鉴定评价，费时、费工、占地多。由于育成的品种来自一个单株，种子量少，需经多次繁种才能获得生产所需的种子量，因而繁殖年限较长，推广应用较慢。另外，连续的单株选择，就意味着连续近亲交配，对异花授粉植物来说，容易引起后代生活力衰退。

（二）混合选择

混合选择（mass selection）是从天然群体或人工栽培群体中，根据一定的表型性状（如成熟期、株型、品质、产量性状、抗性等），选出具有相对一致性状的一些优良单株，混合采集种子或穗条，混合繁殖与原品种和标准品种进行比较的一种选择方法。

同单株选择法一样，混合选择可以只进行一次，即所谓一次混合选择法，也可以连续进行多次，即所谓"多次混合选择法"。选择次数的多少，取决于一个混合选择小区内的所有植株在育种目标所要求的性状是否一致。在选择的过程中，当发现某一小区内的所有植株表现优良而且性状又比较一致时，就可以停止混合选择。当归新品系 9001 的选育就是采用了"多次混合选择法"，其具体过程为：从 1990 年开始，在岷县大面积栽培的当归生产田中，选择符合要求的当归紫茎（9001）、绿茎（9002）、紫绿茎（9003）等单株各1000 株，当年采挖并测定其主要农艺性状，并选择健壮种株分别假植；1991年分品系定植于观察圃继续观察结籽期的农艺性状和特征，并再次去杂去劣，单独收获种子；1992 年育苗，并观察测定各品系苗期主要特性；1998 ~ 2000年品系鉴定试验；2001 ~ 2003 年选出农艺综合性状好且符合育种目标的新品系 9001 参加品比、多点比较试验和区域试验，并进行生产示范。加拿大 1987年注册的早熟、避霜、抗花芽腐烂病红花品种"Saffire"也是从"S65-219"品种的群体中经混合选择育成。

混合选择时当选单株混合采集繁殖材料、混合种植，不能根据后代植株的表现，分别鉴定各当选植株的优劣，因此也就不能准确而彻底地淘汰误选的不良个体后裔。这就是混合选择法的选择效果不如单株选择法的原因所在，也是混合选择法的主要缺点。

连续的混合选择不会形成连续的近亲交配，因而也就不会导致选择对象生活力衰退。因为在同一个混合选择区内种植的不是一个单株的后代，而是许多当选单株的后代，它们之间存在一定的遗传异质性，所以异花授粉植物的不少品种是利用混合选择法育成的。另外，混合选择法简单易行，不需要很多土地、劳力及设备就能迅速从原始群体中分离出优良类型，便于普遍采用。混合选择法一次就可以选出大量植株，获得大量种子，因此能迅速应用于生产，在药用植物良种选育工作中是经常应用的。针对黄芩为异花授粉植物的特点，从黄芩异质混杂群体中经混合选择分离出生育期不同的早、中、晚3种类型，并进行比较试验，发现晚熟类型生长旺盛，单根重，黄酮含量约4.94%，为较优类型。

另外，由于单株选择法和混合选择法各有优点和不足，在育种实践中，可根据实际情况考虑将两种基本方法综合应用。程广有（2005）对东北红豆杉研究发现，群体之间紫杉醇含量存在显著差异，其幅度为2.7倍，群体内单株间紫杉醇含量的变异幅度与群体间相当，在同一群体内单株最高含量是最低的4.3倍。说明紫杉醇含量变异来自群体间和群体内，其变异组成群体间为84.6%，个体间为15.0%，而且紫杉醇含量的广义遗传力为82%。因此，可综合采用群体选择和单株选择以获得较大的遗传增益。

二、性状鉴定与选择效率

任何育种方法都要通过利用自然和人工创造变异，按照育种程序选择符合人类需要的优良个体和进行试验鉴定等步骤才能育成新品种。在育种过程中，如何对性状进行有效选择和正确鉴定是保证和提高选择效果的基础，通过选择把可遗传的变异保留下来，促进变异向有利的方向发展。

（一）性状鉴定

鉴定贯穿于整个育种过程。采用目测法、记数法、测量法等简易有效的鉴定方法，对初期阶段育种材料作出评价，淘汰明显不符合育种目标要求的材料，从而大大减轻工作量。到育种的后期阶段，就要进行更精确的全面鉴定，特别是随着科学技术的不断发展、育种工的深入、育种目标的提高，鉴定的手段也要现代化、快速化和精确化，不但鉴定其形态特征、农艺性状，而且要鉴定其生理生化特性和品质的优劣；不但要在当地自然和耕作栽培条件下进行田间鉴定，还要采用经改进和发展的人工模拟的诱发鉴定；不但要采用目测鉴定，还要采用先进仪器和技术进行鉴定，这样才能使鉴定和选择效率不断提高。

目前，性状分析测定已向微量或超微量、精确或高精确度、快速和自动化的方向发展，并可同时测定许多样本，使大量的小样本能够得到快速而精确的鉴定，提高选择的效率。目前育种工作中一般采用的鉴定方法有如下四大类。

1. 直接鉴定和间接鉴定

根据目标性状的直接表现进行鉴定称为直接鉴定（direct evaluation）。一般形态特征和农艺性状都可目测进行感官直接鉴定。

根据与目标性状有高度相关的性状表现来评定相应性状称为间接鉴定（indirect evaluation）。药用植物抗旱性鉴定，若直接鉴定有困难，可通过叶面蜡质层的有无和厚薄、气孔数目和大小及茸毛的有无和多少进行间接鉴定。药材品质可通过药材形态和质地性状来鉴定。研究表明，厚朴皮中酚类物质含量与皮的厚度、油性情况等性状呈极显著相关，因此厚朴药材品质可间接通过厚朴皮厚度、油性情况等来鉴定酚类物质的多少。育种实践中间接鉴定是常用的方法，特别当有些性状直接鉴定需要较大样本，或者鉴定条件不容易创造，或者鉴定程序复杂、鉴定费时费工等时，则可用间接鉴定适当代替直接鉴定。然而最终结论还需根据直接鉴定的结果，而且间接鉴定的性状必须与目标性状有密切而稳定的相关或因果关系，其鉴定方法与技术必须具备微量、简便、快速、精确的特点，适应于对大量育种材料早期选择，才有应用价值。直接鉴定可靠性高，所以在育种工作的后期，直接鉴定往往是不可替代的。

2. 自然鉴定和诱发鉴定

在田间自然条件下鉴定就是自然鉴定，例如，对病虫害和环境胁迫因素的抗、耐性进行鉴定时，当危害因素在试验田经常充分出现时，可以就地直接鉴定试验材料的抗、耐性，也就是进行自然鉴定。当危害因素在田间不能充分出现时，就要人工制造诱发条件进行鉴定，如病原物的接种，干旱、冷冻条件的模拟等，使试验材料能够及时、充分地表现其抗、耐性，从而获得鉴定结果，这就是诱发鉴定（evaluation by induction）。在人工控制条件下，鉴定工作能及时进行，故能提高选育的效率，但是在应用诱发鉴定时，注意诱发条件的严重程度要适当，并且掌握全部诱发材料所处条件的一致性和危害时期等，以免发生偏差。此外，对当地关键性灾害的抗、耐性最后还是要依靠自然鉴定。

3. 当地鉴定和异地鉴定

育种材料通常在当地条件下进行鉴定，如果灾害条件在当地年份间或田区间有较大的差异，而且在当地又不易或不便人工诱发时，则可以将试验材料送到这种灾害条件常年严重发生的地区进行鉴定，这就是异地鉴定（evaluation in different location）。以加代为主要目的所采用的异地繁殖也提供了异地鉴定的良好条件。特别是鉴定育种材料对以温光反应为主的适应性，在不同海拔或不同纬度条件下进行生态试验，是异地鉴定的一种有效方式。

异地鉴定对个别灾害的抗、耐性往往是有效的，但不易同时鉴定其他目标性状。

4. 田间鉴定和实验室鉴定

在田间栽培条件下对育种材料和品种进行各种性状的直接鉴定，称为田间鉴定。对需要在生产条件下才能表现的性状，如生育期、株型、生长习性、产量构成因素等，只有田间鉴定才能得到确切的结果。在田间鉴定中，为了提高鉴定和选择的准确性，要求在具有一定代表性的地块而且试验土壤和耕作栽培措施相对一致的条件下进行，使供鉴定和选择的各材料性状都能在相对一致的条件下得到表现；还需要设置对照行（区）和重复，以便比较和减少误差。对生理生化特性和品质性状鉴定，则需要借助专门的仪器设备在实验室内进行，才能得到较为精确的鉴定结果。例如植物药效部位成分的组成、含量等，均可采取实验室鉴定。此外，收获后的考种工作也要在实验室进行。现代育种学的发展，采用各种快速而精确的自动化微量分析，如核磁共振分析仪对药效成分、蛋白质、脂肪、水分等均可进行分析；把质谱仪和电子计算机联结起来，把成分分析和数据处理相结合，显著地提高了鉴定速度，加速了育种进程。采用现代化温室、人工气候室和简易人工气候箱，在人工控制条件下进行育种材料鉴定，可以更进一步提高育种效率。

（二）选择效率

选择的主要目的是在天然或人工栽培植物群体中选择最优良的个体或变异个体。在选择过程中，为了提高选择效率，具体应考虑以下几个问题。

1. 选择对象

选择基础群体的变异程度及对象恰当与否关系到选择育种的成败。从我国药用植物育种实践来看，用选择育种育成的品种绝大多数来自生产上大面积推广或即将推广的品种。即当地主栽的品种综合性状好，产量高，品质好，适应性较强，优中选优，成效显著。而长期种植在不同生态条件下的大面积推广的品种，会发生多种多样的变异，易于从中选择出更好的品种。相反，即将被淘汰的品种和没有发展前途的品种不宜作为选择育种对象。此外，外地引入品种在当地种植以后，由于生态条件改变容易产生新变异类型，这类材料也是选择育种的重要选择对象。

对于多年生木本药用植物，由于育种周期长，选育工作起步相对较晚，所以天然或人工栽培群体中已存在的大量变异，可作为现阶段选择育种的主要材料。

2. 选择的标准

一般来说，选择育种是在保持原有品种综合性状优良的基础上，重点克服其个别突出的缺点。一个药用植物品种应具备优良的综合性状，如果它只是某个单一性状比较突出，而其他性状并不理想，就很难为生产上所用。这就需要对选择对象做全面分析，明确其基本优点和不足，确定哪些优良性状要保持和提高，哪些不良性状必须进行改良。当然，那些不属于确定选择目标的优良变异类型也要注意选留。

另外，选择标准应根据植物种类、用途而定，育种目标尽可能明确。如丰产性选择，多数植物可用单株产量作为比较标准。选择标准还应定得适当，当选择标准定得太高，入选个体则太少，影响对其他性状的选择，致使多数综合性状优良的个体落选；当选择标准定得太低，入选个体则过多，增加了后期工作量。

3. 选株条件

选株要在保持原有材料优良特点并且栽培条件较好的田块中进行。发生机械混杂的田块或者栽培管理过差的田块，由于种植的优良种性不能表露出来，不宜进行选择。选株要在均匀一致的生长条件下进行，保证能进行正确鉴别个体间遗传性的差异，选出遗传性优良的单株。因为植物性状的表现是基因型和环境条件共同作用的结果。如果土壤肥力不均匀、管理不一致，或者个体间的营养面积不同，就有可能使遗传性并不优良、却偶然得到优越条件的个体因一时表现较好而当选；也可能使具有优良遗传性，因处于不良条件，其优良性状未能表现出来的个体落选。所以在选择时，一般不应在田边和边行、沟旁、缺苗断垄处选择。

4. 选株数量和时期

选择育种是建立在自然变异的基础上。可遗传变异的频率不是太高，出现优良变异的频率更小，因此，供选的群体越大，选株的数量越多，则成功的可能性越大。至于选株具体数量，视具体情况而定。育种的材料、规模和育种者的经验等对选择育种效果均有影响。如果对被选材料的性状和特征特性非常熟悉，育种经验十分丰富，观察鉴别能力强，可以适当少选一些单株。如果为了原种植材料的某些性状，而这些性状的变异又不十分明显时，就需要选择较大量的植株，一般最少数十株，多至数百株或千株以上。

为了提高选择的准确性，需在全生育过程中分段观察、多看精选和多次选择。因为植物的不同性状是在不同生育时期和不同条件下表现的，必须在性状表达最明显的时期进行观察和选择。如东北红豆杉紫杉醇含量随着树龄的增大而升高，因此在选择优树时应该注意树龄对紫杉醇含量的影响，在同龄林或树龄相近的群体内选择优树，才能获得预期的结果；紫杉醇含量因生长季节不同而异，2月休眠期达最大，所以种源选择或优树选择时，不同群体之间或不同单株之间紫杉醇含量的检测时期应该一致，并作多次鉴定。另外，当选择育种观察鉴定的材料都来源于同一品种，株间差异往往不是很大，优劣不易识别时，要对育种目标性状作细致观察，精心选择。

5. 应用植物遗传育种的理论研究成果指导选择

选择育种中的单株选择是根据天然或人工栽培群体中个体表现型进行选择的，选择准确与否主要取决于选种者正确判断表现型的能力。而表现型选择受许多因素所支配。为了把基因型真正优良的类型选择出来，除了考虑上述诸因素的影响和采取适当措施外，还应借助植物遗传育种基础理论的研究成果来指导选择实践，以提高选择的科学性和育种成效。首先，在理论上要明确目标性状是质量性状还是数量性状，然后根据性状相关基因的遗传规律设计选择和试验方案，减少误差，提高从表现型选择基因型的效率。质量性状由单基因或少数寡基因控制，性状分离规律不复杂，其选择成效主要取决于鉴定效率；数量性状涉及多基因，性状分离规律很复杂，可根据数量遗传学原理及其遗传参数如遗传力、选择响应、遗传相关、选择指数、基因—多基因混合遗传模型新理论和分子标记辅助选择技术，提高选择基因型的效率。数量性状的遗传力与选择效果有密切关系，二者成正相关。一般不易受环境影响的性状的遗传力较高，选择效果较高；易受环境影响的数量性状遗传力则较低，选择效果也较差。天然或人工栽培群体内目标性状变异幅度愈大，则选择潜力愈大，选择效果也就愈明显。因此，有目的地增大供选群体的变异幅度，可提高选择效率。在实践中，用扩大环境变量的办法来增大表型标准差是毫无意义的，只会降低遗传力。唯一可能有利于增大群体变异幅度的办法是适当增大群体，因为群体太小时，频率小的类型往往不出现。在选择过程中，应尽可能根据目标性状进行直接选择，在某些情况下，也可利用对植物性状相关性的研究成果进行间接选择。对育种材料的许多特征、特性都是进行直接鉴定选择，因为直接鉴定选择可靠性高。但对一些性状，如一些生理生化特性或品质性状，往往不易进行直接鉴定选择或者较费事，可根据相关连锁变异的原理，借助另一些性状与被选择性状的相关关系，进行间接鉴定选择。例如，可根据植物药效部位的形状和颜色等性状判断相应的内在品质。在利用间接鉴定选择时，选用的性状必须与目标性状有密切而稳定的相关关系，而且其鉴定方法必须简便、快速、准确，适于对大量育种材料的处理。应当指出，间接鉴定选择并不能完全代替直接鉴定选择，特别是在选择育种工作的后期，选留材料已较少的情况下更是如此。

第三节 种源选择

种源选择是林木育种中广泛应用的育种方法，可以直接用于木本药用植物育种，部分草本药用植物育种也可以借鉴。

一、基本概念

种源（provenance）或地理种源（geographic source）是取得种子或繁殖材料的原产地。例如将厚朴引种到浙江景宁，种子来自我国湖北五峰，则属于五峰种源。种源和种子产地（seed source）经常混称，但有些情况下，应加以区别。如将五峰的厚朴引种到景宁，再从景宁采厚朴种子，栽种到江西庐山，这些种子就产地属景宁，就种源而言仍属五峰。将地理起源不同的种子或其他繁殖材料，放到一起所做的栽培对比试验，叫作种源试验（provenance trial）。在种源试验的基础上，选择优良的种源，称为种源选择（provenance selection）。在作物育种学中，往往把"种源"理解为种质资源（germplasm resource），指的是生物体和基因本身，而林木育种学的"种源"指的是生物体原产地。不应混淆两者之间的联系和区别。

对一个分布极广的树种，由于纬度、经度和海拔跨度大，可能造成分布区内雨型、日照长度、热量以及土壤等生态条件的不同。由于某一树种分布区广，种内不同群体（population）长期受不同环境条件的影响和基因交流的限制，在自然选择与生态适应过程中，群体间在各种性状上发生了遗传分化，由此产生的不同群体种植到相同的环境条件下，会有不同表现，这种现象称为地理变异（geographic variation）。发生了遗传变异的群体，称为地理小种（geographic race）。

二、种源试验的目的、作用和方法

（一）种源试验的目的和作用

开展种源试验的主要目的是：研究药用植物地理变异规律，阐明其变异模式及其与生态环境和进化因素的关系；为各药用植物栽培区确定生产力高、稳定性好的种源，并为区划种子或种苗的调拨范围提供科学依据；为今后进一步开展选择、杂交育种提供数据和原始材料。上述 3 个方面是相互联系的。

通过种源试验可以对植物药材的生产直接发挥作用，其主要作用概述如下。

1. 提高药用植物生长量和药材品质

通过药用植物种源试验可以发现不同种源间生长量和品质存在很大差异。如斯金平等（2002）对 13 个种源 5 年生厚朴的树高、胸径、皮厚和酚类物质含量进行了测定和分析，结果表明，种源间树高、皮厚、和厚朴酚及厚朴酚含量皆达极显著差异，种源间胸径差异显著，在种源水平上对这些性状进行种源选择，可取得良好效果。

2. 提高药用植物抗逆性

以往有关作物和林木的种源试验研究，说明不同种源植物的抗逆性有较大的差异。如植物的耐寒和抗冻性方面，北京林业大学在侧柏种源试验中发现，在中部和南部各试验点苗木不需防寒措施都能安全越冬；在北部试验点，部分种源苗木越冬后出现枯梢。据对北京黄垈试验点侧柏不同种源 3 年生苗越冬受害调查，总受害率变动于 59.1% ～ 100%，冻死率为 0 ～ 93.9%。1993 ～ 1996 年，对不同种源进行冷冻处理，冷冻后的枝条在温室扦插，观察生长恢复情况。结果表明，不同种源能忍受的冷冻极限低温差别很大，内蒙古包头、辽宁北镇等北部区种源经过—35℃低温冷冻，仍有 80% ～ 100% 的枝条具有生活力，而贵州黎平等南部区种源经过—15℃冷冻后，只有 5% 的枝条没有冻死。抗虫性方面，汪企明等（1997）于 1995 年 7 月对 13 年生马尾松种源试验林 39 个种源以及 6 种其他松树进行了松材线虫接种。结果表明，马尾松不同种源和不同松树对松材线虫的抗性变异很大。种源间抗虫指数变动幅度为 0 ～ 0.67。广东高州、信宜、英德，广西忻城和湖北远安 5 个种源抗性最强，抗虫指数为 0.67；陕西城固、陕西南郑、河南新县、湖南益阳等种源抗性最差，抗虫指数仅 0 ～ 0.08。因此，通过药用植物的种源试验，也可以筛选出抗逆性表现较好的种源。

3. 为合理制定种子区划提供依据

根据生态条件、性状表现、行政和自然区界等对某一植物各种源种子供应范围进行种子区划。通过种源试验可明确药用植物的地理变异规律，为规定种子调拨范围提供依据。

4. 提高药用植物改良效果

杂交育种是药用植物育种的重要途径之一。根据杂交的遗传机制和以往的杂交育种实践，要求杂交双亲的地理起源和生态适应性要有一定差异。通过药用植物的种源试验可看到不同种源在生长和适应性方面的差异，不仅可为各引种地点选择出最佳的种源，提高引种效果，而且可更有效组配杂交亲本。

（二）种源试验方法

药用植物种源试验的方法可参照林木种源试验的程序来实施。以下为林木种源试验的常用方法。

1. 全分布区试验和局部分布区试验

种源试验是一个长期连续的过程。按照试验的阶段性，一般分为全分布区试验和局部分布区试验。尽管它们有共同的目标，但每一阶段各有特点，因而在采种点布局和试验设计上均有一定的差别。

全分布区试验是从全分布区采种，试验目的是确定种源之间变异的大小、地理变异规律和变异模式。在种源选择上，这个阶段的结果可以提出可能有发展前途的若干种源及其适宜的地区。对分布区较小的树种，可用 20～30 个种源作为试验对象；而对分布区广的树种，则用 50～100 个种源，甚至更多。

在全分布区试验的基础上，进行局部分布区试验。其目的是对前一阶段试验中表现较好的种源作进一步比较，并为各种不同的立地条件寻找最适宜的种源。试验种源数一般较少，但试验小区一般较大，试验期限为 1/2 轮伐期。有时将局部分布区的种源试验与子代测定结合起来进行。这时，就要对种源、林分和家系分别处理。

如果对于供试树种的地理变异规律事先已有所了解，在广泛采样的同时，对有希望的地区作密度较大的采种工作。这样可以使试验成果及时应用到生产中。但是，对多数树种来说，很难在一次试验中搞清楚它们的地理变异规律。因此，对同一树种的种源试验往往要重复多次。

2. 采种点的确定

采种点选择是否全面，是否有代表性，对能否达到预期试验目的很关键。首先，要掌握树种的地理分布，有关该树种的开花结实特性及其他生态学、生物学以及造林技术的材料也应广为收集。必要时，应在采种之前，对该树种的分布进行专门的考察。根据树种的地理分布和变异格局，以及社会、交通、人力、物力等条件，确定采种点的布局。

树种分布特点与采种点布局关系最大。如果树种是连续分布，全分布区试验中按某种环境因素（包括纬度、雨量、温度）的梯度来确定采种点，采种点要覆盖整个分布区。在大面积连续分布的情况下，可采用等距格子配置方式确定采种点。欧洲赤松和欧洲云杉分布区的地形变化较简单，又呈连续状态，所以欧洲各国对这两个树种做试验时常采用网格法，即在分布区地图上覆以方格透明纸，在每个格内取样。

但是，有时还要考虑其他一些情况，如气候的格局变化，以及由于山脉、河谷的存在而造成的分布不连续性等。特别是我国地形变化复杂，气候因素变化剧烈，加上树种通常呈不连续变异，按国外方法定点采样不一定适宜。20 世纪 80 年代杉木、油松种源试验中都采用了主分量分析法。主分量分析法是把多个因子归结为数量较少的几个因子的多元统计分析方法。在侧柏种源试验中，北京林业大学对侧柏自然分布区中 85 个产地的气候指标——年平均气温、7 月和 1 月平均气温、温暖指数（全年高于 10℃ 各月的月平均温度与10℃ 之差的和）、年降水量、年平均相对湿度和春季干燥度（4、5、6 三个月的月平均气温的 2 倍值与同期降水量之差）等 7 个因子作了主分量分析。其中前 4 个指标代表了热量状况，后 3 个代表了水分状况。用各点的第一和第二主分量排序和分析，初步划分出了 5 个气候相似区。参考主分量分析结果，确定侧柏种源试验的采种点。

3. 采种林分和采种树的确定

（1）林分的选择

采种林分的起源要明确，应尽量在天然林中进行采种。如果在人工林采种，必须弄清造林种子的来源。林分组成和结构要比较一致，密度不能太低，以保证异花授粉。采种林分应达结实盛期，无严重病虫害，生产力较高，周围没有低劣林分或近缘树种。采种林分面积较大，能生产大量种子，以保证今后供应种子。避免在过熟林采种，因为这种林分种子产量少，生产力低。避免从上层间伐的林分中采种，因为优势木（dominant tree）已被伐除，林分遗传品质较差，没有代表性。

（2）采种母树的确定

在确定的林分中，采种母树一般应不少于 30 株，以多为好。采种母树之间的距离不得小于树高 5 倍。从理论上讲，采种树应能代表采种林分状况，应当随机抽取植株采种，或在平均木上采种。但是，实际上不少试验单位愿意从优势木上采种，因优势木种子能够增加育种效果。在同一个试验中，必须统一规定从哪类树上采种。最好在种子年采种，以保证采种数量和品质。此外，不能从孤立木上采种。

4. 苗圃试验

苗圃试验阶段的任务主要有以下方面：

（1）为造林试验提供所需苗木；

（2）研究不同种源苗期性状的差异；

（3）研究苗期和成年性状间的相关性。种源试验可集中多个苗圃育苗，然后把苗木分别送往各试验点栽种，也可以在各试验点上分别育苗。

育苗措施包括：

（1）所有参试种源播种应在短时间内完成，尤其是一个区组要同时完成。不同种源要严格分开，不能混杂。

（2）要求在种子处理、整地、施肥、灌水、防寒、防病虫害等方面，采取当地最有效的措施，对不同区组和种源要求采取相同措施。

（3）鉴于菌根对针叶树生长的重要意义，新育苗地最好施菌根土，以保证苗木的正常生长。

（4）要保证各种源苗木密度一致。

（5）播种后要求分区组、小区立标志牌，并绘制平面图，标明各种源位置。

（6）应填写种源试验苗圃条件说明和苗圃管理记录表。

苗圃试验阶段，调查时采取随机取样的办法。如果采用容器育苗，由于容器排列整齐，而每个容器内幼苗株数也相等，则采用随机取样的办法易办到。如果在播种床或移植床，则按一定距离选测点。有些指标的测定，可采用固定小样方调查的方法。

因为试验在多点进行，要统一观测性状和观测方法，这样便于材料汇总。苗木培育过程中，测定的指标应有场圃发芽率、苗高、地径、物候与生长节律、苗生长季末顶芽形成百分率、苗木过冬死亡率和受害率、生理指标（如光合速率、呼吸强度）等。

5.造林试验

造林试验的目的在于了解种源的生产力和抗逆性等地理变异，可分为短期、中期和长期试验。主要内容有：

（1）试验地的选择

根据对树种地理分布、生态环境及对种源表型变异的了解，选择试验地点和划分若干试验区。试验地选定以后，对立地条件进行调查，如果各区组立地条件差异较大，应分区组调查，并分别填表。

（2）试验地的试验设计

多采用完全随机区组设计，每个区组包括全部试验种源，每一种源为一个小区。

（3）制图和标志

对选定的试验地进行实地测量，绘制平面图。在图上进行区划，划定整个试验地的范围，区组边界和小区边界，注明符号。然后到现场实地设置试验的标志牌，区组角桩和小区标志牌。

（4）造林的实施

根据当地造林经验，确定造林季节、苗龄，以及整地、栽培、抚育、保护等措施并实施。造林工作结束后，填写种源试验造林情况记载表。

（5）造林阶段的观测

种源试验观测项目主要包括生长性状和品质性状。通过种源试验，可以评选出当地最好的种源。优良种源的供应：一是利用原产地的优良林分改建成母树林；二是在原产地选择优树，建立种子园。

第四节 有性繁殖药用植物的选择育种

下面以1年生植物的育种实践为参考，简要介绍有性繁殖药用植物的2种选择育种程序。

一、纯系育种程序

纯系育种或称系统育种，从选择单株开始到新品种育成推广，需经过株行（系）试验、品系比较试验和区域试验等一系列试验过程。

纯系育种有以下4个主要工作环节。

（一）选择优良变异植株

在种植原始品种群体的地块中，根据育种目标选择优良变异植株，收获后经室内复选，淘汰性状表现不好的单株，选留的植株分别脱粒留种和编号，记录特征特性进行档案保存，为后代进一步鉴定检验提供依据。

（二）株行（系）试验

将上年当选的各单株种子分别种植成株行，也称株系或系统。每隔9或19个株行（系）设置对照行，种植原始品种或已推广的良种。单株后裔鉴定是系统育种的关键环节，应在目标性状表现明显的各生育期进行仔细观察鉴定，严格选优。入选的优系再经室内复选，保留几个、十几个乃至几十个优良株系。如果入选的株系在目标性状上表现整齐一致，则可作为品系，参加下年的品系比较试验。对个别表现优异但尚有分离的株系，需继续选株，下一年仍可参加株行（系）试验进一步鉴定评价。

（三）品系比较试验

上年入选的每个品系分别种植成小区，设置重复，提高试验的精确性。试验多采用随机区组设计，品系多数也可用顺序排列设计，每重复设一对照小区，种植标准品种，以供比较。试验条件应与大田生产接近，保证试验的代表性和准确性。品系比较一般进行2年。根据田间和室内鉴定结果，选出较对照显著优越的品系1~2个参加区域试验。第一年品系比较试验中表现特别优越的品系，可在第二年继续参加品系比较试验，提早繁殖种子。

（四）区域试验和生产试验

新育成的品系需要参加 5 个点以上的区域试验，以测定其适应性和适宜推广的地区；同时进行生产试验，对其在大面积生产条件下的综合性状进行更为客观的鉴定。经上述试验表现优异，经审定合格后，定名推广。在进行区域试验和生产试验的同时，对有望通过审定的品系，应设置种子田，加速繁殖种子，以便能尽早大面积推广。

二、混合选择育种程序

混合选择育种程序较为简便，即从原始品种群体中，按育种目标的要求选择一批个体（株、穗等），混合脱粒留种，第二年将其与原品种对应种植进行比较鉴定。如经混合选择的群体确实比原品种优越，就可以取代原品种，作为改良品种加以繁殖推广。

这种育种方法的基本工作环节如下。

（一）混合选择

在原始品种群体中，按育种目标将符合要求的优良变异个体选出，经室内复选，淘汰其中一些不合格的，然后将选留的个体混合脱粒，以供比较试验。

（二）比较试验

将入选的优良个体混合脱粒的种子与原品种种子分别种植于相邻小区，通过试验比较鉴定是否比原品种优越。

（三）繁殖推广

如混选群体在产量或某些性状显著优于原品种，可进行繁殖和在原品种推广的地区进行推广应用。

纯系育种法和混合选择育种法是两种基本的选择育种方法，依植物授粉方式、群体性状变异状况和育种目标，可以衍生出多种方法，如集团混合选择育种、改良混合选择育种、母系选择法等，其基本方法前面已有叙述，在育种工作中，可根据具体情况，灵活应用。

第五节 无性植物药用植物的选择育种

无性繁殖植物在栽培植物中占有相当重要的地位。如地黄、薯蓣、菊花、川芎、西红花等在生产上常用植物的变态根和茎等作为繁殖材料。利用植物的营养器官（根、茎、叶）繁殖产生的后代群体，被称为无性系。无性系与有性繁殖植物群体相比，具有一些不同的特点。例如，从群体而言，无性系内个体间基因型是一致的，但个体而言，无性系的遗传基础又具高度的杂合性。因此，与有性繁殖药用植物相比，无性繁殖药用植物的选择育种有其自身特点。这里主要介绍实生选种和芽变选种的特点与方法。

一、实生选种

（一）实生选种的意义和特点

就多数无性繁殖植物而言，既可利用其营养器官进行无性繁殖，也可利用种子进行实生的有性繁殖。实生繁殖群体进行选择时，从中选出优良个体并建成营养系品种；或改进继续实生繁殖时对下一代的群体遗传组成，均称为实生选择育种，简称实生选种。

实生选种是应用最为悠久和广泛的一种选择育种途径。在漫长的岁月里，我们的祖先通过实生选种和驯化把药用植物的野生种变成了栽培品种。现在药用植物生产中的大量优异品种，如人参"御牧"品种、地黄的"北京1号""北京2号"和"红金号"等品种都是实生选种的产物。在植物育种技术不断发展的今天，实生选种仍是药用植物育种的有效途径之一。

实生群体常具有变异普遍、变异性状多而且变异幅度大的特点，在选育新品种方面潜力较大。由于实生群体的变异类型是在当地条件下形成，一般来说它们对当地环境具有较强的适应能力，选出的新类型易于在当地推广，而且投资少、收效好。

（二）实生选种的程序和方法

1. 原有实生群体的实生选种

利用实生群体中存在的普遍变异，开展群众性的实生选种，结合无性繁殖方法，将选出的优株，建成无性系品种，可较快实现良种化种植和规模化生产。对林木和果树类药用植物仍是可采用的方法。

选种程序大体如下：

（1）报种和预选

先组织有一定种植经验的种植户讨论和明确选种的目标、具体方法、要求和标准，在此基础上开展群众性的选种报种。然后组织专业人员到现场对所选报的候选树木调查核实，剔除显著不符合选种要求的单株后，对其余单株进行标记、编号和登记记载，作为预选树种。

（2）初选

由专业人员对预选树采集样品进行室内调查记载及资料整理分析，再经连续 2～3 年对预选树进行产量、品质、抗性等的复核鉴定，根据选择标准表现优异而且稳定的个体入选为初选优树。初选优树在对其继续观察的同时，要嫁接育苗 50 株以上，作为选种圃及多点生产试验用苗；同时为及早推广接穗来源，在不影响母株生长结果的前提下，还可剪取一些接穗就近高接在一些低产树上，既改造了低劣树，又可以起到对选优树的高接鉴定作用。

（3）复选

对选种圃里初选优树的嫁接繁殖后代，结果经连续 3 年的比较鉴定汇同对母树、高接树和多点生产试验的调查资料，对每一初选优树作出复选鉴评结论。其中表现特别优异的作为复选入选品系，并迅速建立能提供大量接穗的母本园。

山茱萸是重要的果树类药用植物，在我国南北都有较广的分布。但在 20 世纪 80 年代前，山茱萸以野生和半野生状态存在，种子繁殖和无性繁殖并存，因此存在大量的实生群体。浙江林学院从 1985 年开始，在山茱萸产区浙江省临安市随机抽查，发现性状差异显著。在此基础上，制定选种目标和方案，按规范的育种程序，投入选优人员 406 人次，调查林分成年树 10 万余株，经 16 年，选育 11 个优良山茱萸无性系。2002 年通过浙江省林木良种审定委员会审定，并进行命名。

2. 新建群体的实生选种

由于无性繁殖药用植物基因型具有杂合性，即使是自交后代也会出现复杂分离。利用这一遗传特点，凡能结籽的无性繁殖药用植物，可对其有性后代通过单株选择法获得优株，再采用无性繁殖方法建成无性系品种。

实生选种的基本方法为：将获得供选材料的自交或天然杂交种子，播种于选种圃，经单株鉴定选择其中若干优良植株并分别编号，然后采用无性繁殖法将每一个入选单株繁殖成一个无性系小区，进行比较鉴定，其中优异者入选为无性系品种。例如，苏联乌克兰从自由授粉的薄荷种间杂交的种子实生苗群体中选育出耐寒品种"Zarya"，其地下垄较硬，抗薄荷锈病比普通品种强，适合于机械化收获。与有性繁殖药用植物的单株选择法相比，本法通常只进行一代有性繁殖，入选个体的优良变异即可通过无性繁殖在后代固定下来。既不需要设置隔离以防止杂交，也不存在自交生活力退化问题。

二、芽变选种

芽变（sport）来源于体细胞中自然发生的遗传变异。芽的分生组织细胞发生变异或变异细胞经过分裂、发育进入芽的分生组织，就形成了变异芽。芽变选种是指对芽变产生的变异进行选择，从而育成新品种的育种方法。

（一）芽变选种的意义和特点

1. 芽变的意义

芽变是植物产生新的变异类型的重要来源之一，在多年生植物中以相对较高的频率发生，如注意观察、及时分离培育，不但可直接选育新品种，而且可以为其他育种途径提供新的种质资源。在柑橘类植物中，通过芽变选种育成的新品种数以百计，例如，从南美引进到美国通过芽变选育的品种华盛顿脐橙在美国、日本、澳大利亚、中国等国家通过的芽变选种已育成 66 个优良品种。木兰属玉兰亚属植物花蕾的中药通称辛夷，杨廷栋等从玉兰萌芽条上进行压条繁殖的突变枝选育了玉兰品种"玉灯"。

芽变选种是药用果树类或药果兼用等多年生植物的一种特殊育种途径，尽管今天分子育种等新手段不断涌现，但芽变选种仍将以其简便、实用的特点在未来的品种改良中继续占据相当重要的地位。

2. 芽变的特点

芽变的物质基础是基因和染色体的变异，并以基因突变为主。因此芽变的主要特点与遗传学的基因突变特点基本一致。

（1）多样性

一是变异来源遗传基础的多样性，如核基因变异、细胞质基因变异、染色体结构变异和染色体数目及倍性的变异；二是变异性状的多样性，理论上几乎所有的性状都可能发生变异，根、茎、叶、花、果实所有形态、解剖和生理生化特性，从主基因控制的明显的变异到微小多基因控制的不易觉察到的变异，但实际上只有被观测出来的芽变才可能被利用；三是变异部位的多样性，植物各种器官分生组织都存在发生突变的可能。

（2）重演性

同一物种相同类型的芽变，可以在不同时期、不同地点、不同单株上重复发生，这就是芽变的重演性，其实质是基因突变的重演性。在同属或近缘属不同物种之间出现的相同类型的芽变重演性，可称为平行性。

（3）稳定性

芽变的变异性状一旦获得，采用有性或无性繁殖都能遗传，这就是芽变的稳定性。由于环境影响，不能稳定遗传的变异不属于真正的芽变，称为饰变。因此，要正确区分芽变和饰变。有些芽变只能在无性繁殖下保持稳定性，当采用有性繁殖时会发生分离，并可能在后代群体中被自然淘汰，但人为选择可以使之保留。

（4）嵌合性

体细胞突变最初发生于个别细胞，突变的异型细胞在不断地细胞分裂和分化过程中通过竞争和选择作用才转化成突变的芽、枝、植株。因此，芽变个体是由突变和未突变细胞组成的嵌合体（chimera）。芽变选种就是要促进优良的突变体细胞实现这种转化。

（5）局限性

一是同一物种群体中发生芽变的频率很低的局限；二是同一个体同时发生两种突变的概率更低的局限，设 A 和 B 两基因的突变率分别为 3×10^{-5} 和 5×10^{-4}，则 A、B 基因同时发生突变的概率为 1.5×10^{-10}；三是并非什么性状都会出现芽变的局限。因此芽变性状有比较严格的局限性。

（6）多效性

有的芽变限于单一基因的表型效应，变异局限于个别性状；而一些突变基因具有"一因多效"，如矮化芽变的变异性状不但涉及株高，而且影响冠幅、粗度、萌芽率、叶面积、叶片厚度及开花期等一系列性状；多倍体芽变也常发生细胞变大引起的一系列性状的变异。

（二）芽变选种的方法

1. 芽变选种的目标

芽变选种总的目标是"优中选优"，主要是从原有优良品种中进一步选择更优的变异，要求在保持原品种优良性状的基础上，针对其存在的主要缺点，通过选择而得到改良。因此，育种目标的针对性强。

2. 芽变选种的时期

芽变选种工作原则上应该在整个生长发育过程中细致地进行观察和选择。但是，为提高芽变选种的效率，除经常性的观察选择外，还必须根据选种目标，抓住最易发现芽变的有利时机，集中进行选择。例如早花和晚花芽变的选择最好是在花期前几周或后几周进行观察和选择，以便发现早花或晚花的变异，抗病、抗旱、抗寒芽变的选择最好在自然灾害发生之后，由于原有正常枝芽受到损害，而使组织深层的潜伏变异表现出来，所以要注意从不定芽和萌蘖长成的枝条进行选择或选择抗自然灾害能力特别强的变异类型

3. 对变异的分析

在芽变选种中，当发现一个变异，首先要区别它是芽变还是环境影响的饰变。鉴别方法有量种。

（1）直接鉴定法

即直接检查遗传物质，包括细胞中染色体的数目、组型以及 DNA 测定。例如鉴定山茱萸无果实芽变，可检查其染色体数目，如果是奇数的多倍体，则其营养系多数不结实，此法可节省大量的人力、物力和时间，但需要一定的设备和技术。

（2）间接鉴定法

即移植鉴定法，将变异类型通过嫁接或扦插与对照移植在相同的环境条件下，进行比较鉴定，以排除环境因素的影响，使突变的本质显示出来。如山茱萸，把不结果的芽变性状，高接在普通山茱萸的枝条上，视其是否结果。此法简便易行，但需时间较长，需要较多的人力和物力。

（三）芽变选种的程序

芽变选种分为初选、复选和决选三个阶段进行。

1. 初选

（1）发掘优良变异

根据确定的选种目标，采取座谈访问、群众选报、专业普查等多种形式，将专业选种工作与群众性选种活动相结合。选种时期除在整个生长发育期进行细微观察选择外，还应着重抓住目标性状最易发现的时期进行选择。例如，以果实性状变异为目标的，主要在果实采收期进行；以抗性为选种目标时，应着重抓住灾害发生之后的时期进行。初选出的品系要进行编号并做出明显标记，填写表格，同时选好生态环境相同的对照植株，以进行比较分析。

（2）分析变异、筛除饰变

在芽变选种中，开始选报出的变异植株往往数量较多，其中有许多属于不遗传的饰变。因此，最好在移地鉴定前，先筛除大部分显而易见的饰变，肯定少数证据充分的遗传性优良变异，然后将剩下的尚难以肯定的一部分变异个体进行移栽鉴定，可节省土地、人力和物力。

分析变异属于芽变还是饰变的主要依据：

①属于典型质量性状的变异，一般可断定是芽变；

②变异体发生范围如是不同立地、不同技术条件下的多株变异，可排除是环境和技术影响的饰变；

③枝变明显呈扇形嵌合体，可肯定是芽变；

④变异方向与环境变化不一致，如树冠下部或内膛处发现果实浓红色变

异，可能是芽变；

⑤变异性状经不同年份和环境变化仍表现稳定，可判断是芽变；

⑥性状的变异程度超出基因型的反应规范，可能是芽变。

涉及数量遗传的综合性状进行变异分析时，可采用以下措施排除环境影响：

①分析综合性状的构成因素，逐个与原始品种相比较，如发现其中一个质量性状或较稳定的数量性状发生较显著而稳定的变异，则芽变的可能性较大；

②比较两个性状的相关比值；

③不同立地条件下出现相同性状变异的个体，用当地对照与它们进行相对差异比较，从而排除环境的影响；

④对一些存在着基础与衍生关系的变异性状，分析时以受环境影响小的基础性状为主，如短枝型芽变，节间缩短是基础性状，枝条短是初级衍生性状，枝冠矮小是较高级衍生性状，丰产稳产是高级衍生性状；

⑤有些数量性状的变异，可以利用同时出现的与其具相关性的质量性状或较稳定的数量性状变异进行间接判断。

按上述原则与方法对变异进行比较分析、筛除明确的饰变个体后，进入下列程序：

①有充分证据说明变异是十分优良的芽变，且没有相关的劣变，可不经高接鉴定圃和选种圃，直接参加品种比较试验及区域性栽培试验；

②变异性状明显，表现优良，但不能肯定为芽变，可先进入高接鉴定圃，再根据表现决定下一步如何进行；

③有充分证据可肯定为芽变，而且性状优良，但是还有些性状尚不十分了解，可不经高接鉴定，直接进入选种圃进行观察了解。

（3）变异体的分离同型化

由于芽变往往以嵌合体的形式存在，为使变异体达到同型化和稳定，可采用分离繁殖、短截或多次短截修剪、组织培养等方法对变异体进行分离同型化。

2.复选

（1）高接鉴定圃

用于对不能肯定是否属于芽变、但变异性状优良的个体与其原品种进行比较鉴定的场所，为进一步鉴定变异性状及其稳定性提供依据，也可为扩大繁殖提供材料来源。鉴定圃可采用高接或移植的形式。必须注意用于高接的基站及中间砧的一致性，可将初选变异系及其品种（对照）同时高接于同一树砧上，高接数量可根据砧木树冠大小而定。对于一些树体较小，通常采用扦插、分株等方法繁殖的植物，可采用移植鉴定圃。将变异体的无性繁殖后代与原品种类型栽植于同一圃内，进行比较鉴定。

（2）选种圃

选种圃是对芽变系进行全面而精确鉴定的场所。由于选种初期往往只注意特别突出的优变性状，除非能充分肯定无相关劣变的芽变优系外，对一些虽已肯定是优良芽变，但只要还有某些性状尚未充分了解，均需进入选种圃作全面鉴定。

选种圃地的土壤地势要求一致，将选出的多个芽变系及对照的无性繁殖后代，每系不少于 10 株，在圃内采用单行小区，每行 5 株，重复 2 次，株行距可根据各种植物的株型大小而定。异花授粉的药用植物种类，授粉品种可作为保护行培植。对嫁接植物种类，砧木宜用当地习用类型，并注意芽变系与对照之间及各芽变系间砧木的一致性。

选种圃内应按品系或单株（每系 10 株以内）建立档案，进行连续 3 年以上对比观察记载，对其重要性状进行全面鉴定，将结果记载归档。根据鉴定结果，由负责选种单位写出选种报告，将最优秀的品系参加品种比较试验和区域性栽培试验，以便最终确定入选优系，提交上级部门参加决选。

（3）品种比较试验及区域性栽培试验

品种比较试验和区域性栽培试验是芽变选种程序中不可缺少的重要环节，也是确定入选品系有无推广价值及适宜推广地区的过程。一般以目前生产上主栽品种或者正在推广品种为对照，进行多年多点的品种比较试验和区域性栽培试验，以三年的试验结果数据资料为基础，写出有关试验报告。

3. 决选

选种单位对复选合格品系提出复选报告（包括选育报告、品种比较试验报告及区域性栽培试验报告）后，由主管部门组织有关人员组成植物新品种审定鉴定委员会进行决选评审。经过评审，确认在生产上有应用前途的品系，可由选种单位予以命名，由组织决选的主管部门作为新品种予以推荐公布。选种单位在发表新品种时，应提供该品种的详细说明书。

选择育种是指根据育种目标，在现有的天然或人工群体中，通过单株选择或混合选择等途径，选优去劣而育成新品种的育种方法。它是现阶段药用植物育种最基本的有效方法。选择就是选优去劣，淘汰不良变异，积累和巩固优良变异。无论利用何种育种途径和育种材料，都必须根据个体的表现型挑选符合人类需要的基因型，使选择的性状稳定地遗传。变异是选择的基础，为选择提供材料。根据育种实践，选择可分为单株选择和混合选择两种基本方法。在药用植物选择育种过程中，性状的鉴定方法有四大类：直接鉴定和间接鉴定、自然鉴定和诱发鉴定、当地鉴定和异地鉴定、田间鉴定和实验室鉴定。同时，为了提高选择效率，要考虑以下几个因素：选择的对象、选择的标准、选株的条件、选株的数量和时期、植物遗传育种的理论研究成果。种源试验是将地理起源不同的种子或其他繁殖材料，统一地点进行的栽培对比试验，进而可选择优良的种源。木本药用植物都已开展了一些种源试验的研究。有性繁殖药用植物的选择育种具体可按纯系育种或混合选择育种程序来实施。无性繁殖的药用植物在栽培的药用植物中占有重要地位，它的选择育种有实生选择和芽变选种。在实生繁殖群体进行选择，可选育无性系品种。而芽变选种是对芽变产生的变异进行选择，从而育成新品种的育种方法。

第五章　杂交育种

　　杂交育种（cross breeding）是不同类型或基因型品种杂交，将不同亲本优良性状组合到杂种中，对后代进行多代选择、培育和比较鉴定，获得纯合基因型新品种或不育系的育种途径；其中常规杂交育种一般指不存在生殖隔离的同一物种内不同品种或变种间的杂交，远缘杂交育种通常指植物分类学上的不同属、种间的杂交。杂交可实现基因重组，产生广泛变异，获得丰富的变异类型，因而成为目前植物育种应用最广泛、成效最显著的育种途径。自花和常异花授粉植物采用纯合亲本杂交育成新的优良品种；异花授粉植物选用适当的亲本杂交，在控制授粉条件下混合选择或轮回选择育成新的品种和若干优良自交系杂交育成杂种优势强的综合品种，即通过有性杂交育成纯系品种、自交系、多系品种和自由授粉品种等。另外，无性繁殖植物可诱导开花，杂交后在 F_1 代选出优良类型并将优良性状保留下来，育成优良品种。此外，诱变育种、倍性育种和生物技术育种等与杂交育种相结合，可取得更好的效果。杂交育种无论是作物育种还是药用植物育种均有选育出许多新品种的成功例子，甚至取得了突破性进展。

第一节　亲本的选择与交配

　　亲本选择是根据育种目标选择具有优良性状的品种类型作为杂交亲本。亲本选配是从入选的亲本中选用哪些亲本、以何种方式组配杂交组合，即决定父母本和多系杂交时进入杂交亲本的先后顺序。亲本选择与选配是杂交育种的关键环节，直接影响育种效果。杂交后代中能否出现好的变异类型和选出好的品种，取决于选择亲本能传递给后代杂种的内在遗传物质基础，也取决于杂交亲本的合理配组。通常，杂交亲本选用得好，在杂种后代中选育出优良品种的可能性大；否则很难选出可供推广的良种。

　　药用植物杂交育种选育新品种有许多成功的例子，特别是药食兼用的植物。据统计，从 1964 年到 2006 年美国《作物科学》学报注册登记的红花品种有 27 个，只有品种 "Nebraska-10" 和 "Saffire" 是选择育种育成，其他品种全部通过杂交育种育成。其他药用植物，如薄荷属、天仙子、长春花、罗勒、罂粟、蓖麻等，通过杂交育种也育成新品种。国内通过杂交育种育成的品种如：江苏海门用薄荷品系 87 和 409 杂交育成新品种 "海香 1 号"，鲜草每 $667m^2$ 产 3000 kg，精油薄荷脑含量可达 85% 以上；北京用地黄的不同品种杂交育成了 "北京 1 号" 和 "北京 2 号"，大面积平均每 $667m^2$ 产鲜品 700 ～ 1 250 kg，高产田达到 2000kg；河南用金状元作父本、白状元作母本，育成 "金白 1 号" 地黄新品种，有优质、高产、抗逆早熟和块茎集中等优点；宁夏以圆果枸杞为父本，小麻叶枸杞为母本，杂交选育出了生长快、果实大、产量高和抗性好的大麻叶枸杞。

一、亲本选择的原则

（一）从大量种质资源中精选亲本

选用合适的亲本，要以丰富的种质资源为基础，并不断地引入新种质，通过观察和评价，了解其主要性状的遗传规律，选出具有优良性状的材料作亲本，才有可能使亲本的优点综合于杂种后代。部分药用植物的种质资源研究有较好的基础，可以从中精选亲本；种质资源研究基础薄弱的药用植物，必须配合育种需要加强工作积累。盲目选择亲本，随意扩大杂交组合配置是不易选出比亲本更好的品种的。

（二）明确目标性状，突出重点

由于育种目标涉及的性状多，尤其是药用植物育种则更为多样化，在选择亲本时不可能面面俱到，因此必须突出主要育种目标。例如，当归和白芷育种，晚抽薹性状比其他性状更重要，亲本选择必须以晚抽薹品种为主；以提取青蒿素为主的黄花蒿育种，选择亲本首先考虑亲本青蒿素含量高低。另外，目标性状要具体明确，经济性状可分解为许多构成性状，例如红花产量由单位面积株数、每株分枝数、花头数、花头内的小花数及小花花冠的长度、重量等产量性状构成；抗病育种则要明确抵抗具体病害的种类、主次、生理小种及期望达到的抗病水平。

（三）重视选用地方品种

地方品种是在特定地域内经过长期自然选择和人工选择的产物，具有独特的地方适应性、优良的品质性状和抵御自然灾害的特性，是十分重要的亲本材料。药用植物在长期的生存竞争及双向选择过程中，与产地生态环境建立了相互适应的紧密联系，形成了 "地道药材" 品种的优良特性，如质量上乘、活性成分含量高等等。不同产地，药用植物的药材内在质量是有较大差异的，如忍冬在不同产地，其活性成分绿原酸含量差异极显著：山东平邑产 5.66%、河南新密市 5.18%、山西太谷 3.88%、重庆 2.2%、云南大理 1.81%。因此，突出药材"地道性"的育种，就必须用地方品种作亲本，使选育的新品种兼有较强的当地适应性和地道药材的优良品质特性。

（四）考虑亲本性状的遗传规律

杂交的目的是使亲本的优良性状在杂交后代个体中得以重组和重现。了解亲本性状的遗传规律有助于提高实现性状重组和重现的预见性。数量性状受多基因控制，比质量性状更复杂，遗传改良难度更大。因此，应首先根据数量性状选择亲本，再考虑质量性状。其次，要考虑具体性状是单基因还是多基因控制，在单基因控制下要考虑亲本基因型是纯合还是杂合，性状间的显隐性关系，外界条件的影响程度等。性状间的连锁关系对杂种后代的选育也有影响，要选择优良性状连锁在一起的品种作为亲本，避免优良性状与不良性状连锁的品种为亲本。

二、亲本选配的原则

（一）双亲优点多、缺点少易克服、主要性状突出

双亲优点多，后代出现优良类型的机会就大。植物经济性状，如品质、产量因素等多属数量性状遗传，杂种后代群体性状的表现介于两亲之间，与亲本平均值很接近。当育种目标要求在某个主要性状上有所突破时，则选用的双亲最好在这个性状上表现都好又互补。例如，为了解决抵抗某种主要病害问题，可选用都表现抗病，但所抗的生理小种有所差别的亲本杂交，这样有可能选出兼抗多个生理小种的品种。为了在早熟性上有所提高，可选用分别在不同发育阶段发育较快的早熟品种作为亲本。

最理想的是亲本之一在主要目标性状上表现十分突出，并且遗传力强，以便克服另一亲本在这一性状上的缺点。另外，两个亲本不宜有共同的缺点，更不宜亲本之一有严重的缺陷，否则这种缺陷难以在杂种后代中得到补偿。

（二）双亲间遗传差异大

不同生态型、不同地理来源和不同亲缘关系的品种杂交，由于亲本间的遗传基础差异大，杂种后代的遗传背景更丰富，生命力较强，变异幅度较大，易于选出性状超越亲本的新品种，这在许多植物的杂交育种实践中都得到了广泛的证明。例如，印度红花本地品种的好粒产量较高、含油量较低。20 世纪 70 年代马哈拉施特拉邦从美国引进薄种皮突变体与本地品系"N—62—8"杂交，在群体中选育出新品种"1164—2"，籽粒含油量大幅度提高，达 42% ～ 44%。

但不能因此认为生态型、地理起源必须差异大才能提高育种成效。有时由于生态类型或地理条件差距太大，会带来一些不利性状，很可能对本地自然条件和栽培制度不适应，表现晚熟或某种抗逆性降低，且后代分离往往强烈、稳定慢和选育时间较长，给杂交育种工作带来一定的困难。

（三）选用品质性状优良的材料作亲本

选育单位面积药用活性成分含量高的优质品种是药用植物育种的主要目的和特点之一。药用植物新品种的选育，必须首先考虑保持和提高药材的品质。否则，即使选育出的新品种产量再高，其他性状再好，也无推广应用的价值。一般来讲，同属或近缘科、属的植物中含有相同或相近的化学成分，进行种内变种间或品种间杂交，既容易成功，又能保持和提高活性成分含量。开展药用植物远缘杂交必须慎重，最好在属内选配亲本。如果进行科内物种间远缘杂交，往往存在科内植物种类繁多，药效成分各异，活性成分组成及含量难以控制等问题，甚至还有可能会失去药效成分。另外，对有些远缘杂交育成的药用植物新品种的评价以及作为新药申报，还存在许多争议、缺乏规范科学的评价标准体系。

（四）亲本之一最好是当地优良品种

品种推广应用的首要条件是该品种对当地自然条件和栽培条件有较强的适应性，它主要由亲本提供的遗传基础决定。为了使新育成的品种具有更大推广面积和发展前途，亲本之一最好是适应当地条件的推广品种。在自然条件严酷、气候变化无常的地区，地方良种的选用尤为重要。对具有地道性的药用植物，更应注意。我国各种作物杂交育成的品种大多数都是以当地推广品种作亲本之一育成的，药用植物中也多数如此。日本在1974年进行薄荷的杂交育种，当地品种"赤园"在抗锈病能力上表现弱，选用中国的"南通"与"赤园"进行杂交，培育了"万叶"新品种，至今仍为推广品种。当然，随着生产条件的改善，当地品种增产潜力不大时，如果外来的推广良种基本上适应当地条件，其他性状又优于当地品种，则在一个杂交组合中，两个亲本都用外来的品种也可取得良好的效果。本地品种资源贫乏的地区，应注意选用引进的品种类型作为杂交亲本。

（五）选用遗传力和一般配合力高的材料作亲本

某一优良性状在杂种后代中能否有较高的表现，直接取决于该性状的遗传力。遗传力高的性状，在杂交后代群体内的表现频率和水平高，反之则低。故在选配亲本时，为了克服一个亲本在某个性状上的缺点而选用另一亲本时，其目标性状，即用以克服对方缺点的性状应表现十分突出，而且遗传力要高。如克服品种的晚熟性，就采用特别早熟的品种；克服感病性，就应选用抗性较强或免疫的品种。从遗传力来看，一般来说，野生的或原始类型的性状大于栽培的，纯种性的性状大于杂种性的，成年植株的性状大于幼年实生苗的。另外，母本对杂种后代的影响常比父本大。

杂交育种中，在根据本身性状表现选配亲本的基础上，还要考虑亲本的一般配合力。一般配合力是指某一亲本品种和其他若干品种杂交后，杂种后代在某个数量性状上的平均表现。用一般配合力好的品种作亲本，往往容易选出好的品种。一般配合力的大小与品种本身性状的好坏有一定关系，但两者并非等同。一个优良品种常常是好的亲本，但并非所有优良品种都是好的亲本，或好的亲本必是优良品种。有时一个本身表现并不突出的品种，因其一般配合力好，在与其他品种杂交后，都表现较好，容易培育成新品种。如美国 20 世纪 80 年代以后选育并在《作物科学》注册的约 10 个红花品种是以"Sidney Selection 87-42-3"为直接亲本或复交亲本的，说明该品系是个好亲本。"Sidney Selection 87-42-3"是在 1964 年从美国农业部红花种质资源库引种材料中在蒙大拿州 Sidney 试验点筛选出的抗红花叶斑病材料。

以上亲本选用原则，只是一般原则。由于药用植物性状繁多，遗传机制十分复杂，许多遗传变异规律尚在探讨之中。一个育种单位应当选定当地推广的多个药用植物优良品种作为中心亲本，并要有多套不同目标性状的常用亲本，同时经常注意引进新的种质资源，及时对材料的各种性状作出鉴定。对于有利用价值的亲本材料，如能进行品质评价和产量比较试验，选择品质好、产量高的材料作杂交亲本，则成功的可能性更大。育种实践还表明，应该注意利用改良过的材料，不必去追溯采用尚处于原始状态的材料，因改良过的材料不仅具有需要的目标性状，而且其适应性、产量和品质水平已有很大提高。

第二节 杂交方式与杂交技术

一、杂交方式

杂交方式是指在一个杂交组合里选用几个亲本以及各亲本杂交的先后次序。它是影响育种成效的一个重要因素，决定杂种后代的变异程度。杂交方式要根据育种目标和亲本特点来确定。一般有单交和复交两种。

（一）单交

两个亲本一个为母本，一个为父本，配成一对进行杂交称为单交或成对杂交，以 A×B 或 A/B 表示；A 和 B 的遗传组成各占 50%。单交只进行一次杂交，简单易行，育种时间短，工作量小，杂种后代群体的规模也相对较小。当A、B两个亲本的性状基本上符合育种目标，优缺点可以相互补偿时，可以采用单交方式。

两亲本杂交可以互为父、母本，因此又有正交和反交之分。如果称A/B为正交，则B/A为反交。一般品种间的正、反交，其后代在性状上没有显著差异。但在远缘杂交、多倍体与二倍体杂交，以及某些由细胞质控制性状的杂交中，正、反交的后代表现常有显著差异。如性状是由细胞质基因决定时，常表现为母性遗传。多倍体与二倍体杂交时，其正反交结实率不同。远缘杂交时，也有类似不亲和现象。

育种实践证明，如果亲本主要性状的遗传不受细胞质控制，正交和反交性状差异一般不大时，可以考虑方便杂交工作，如花粉较多的亲本作父本。习惯上常以具有较多优良性状的品种或对当地条件最适应的亲本作为母本。当栽培种与野生种杂交时，则以栽培种为母本。

（二）复交

复交是指3个或3个以上的亲本参加的杂交，通常要进行两次或两次以上的杂交。复交的目的是为了创造具有丰富遗传基础的杂种后代。当单交杂种后代不完全符合育种目标，而在现有亲本中还找不到一个亲本能对其缺点完全补偿时；或某亲本有非常突出的优点，但缺点也很明显，一次杂交对其缺点难以完全克服时，均宜采用复交方式。随着生产的发展，育种目标日益全面，复交方式已被广泛应用。1990年以后，美国注册的红花品种多数是复交后代。

在应用复交时，怎样安排亲本的组合方式和亲本在各次杂交中的先后次序，是很重要的问题。这需要育种者考虑各亲本的优缺点、性状互补的可能性，以及期望各亲本的遗传组成在杂交后代中所占的比重等因素。一般应该遵循的原则是：综合性状较好，适应性较强并有一定丰产性的亲本应安排在最后一次杂交，以便使其遗传组成在杂种遗传组成中占有较大的比重，从而增强杂种后代的优良性状。

复交的方式分为添加杂交与合成杂交两大类。所谓添加杂交是从单交中产生的较好个体，再与第三个亲本杂交，还可再与第四、第五个……亲本杂交，每杂交一次添加一个亲本。合成杂交是指两个单交种再杂交一次。在育种实践中，通常使用以下几种具体方法。

1. 三交

三交就是3个品种间的杂交，例如以单交的杂种再与另一品种杂交，用A/B//C或（A×B）×C表示。杂种中A和B的核遗传组成各占25%，C占

50%。

可见，最后一次参加杂交的亲本性状对杂种的性状表现关系甚大。遗传力高的性状可最先进行杂交，遗传力低、综合性状好的可后进行杂交。

2. 双交

双交是指两个单交的 F，再杂交，参加杂交的可以是 3 个或 4 个亲本。三亲本双交是指一个亲本先分别同其他两个亲本配成单交，再将这两个单交的进行杂交，即 C/A//C/B。杂种中 A 和 B 的核遗传组成各占 25%，C 的占 50%。四亲本双交包括 4 个亲本，分别先配成两个单交的 F_1，再把两个单交 F_1 进行杂交，即 A/B//C/D，A、B、C 和 D 的遗传组成各占 25%。四亲本的双交组合除了缺点容易得到互补外，亲本的某些共同优点还可以通过互补而得到进一步加强（超亲），甚至产生一些不为各亲本所具备的新的优良性状。

上述的三亲本三交和双交方式，其 3 个亲本的核遗传组成在杂交后代中的比重是一样的，但在选择效果和育种进程上存在一定差异。采用双交方式的复交，其亲本是单交 F。双交的第一代对于它的亲本组合来说，实际上已是第二代。

由于单交的亲本间，已经经过了基因的重组，因此在双交的 F_2 中就有可能出现综合 3 个亲本性状的类型。三交方式的复交亲本只有一个是单交 F_1，另一个是品种，要在复交的后代中才有可能出现综合 3 个亲本性状的类型。因此，两者在选择进度上相差 1 年。

但与单交相比，复交 F_2 代中出现理想基因型的频率要低得多，假设 A×B 单交组合有 n 对基因不同，C×D 单交组合有 m 对基因不同，它们产生的配子种类相应为 2^n 和 2^m，这样从 A×B 的 F_1 以及 C×D 的 F_1 复交所得的 F2，其所产生的配子种类应为 $2^n + 2^m = 2^{n+m}$。在复交 F_2 群体中，基因型种类会急剧增加，出现优良类型的频率也相应变低。如果双亲的一个或两个亲本具有大量的不利性状时这种情况更为严重。为了使双交组合后代能出现较多的优良类型，在双交组合中至少应包括两个或两个以上综合农艺性状较好的亲本，才能取得较好的效果。

3. 四交

这是 4 个亲本杂交的另一种方式。即 4 个亲本先后杂交，可用 [（A×B）×C]×D 或 A/B//C/3/D 表示。这时 A 和 B 的遗传组成各占 12.5%，C 占 25%，而最后一个亲本 D 占 50%。由于最后的一个杂交的亲本其遗传比重占 50%，而所有其他亲本的遗传比重占另外的 50%，因此把拥有最多有利性状，综合性状好的亲本放在最后一次杂交是十分必要的；另外这些杂交方式需要很长的时间产生理想的杂种群体，且还需几年的时间从分离群体中选择理想的品系，因而只有在亲本组合不能保证产生理想的性状重组时，才用这种方法组配杂交组合。

4. 聚合杂交

当育种目标所要求的性状增加，难以培育出超过现有品种水平的新品种时，采用不同形式的聚合杂交，采用复交和有限回交相结合的方法把分散在不同亲本中的优良性状集中到重点改造的品种中，使其更加完善，并产生超亲的后代。聚合杂交，就是通过一系列杂交将几个亲本的优良基因聚合于一起。例如8个品种，其聚合杂交的步骤如下：

第一次杂交 A/B，C/D，E/F，G/H；

第二次杂交 A/B//C/D，E/F//G/H；

第三次杂交 A/B//C/D/3/E/F//G/H。

5. 多父本杂交

多父本杂交是指用2个以上父本品种的混合花粉，对一个母本进行一次授粉，如甲（乙＋丙）。该方法在克服远缘杂交不孕性方面有所应用。利用这种方式，可以在同一个母本品种上同时获得多个单交组合，后代是多组合的混合群体，分离类型较单交丰富，有利于选择。

6. 回交

回交是指两亲本的杂种一代再与其亲本之一杂交。从回交后代中选择单株再与该亲本之一回交，如此连续进行若干次，一直到达到预期目的为止。回交多用于改进某一推广品种的个别缺点，或转育某个性状。

二、杂交技术

杂交前，应在一定程度上了解药用植物的花器构造、开花习性、授粉方式、柱头寿命、花粉生活力等，才能自主地开展杂交育种工作。由于药用植物种类繁多，具体技术也不尽相同。在此仅介绍共性的杂交技术环节。

（一）杂交前准备

1. 制定杂交计划

根据育种计划和育种材料的开花授粉习性，制定相应的杂交工作计划，包括杂交组合数、组配方式、父母本的确定、是否正反交，以及每个杂交组合杂交花数等。

2. 准备杂交用具

根据育种对象的开花习性、花朵或花序大小等，准备必要的杂交用具，如杂交去雄用的镊子、套袋用的硫酸纸、杂交标签、贮藏花粉的干燥器，授粉工具、消毒用的酒精，等等。

（二）亲本的培育和花期调节

对于亲本的培育，通常采用适宜的栽培技术，使亲本性状能充分表现，保证有足够数量的父母本植株和杂交用花，并有利于获得充实饱满的杂交种子。除注意肥水管理和及时防治病虫害以外，在杂交亲本花期不遇时，还应注意亲本花期的调节。亲本花期的调节通常可采取以下措施。

1. 分期播种

对 1、2 年生药用植物一般可采用分期播种的方法调节开花期。通常将母本按正常时期播种，父本做分期播种。对多年生或播种当年不开花的植物，可在温室进行提前栽培。

2. 光照处理法

很多药用植物的开花与光照有关。对于光照敏感植物，如短日照植物，可通过缩短日照时数来促进提前开花，延长日照时数来延迟开花；对长日照植物则可通过延长日照时数来提前开花，缩短日照时数来促进延迟开花。

3. 春化处理

对于具有春化作用的植物在适宜时期进行春化处理，常能有效地促进现蕾开花。

4. 植株调整

对于开花过早的亲本，可采用整枝、摘心的方法去除初生花序、促进腋生花序良好发育的方法来达到调节花期的目的。

5. 使用植物生长调节剂

植物生长激素或生长调节剂（如赤霉素、脱落酸、萘乙酸、顺丁烯二酰肼（马来酰肼）等）可改变植株营养生长和生殖生长的平衡关系，起到调节花期作用。如赤霉素对人参、北细辛、薄荷等药用植物有促进提早开花的作用。

6. 利用高、低温处理

一般花的器官，在温度高的情况下发育较快，在温度低的情况下发育较慢。所以可用高温或低温来调节开花期，但要在花蕾的初期进行，效果明显。

7. 采取适当的栽培管理措施

通过控制氮、磷和钾的化肥用量以及土壤湿度等可在一定程度上调节花期。一般来说，植株营养生长旺盛，延迟开花；营养生长偏弱，则提早开花。故通常情况下，增施氮肥可延迟开花；伤根则有提早开花的作用。

上述方法仍不能保证花期相遇或父本在当地栽培有困难时，也可将耐贮藏的父本花粉贮藏或从外地采集花粉，保存在低温、干燥、黑暗条件下备用。

（三）杂交用花的选定

同一植株上不同部位的花朵结实率有较大差异，杂交时，要选健壮、容易结实的花枝和花蕾。如人参宜选花序外侧的小花，地黄宜选下部的小花。选定花朵后，疏去过多的或未杂交的花蕾和花朵，以确保杂交后的果实和种子充分成熟。

（四）去雄与隔离

1. 去雄

去雄是指除去母本花药或杀死其花粉，而雌蕊不受伤害。目的在于防止自花授粉。对雌、雄异花的药用植物，只要将母本雌花隔离好即可；对雌、雄同花的，应及时除去其花药。去雄时间因植物种类不同而异。除闭花授粉植物在开花前 3 ～ 5 d 去雄外，一般都在开花前 1 ～ 2 d 去雄。

去雄的方法也因植物种类不同而异。一般采用人工去雄。即用镊子轻轻剥开花蕾，然后将雄蕊去除。注意动作要准确、敏捷、彻底，防止碰裂花药和碰伤柱头。如碰裂花药，应及时将去雄用具在 70% 酒精中洗净。如果连续对 2 个以上材料去雄，在一个材料去雄结束后，应将手和去雄工具也用 70% 酒精进行消毒。

2. 隔离

隔离的目的是防止母本与其他植株的花粉授粉、受精。有时为了保证父本花粉的纯洁，也要对其预先隔离。隔离的方法很多，在良种繁育工作中主要有空间隔离、时间隔离和器械隔离。杂交育种中则主要采用硫酸纸、牛皮纸袋以及纱网罩等器械隔离。对于毛花洋地黄等花序继续伸长的药用植物，应注意在纸袋内保留一定空隙。

（五）花粉采集、贮运和生活力检验

一般在早晨露水干后，从性状典型的父本种株上采集花粉。选取即将开裂或刚刚开裂的花药放入贮粉器内，在干燥条件下促使花药开裂。有时也可轻轻弹打花序或花朵，使花粉落入收粉器内，花粉最好现采现用，如不立即使用，最好在低温（1 ～ 5℃）、干燥（RH 30% ～ 40%）和黑暗条件下贮运。各种植物花粉寿命及生活力差异很大。如百合花粉在 0.5℃、35% 相对湿度下贮藏 194 d 后仍有较高的萌发率；而水稻花粉寿命不足 5 min。长期贮藏或从外地寄入的花粉，在杂交前应先检验花粉的活力，以防使用无生活力花粉而造成人力、物力和时间的浪费。对花粉生活力检验的方法有形态检验法、化学试剂染色检验法、培养基萌发检验法和田间授粉检验法。

（六）授粉

授粉是将花粉传播到柱头上的操作过程。可用毛笔蘸取贮粉器中的花粉轻轻地涂在母本的柱头上，或用已裂开的父本花药直接擦拭柱头，有时也可将裂口的整个花药塞到母本的花朵中。通常于去雄后 1 ～ 2 d，当柱头分泌出一种特殊黏液时进行授粉。柱头生活力的测定可用酒石酸—硝酸银化学试剂染色来进行。授粉通常进行 1 ～ 3 次。不同药用植物的柱头有效期限不同，如十字花科植物一般为 6 ～ 10 d，茄科为 8 ～ 12 d。

（七）挂牌和登记

对杂交的花枝和花朵应进行挂牌和登记，以防止收获杂交种子时发生差错。挂牌上要写清亲本的编号、杂交组合和杂交日期等，以便以后考种。同时将杂交工作中的详细内容记入原始资料中，以供查阅。

（八）授粉后的管理

为防止套袋不严、脱落或破损，保证结果准确可靠，杂交后的头几天应注意检查，以便及时采取补救措施。如已发生了意外，则此杂交花无效，应重新补做。当柱头接受花粉的能力消除后，可摘除隔离袋。

加强母本种株的田间管理，如提供良好的肥水条件，及时摘除没有杂交的花果等，必要时杂交种株可设立支架防倒伏。此外，还要注意防治病虫害、鸟害和鼠害，以保证杂交果实发育良好。

采收时，为了使杂交种子充分成熟，应尽量延迟采收期。当果实达到生理成熟后，可按杂交组合或单果分别采下，连同标牌分别装入纸袋，并在纸牌和纸袋上写明编号和收获日期，然后分别脱粒、晒干和妥善保管。

收获的杂交种子应按不同种子特性分别保存。如川贝母种子应进行层积处理；细辛种子收获后立即播种，黄花蒿、薏苡种子等应晒干后室内贮藏。

第三节 杂交育种程序

一、杂交育种程序

从收集原始材料、选配亲本、进行杂交、选育和鉴定，到育成品种在生产上应用的一系列工作程序称为杂交育种程序。完成这个程序必须经过一系列试验圃和试验田。

（一）原始材料圃和亲本圃

种植从国内外收集和自育的各类育种材料。根据试验的目的要求以及试验条件等，确定每份材料种植的数量，通常每份材料种植几十株。种植时要注意做好隔离措施，防止不同材料间的机械混杂和天然杂交。对常异花授粉植物要求自交保纯。在原始材料圃中观察和研究原始材料的生物学特性和经济性状，并根据育种目标选出在某些方面具有突出特点的类型，以备作为亲本材料。重点材料连年种植，一般材料分批轮种。有的材料还要在诱发条件下鉴定其抗性，分析其品质。

将选出的亲本材料集中种植在亲本圃，便于杂交。点播稀植，加大行距，加强管理。必要时分期播种，以调节开花期。有时还将亲本种于温室或进行盆栽。

（二）杂种圃

杂种 F_1 和 F_2 尚未产生株系，一般按组合种植，工作内容与 F_3 及以后各代不同，所以种植 F_1 和 F_2 的试验区称为杂种圃。此圃的任务是对杂种材料进行栽培、观察、记录以及鉴定比较，重点选择优良组合，对 F_2 可选单株也可混收，因选择方法而异。

（三）选种圃

种植杂种各世代当选单株（系谱法）或杂种混合群体（混合法）的试验区，称为选种圃。栽培方式是每个株系种植一个小区，每个小区 20～50 株，每隔 5～10 个小区设置一对照区。选种圃无固定的年限，通常取决于性状稳定一致所需的世代。

（四）鉴定圃

鉴定圃主要种植从选种圃升入的优良品系。其任务是初步比较各品系的产量，进一步鉴定入选品系后代的一致性、稳定性。此外，从尚有分离的品系中选株，重新种植在选种圃中；淘汰表现不突出的品系，或下一年继续鉴定，以定取舍。

由于升入鉴定圃的品系较多，每一品系种子数量较少，所以鉴定圃的小区面积较小，一般是几平方米至十几平方米，顺序排列，每隔 4～9 个小区种植一对照区，重复 2～3 次，种植方式及密度接近大田生产。试验 1～2 年选出优良一致的品系升入品种比较试验。选留的株系一般不宜超过 10 个。

（五）品种比较试验圃

种植鉴定圃升级和其他来源的品系，在较大面积上进行更精确、更具代表性的比较试验。通常按照当前生产上所采用的栽培技术进行试验。以当地最优良的推广品种作为对照，同时对各品系的生育期、抗性、丰产性和栽培上的要求作更详尽和全面的观察研究。品种比较的小区面积比鉴定圃大，一般为 20～40 m^2。重复 3～5 次，随机区组排列，对照品种按试验品系对待参加试验。为保证试验可靠，一般进行 2～3 年试验。

（六）品种区域试验和生产试验

1. 区域试验

指为确定新品种的适宜推广区域，在品种审定机构统一布置下，在一定区域范围内所进行的多点试验。通过试验，可以更加广泛、全面地比较和鉴定不同地点、不同气候各品种的表现，最后确定该品种的推广价值及适应推广的地区。

区域试验应根据自然区划和品种特性分区进行。每年试验点要在 5 个以上。每个代表点要设 3 次重复并设对照，生育期间组织有关人员进行鉴定。品种区试一般 2 ~ 3 年。

2. 生产试验

又称生产示范，指选择优良品系，按照接近大田生产的条件以及生产上所采用的种植密度和技术措施，在不同地点（有代表性）种植，考验品系的生产潜力、抗逆性，为品种审定和品种推广提供试验依据。通常参加品种 2 ~ 3 个，设对照，一般不设重复，也可设重复。试验区面积视作物而定，在生育期间尤其是收获前进行观察评比，以进一步鉴定其表现并起到示范和繁殖作用。

二、加速杂交育种程序的方法

通过杂交育种程序育成一个新品种，通常需要花费较长的年限。育种实践证明，通过加速世代繁育和加速试验进程等可以加快选育进程，缩短育种年限。

（一）加速世代繁育

加速世代繁育的方法很多。一方面可利用地理上适宜的自然环境和季节异地增加世代，如北种南繁、南种北育进行异地加代；另一方面可利用当地条件或人工设施等来进行异季加代，如温室就地加代。这样，根据该作物生育期的长短，一年就可以种植 2 ~ 3 代。

需要注意的是，由于异地或异季加代的植株生长发育与正常季节生长发育存在较大差异，通常在进行异地或异季加代时不进行严格地选择。

（二）加速试验进程

在杂交育种过程中，根据具体情况，可采取以下措施，改进育种方法和程序，以缩短育种年限。如在早代表现突出优良的品系，提早测产升级；在选种圃中经过早代测验，表现特别突出，性状又基本稳定的株系，在种子数量允许时，可以不经过鉴定圃，越级参加品种比较试验；对在品种比较试验或鉴定圃中表现优异的品系，可尽早安排多点试验，提早进行生产试验。另外，利用花药培养单倍体的方法可使杂种一代纯合，从而可大大缩短育种程序。

三、杂交育种的早代测验

每一杂交组合的后代，都必须进行性状的选择和鉴定，才能选择出符合育种目标的理想材料。由于杂种早代是以后各世代的基础，所以对早代的正确选择就更为重要。如果在早代保留所有杂交组合，无疑增加后代的杂交组合数，将花费大量的时间和人力。因此，早代测验十分重要。

早代测验是指在杂种群体早期世代就估测其遗传潜力，以便淘汰育种潜力小的组合材料。早代测验包括杂种早代组合间和组合内系群间的比较。在育种实践中，早代测验通常采用 F_1 组合评选，即根据 F_1 的表现进行组合分级，尽量扩大优良组合的 F_2 群体，适当控制一般组合种植规模，淘汰一定量的不良组合。总体上，早代测定的地点、年份和重复次数须根据所研究的性状而定。凡是遗传力低而基因型和环境互作方差大的性状，需要更加广泛的鉴定。关于杂种组合内系群间的产量测验，一般是用 F_3 系统或从 F_2 衍生的 F_4、F_5 系统种植成有重复的比较试验进行的，其结果可作为在优良衍生系中选择优良单株继续培育成品种的参考。此法相当于前面所讲的衍生系统法，已作为一种育种方法应用，效果良好。

早代测验的优点是可以在杂种繁殖的早期世代进行产量试验，可以较早鉴定出理想的株系。尤其在土壤肥力和水分都很合适，植物遭受冻害、病虫害危害程度很小的情况下，以产量数据作为早期分离世代鉴定的依据有一定的优越性。但早代进行产量试验，也存在明显的缺点。因为通常产量及产量性状在早期世代的遗传力低，选择的可靠性比较差。同时，如过分依赖产量数据，不充分考虑其他育种目标，往往可能导致某些不理想性状的存在，如植株过分高大、成熟过晚、容易感染病害以及品质较差等。因此，在育种实践中，往往在组合数较多，需要在早代进行精简以提高育种工作效率时才采用早代测验。

第四节 回交育种

一、回交育种的意义和特点

两个品种杂交后，子一代与其亲本之一再重复杂交，称为回交。采用一次或多次回交，再经自交选择而育成新品种的方法称为回交育种法。回交育种法常用于改良推广品种的个别缺点、转移某个目标性状和培育近等位基因系。回交育种法已经在转育雄性不育系，提高优良品种的抗病性、抗逆性，克服远缘杂交不实，创造新种质和培育基因定位克隆的工具材料等方面发挥了重要作用。与其他育种方法相比，它不仅在解决某些育种任务上具有特殊意义，在方法和技术上也有其突出的优点。这些优点主要表现在：

第一，回交可以对杂种群体性状发育进行较大程度的控制，使其向着育种目标发展，提高育种工作的准确性和预见性。遗传学理论和育种实践表明，随着回交次数的增加，回交后代各个体的轮回亲本性状逐步增强，后代群体内具有轮回亲本性状个体的比率大大增加。因此，一般只要经过 4~5 次回交就能获得既有供体的优良性状，又在其他方面与轮回亲本相似的个体。

第二，回交的选择是针对需要转移的性状，只要这种性状能得到表现和鉴定，在任何环境条件下都可进行回交。这有利于利用温室、异地或异季培育来加速育种进程。

第三，回交有利于打破目标基因与不利基因的连锁，增加基因重组频率，从而可提高优良重组类型出现的概率。

第四，回交育成新品种仅是对原有品种个别缺点的改进，其在形态特点、丰产性能、适应范围以及所需要的栽培条件等性状上与原品种相似，育成的新品种往往只需较短时间与轮回亲本比较鉴定，达到育种要求即可推广利用。

回交育种也有其局限性和缺点：

第一，回交通常仅能改进轮回亲本的个别缺点，育成品种在其他性状上难以获得重大改进。

第二，被转移的性状在具有较高的遗传力和便于鉴定识别时，才易于获得较好的效果。通常对质量性状的改良效果较好，而对数量性状改良比较困难。因此，回交育种的局限性很大，只有在特定育种目标的要求下，又有理想的非轮回亲本时，才能有针对性地采用回交育种以获得最好的效果。

第三，回交每世代都需进行杂交，工作量很大。

二、回交育种的基本遗传规律

（一）回交群体纯合基因型比率估测

回交与自交一样，随着世代的增加，后代中纯合体比率按下式增加：$(1-1/2^r)^n$，n 为杂种的杂合基因对数，r 为自交或回交的次数。但两种群体中的纯合基因型并不一样。以一对杂合基因为例，由自交所形成的是 2 种纯合基因型 AA 和 aa，而回交 Aa×aa 后代群体中，纯合基因型只有一种 aa，即恢复为轮回亲本的基因型。说明回交可以控制某种基因型纯合率的提高或减少。在相同育种进程内，就一种纯合基因型来说，回交比自交达到某种纯合基因型个体的频率高。例如，自交 F_4，AA 或 aa 两种纯合基因型个体的频率各有 43.75%，而育种进程相同的 BC_3F_1 中，aa 一种纯合基因型个体的频率已达 87.5%。

（二）亲本基因频率的变化

轮回亲本和非轮回亲本杂交后，形成 F_1 杂种，双亲的基因频率各占 50%。以后杂种每和轮回亲本回交一次，轮回亲本的基因在原有基础上增加 1/2，而非轮回亲本的频率相应地有所递减，直至轮回亲本的基因型接近恢复。

（三）消除与不利基因连锁的概率的估测

若非轮回亲本的目标性状基因和不良非目标性状基因相连锁，与轮回亲本回交，提供了基因重组和消除不利连锁的机会。在不施加选择的情况下，轮回亲本经多次回交，打破目标基因与不良基因的连锁，消除不良非目标性状基因的概率可用公式 $1-(1-P)^m$ 表示。其中，P 是连锁基因的重组率，m 是回交次数。如重组率为 0.10，不通过选择，回交 5 次，消除不利连锁基因的概率为 $1-(1-0.10)^5=0.41$。而在自交 5 代群体中，消除不利连锁基因的概率仅 0.10。

三、回交育种的技术要点

（一）亲本的选择选配

回交育种的目的是将非轮回亲本的 1 ~ 2 个优良性状转移到轮回亲本中去，从而育成既具有轮回亲本的优良性状，又具有非轮回亲本被转移的优良性状的新品种。因此，在选择亲本时，除要遵守一般亲本选配原则外，还应特别注意以下几点：

第一，轮回亲本必须是在当地栽培时间长、综合性状好、仅 1 ~ 2 个性状需要改良的品种。如果轮回亲本不是当地长期栽培的品种，育成的新品种往往因不适应当地条件而失去其优良的综合性状；如果轮回亲本的缺点较多，其回交后代则具有较多的缺点。因此，很难选出综合性状好的品种。

第二，非轮回亲本必须具备轮回亲本所缺少的优良性状、尽可能没有严重缺点，优良性状遗传力要高。如在改进轮回亲本的抗病性时，应选用对病害是高抗或免疫的品种做非轮回亲本，在提高现有品种的抗病性时，非轮回亲本必须是高度抗病的。若非轮回亲本的输出性状不突出，它们就会在多次回交中被削弱，以至消失，从而不能实现预期的育种目标。

第三，轮回亲本在生产上应具有较长的预期使用寿命。由于回交育成的品种性状基本上与轮回亲本相似，仅有 1 ~ 2 个性状不同，若轮回亲本品种在育种期内被更换，则用它回交所育成的品种在生产上推广也会受限。

（二）回交后代的选择

当被转移的目标性状为显性时，在回交后代中，选择具有目标性状而农艺性状又与轮回亲本尽可能相似的个体。

当被转移的目标性状为隐性时，带有这种隐性基因的植株不能同其他植株相区别，不能依据表型选择具有目标性状的植株进行回交。可采用以下两种方法处理：

第一，在回交后代中多选单株进行编号，每株同时进行回交和自交。也就是说，每一株上选一穗（花）回交，选另一穗（花）自交。第二年将各单株的回交和自交种子代分别种植，当某一单株自交后代分离出隐性目标性状时，相应的回交后代可以保存，再做回交材料，并继续按上述方法进行回交。凡自交后代没有分离出隐性目标性状的个体，就表明它们没有目标性状的基因，其相应的回交后代应予淘汰，不再回交。此法虽不增加育种年限，但工作量大。

第二，将回交一代自交一次，在分离的自交后代中，选择具有需要转移性状的优良植株与轮回亲本回交。此法的育种时间将延长 1 倍。

（三）回交的次数

回交次数要根据具体情况而定。当非轮回亲本的优良性状为不完全显性，或存在修饰基因，或为少数基因控制的数量性状时，一般采用有限回交方式，有限回交的次数通常是 1 ～ 3 次。如回交次数过多，则可能使非轮回亲本的优良性状受到削弱，或甚至还原为轮回亲本。在一些特定的条件下，如转育雄性不育系时，则需进行饱和回交，连续回交一直到出现既具有雄性不育性，又具有轮回亲本的全部优良性状的个体为止。饱和回交通常需回交 4 ～ 6 次。回交育种法与其他育种方法结合使用时，只需一代即可。

四、回交育种的程序

回交育种包括轮回亲本与非轮回亲本杂交，选择带有目标性状基因的杂合体与轮回亲本回交，再选择，再与轮回亲本回交的过程。一般的步骤如下：

第一步，根据育种目标，选择轮回亲本 A 与非轮回亲本 B 杂交。

第二步，将 A×B 的 F_1 同 A 回交，产生回交一代，即（A×B）×A。假设被转移的性状为显性，则在回交一代中选择具有目标性状的植株再同 A 回交，获得回交二代，以后循环反复进行回交。

第三步，经过必要次数回交后，再进行 1 ～ 2 次自交，使被转移性状基因纯合，选出需要的品系。

第四步，对回交育成的品系进行适当的比较鉴定，达到育种目标要求后，即可推广应用于生产。

五、回交法的其他应用方式

在育种实践中，可在回交一般程序和技术要点的基础上，根据育种材料和育种目标的不同灵活加以应用。

（一）逐步回交法

是指在回交育种中，当一个品种的某些性状得到改进后，再用其作为另一回交过程的轮回亲本，使上次回交中所改进的性状在新的回交过程中保留下来。这样就可将分散在不同品种的优良性状集中在一个改良的品种中，从而育成综合多个品种优良性状的新品种。

（二）双回交法

在涉及多基因控制的性状时，若基因分散在不同品种中，可采用双回交法，将分散在不同品种的优良基因聚集到一个品种中，育成优于双亲的优良品种。其技术要点如下：

第一，若控制某一性状的多基因分散在 A、B 品种中，先将 A、B 杂交。第二，将杂种 F_1 分别同 A 和 B 回交若干次，在回交后代中选择具非轮回亲本优良性状的个体。

第三，最后一次回交后进行自交，分别得到具有 B 优良性状的 A 型品系 A（B'）和具有 A 优良性状的 B 型品系 B（A'）。

第四，将 A（B'）和 B（A'）两品系杂交，再自交，将可育成超双亲的品种。

（三）回交系谱法

是一种将回交和杂种后代处理的系谱法综合应用的方法。在杂交育种中，当亲本之一在大多数性状上优于另一亲本时，可将杂种后代用较好的亲本回交 1～2 次后选优株自交，再用系谱法继续进行选育，这样的育种方法称为回交系谱法。它的优点是既可使较好亲本的遗传性在杂种后代中占较大比重，又可使杂种后代具有较大异质性，从而可能出现超双亲分离，育成更优异品种。

第五节　远缘杂交育种

一、远缘杂交的概念和作用

（一）远缘杂交的概念

亲缘关系较远，遗传性差异较大的不同种、属、甚至科间的物种杂交，包括栽培作物与野生植物间的杂交称为远缘杂交；其所产生的后代称远缘杂种。亚种间的杂交，如籼稻与粳稻杂交，也称为远缘杂交。远缘杂交包括有性和无性两种方式。嫁接组织嵌合体及近年来迅速兴起的体细胞杂交均属于无性远缘杂交的范围。这里仅介绍有性远缘杂交。

（二）远缘杂交在育种上的重要作用

通过远缘杂交，可以引入不同种、属的有利基因，可以育成一般品种间杂交和其他育种方法不能获得、现有栽培种又不具备的优异遗传类型。随着育种技术的发展，异种、属间的杂交在育种中得到广泛而有效的利用。大量研究工作表明，远缘杂交可以显著地扩大和丰富各种植物的基因库，促进种间，乃至科间的基因交流，引入异种的有利基因，特别是各种抗病基因，用人工方法创造新的物种。同时，远缘杂交的成功，又为研究受精过程以及遗传学、分子生物学、胚胎学等提供新的材料，促进这些学科的发展。远缘杂交育种的作用概括起来有以下几点。

1. 提高植物的抗病性和抗逆性

利用远缘杂交，特别是栽培品种与野生类型的远缘杂交，在提高各种植物现有品种抗病性、抗逆性和适应性等方面均起到了突出作用。例如，1951年美国密歇根州 Todd 公司用胡椒薄荷和皱叶薄荷杂交，经 4 年无性系选择，育成并登记为专利新品种。该品种具有对留兰香锈病免疫、高抗白粉病和叶斑病的特性。薄荷属植物种间远缘杂交较容易，杂种可通过无性系繁殖，因此远缘杂交育种在薄荷育种中发挥了很大作用。

2. 创造新物种、新类型

实践证明，人类完全可以有意识地通过远缘杂交创造出新物种、新类型。通常可以通过对远缘杂种染色体加倍得到具有双亲两套染色体组的双二倍体新物种、新类型，或采用杂交再回交的方法，获得兼有远缘双亲部分染色体组的不完全双二倍体新种。也可通过非整倍体来传递个别染色体，或其节段所控制的优良性状，来培育新品种。例如，水薄荷和柑橘薄荷杂交，导入的显性基因 Lm（柠檬烯 / 桉树脑合成关键基因），再用水薄荷回交，获得了柠檬烯 / 桉树脑达 60% ～ 90% 的水薄荷。而天然水薄荷含桉树脑和柠檬烯低于 10%。

3. 改变现有品种性状，提高和改进品质

药用植物育种对品质性状要求高，而野生药用植物往往具有栽培种不具备的优良品质性状。通过远缘杂交可以把药用植物野生种好的品质性状，转移到其栽培种上。这在薄荷属植物有典型的例子。

4. 创造雄性不育的新类型

通过远缘杂交选育雄性不育系，是当前研究雄性不育常常采用的方法。可利用远缘杂交的手段导入胞质不育基因；或采用核置换，破坏物种原来的质核协调关系，从而得到雄性不育系。印度 Anjani（2005）报道，用红花野生种与栽培红花远缘杂交，再用栽培种回交，得到了细胞质核互作的雄性不育品系。

5.诱导单倍体

虽远缘花粉在异种母体上常不能正常受精，但有时能刺激母本的卵细胞自行分裂，诱导孤雌生殖，产生母本单倍体。据不完全统计，仅1963年后的10年间，通过远缘杂交已在12个植物物种中成功地诱导出孤雌生殖的单倍体。所以，远缘杂交也是倍性育种的手段之一。

6.有效地利用杂种优势

远缘杂种常常由于遗传或生理上的不协调，而表现出生活力衰退。但某些物种间的远缘杂种具有很强的杂种优势。例如亚洲薄荷品种'Kalka'与留兰香品种'Neera'，杂交的杂种'Neerkalka'，既具有亚洲薄荷的生长特性（如发达的地下茎），又具有留兰香油的品质。药用植物利用远缘杂种优势有着广阔的前途，特别是可进行无性繁殖的药用植物，即使远缘杂种具有不实性，也可用无性繁殖的方式来繁殖具有优势的杂种，并长期使用，无须年年制种。

药用植物种类繁多，分布广泛，无性繁殖的种类比例较大，有些属内种间杂交较容易，开展远缘杂交是有前途的。但由于药用植物自身的特殊性，进行远缘杂交时，一定要以不降低活性物种含量和不改变药效成分为前提。作为中药饮片原料的药用植物一般不宜开展属和属以上的远缘杂交，提倡栽培种与野生种的杂交。

二、远缘杂交不亲和性的原因及克服方法

（一）远缘杂交不亲和性的原因

远缘杂交不亲和是指在受精之前存在的各种交配上的障碍。通常表现为：远缘亲本的花粉在柱头上不能发芽；虽能发芽，但花粉管生长缓慢或花粉管太短，不能进入子房到达胚囊；虽能到达胚囊，但不能受精，或只有卵核或极核发生单受精等等。这种不亲和现象也称为配子的不亲和性。

不亲和性是物种间存在生殖隔离和遗传差异的反映，其原因主要是由于双亲遗传基础上有质的不同，其柱头渗透压、酶、生长素、激素以及酸碱度等微小差异都可以阻止异种、属的花粉粒萌发，花粉管的伸长与雌雄配子的结合。

一般地说，分类学上亲缘关系愈远，不亲和现象愈严重。但到目前为止，植物分类的依据主要是形态特征，有时并不能真实反映亲缘关系远近。有时父、母本亲缘相距并不太远，但分类时放在不间的单位。如薄荷属植物，许多种间都可以杂交；而百合科种间按常规方法杂交却很难成功。

（二）克服远缘杂交不亲和性的方法

1. 选择适当亲本并注意正反交

同一物种内的不同品种在遗传上、生理上，以及形态、细胞结构上都有一定的差异。因此，在不同物种杂交时，利用两个物种的不同变种或品种进行广泛测交，以寻找适当的亲本，是克服远缘杂交不亲和及杂种后代不育性的一项有效措施。

同一远缘杂交组合正反交的结实率有很大差别。据试验研究，这种正反交结实率的差异，可能是由花粉与柱头间渗透压不同所致。通常花粉的渗透压必须大于柱头的渗透压，花粉管才能伸长。育种实践表明，远缘杂交成功率的高低与亲本染色体数目有关。一般来说，在种、属间杂交范围内，采用染色体较多或倍性较高的物种作为母本进行杂交较易成功。如红花（$2n = 24$）与亚历山大红花（$2n = 20$）杂交，可获得少量杂种，而反交则失败。

2. 混合授粉

所谓混合授粉就是在采集的远缘花粉中，混以少量的母本花粉后进行授粉。也可将不亲和的活花粉与亲和的死花粉混合授粉。雌性器官是根据花粉中的蛋白来识别的，如果两者亲和，花粉便可萌发受精。由于亲和花粉的生化成分作用，有可能诱导柱头接受不亲和的远缘花粉而受精。还可以采用同种的不同品种植株的混合花粉授予同一母本的柱头上，使柱头选择亲和力最高的花粉。

3. 重复授粉

重复授粉即在同一朵母本花的花蕾期、初花期、盛花期和末花期等不同时期，进行多次重复授粉。由于同一母本的柱头，在不同时期不仅成熟度不同，生理状况也有所差异，其受精选择性也就有所不同。因而在不同时期重复授粉，就有可能遇到最有利于受精过程正常进行的条件，从而促进受精率的提高。

4. 利用桥梁亲本

两个远缘亲本直接杂交不易成功时，可选用亲缘关系与两亲本都较近的第三个种作桥梁，先与某一个亲本杂交产生杂种，再用这个杂种与另一亲本杂交。这个"桥梁种"起到了有性媒介的作用。这在作物以及果树育种中均有成功的例子。如小麦与黑麦杂交中，通常以"中国春"这一小麦品种作为桥梁亲本。

5. 用柱头分泌物或花药提取物处理柱头

采用亲和品系的柱头分泌物或花药提取物涂抹在母本的柱头上，以除去柱头对花粉的抑制作用。

6. 花柱短截和柱头移植法

对于不亲和反应局限在柱头，或远缘花粉管短而达不到母本子房时，可采取切割柱头或部分花粉管的方法来克服不亲和性。如百合种间杂交时常因花粉管在花柱内停止生长而不能受精，故采用在子房上部 1 cm 处切断花柱，将花粉授到伤口上，成功获得了种间杂种。

柱头移植法则是将父本花粉授在同种植物柱头上，在花粉管尚未完全伸长前，移植到异种的母本花柱上，或先进行异种柱头嫁接，待 1 ～ 2 d 愈合后，再行授粉。

7. 子房内授粉

将花粉悬浮液注入子房内，使胚珠受精的方法。多用于某些子房较大的植物。

8. 离体受粉和胚珠试管受精

雌蕊的离体受粉是在母本花粉未开裂时切取花蕾灭菌，剥去花冠、花萼和雄蕊，在无菌操作下将雌蕊接种在人工培养基上，进行人工授粉和培养。适用于落花落果严重的植物。胚珠试管受精，是在试管内离体培养未受精的母本胚珠，再授以父本花粉或已萌发伸长的花粉管，让其在试管内受精，直到培养成杂种。这已经在烟草属、石竹属、芸薹属等植物远缘杂交中获得成功。

9. 理化因素刺激法

研究表明，用紫外线以及低剂量的电离射线（X 射线、γ 射线等）处理花粉或母本花序后杂交，可克服远缘杂交不亲和性。如用 γ 射线照射花粉或柱头，能克服番茄栽培种与野生种间杂交的不亲和性，结实率比对照提高近10 倍。另外，采用赤霉素、萘乙酸、吲哚乙酸、硼酸等化学药剂涂抹或喷洒处理母本雌蕊，能促进花粉的萌发和花粉管的生长，有利于远缘杂交的成功。如西洋参和人参杂交，用赤霉素或硼酸处理西洋参，可明显提高结实率。

以上各种方法可以单独使用，也可以几种方法综合使用。但具体到某一远缘杂交，应针对其不亲和的原因，采用相应的克服方法，这首先取决于对所选用亲本的生理特性的了解。

三、远缘杂种夭亡和不育及其克服方法

（一）远缘杂种的夭亡和不育的现象及原因

远缘杂交虽然产生了受精卵，但受精卵由于与胚乳或母本生理机能不协调，在个体发育中表现出一系列不正常的发育，以致不能长成正常植株的现象，即是杂种夭亡和不育现象。

远缘杂种的夭亡和不育的具体表现和原因是：受精后幼胚不能发育，或

中途停止发育；能形成幼胚，但幼胚畸形、不完整；幼胚完整，但没有胚乳或极少胚乳；胚或胚乳发育正常，但胚和胚乳间形成糊粉层似的细胞层，妨碍了营养物质从胚乳进入胚；由于胚、胚乳和母体细胞间不协调，虽能形成皱缩的种子，但不能发芽或发芽后死亡；F_1 植株在不同发育时期出现生育停滞或死亡；由于生育失调，营养体虽生长繁茂，但不能形成结实器官；虽能形成结实器官，但其构造、功能不正常，不能产生有生活力的雌、雄配子；或因双亲染色体数目不同；或缺少同源染色体，在减数分裂时，染色体不能正常配对与平衡分配，形成大量不育配子等。

（二）克服远缘杂种夭亡和不育的方法

1. 胚培养和保姆法

针对远缘杂种幼胚早期败育的现象，可应用组织培养技术，在无菌条件下剥离幼胚进行培养。也可采用保姆法，即将幼胚取下，嫁接到正常的胚乳上。

2. 杂种染色体加倍

主要针对二倍体远缘杂种减数分裂不正常而造成的配子不育现象而采取的措施，一般在杂种种子发芽的初期或苗期用 0.1% ～ 0.3% 的秋水仙素处理若干时间，使体细胞染色体加倍，获得异源四倍体（双二倍体）。双二倍体在减数分裂中，每个染色体都有相应的同源染色体可以正常配对，产生具有父母各一套染色体组的有生活力的配子，从而使育性大大提高。

3. 回交

远缘杂种虽然经常存在配子不正常和没有生活力等问题，但有时并不是雌、雄配子双方都不正常。它们在生活力上常有差异，或是雄配子一部分，更多的是雌配子一部分有生活力。因此，可用亲本之一，也可用原亲本种内的不同品种与之回交，产生部分回交一代杂种。尤其当杂种染色体数目过多，染色体加倍不易成功时，更应采用回交法来克服杂种的不育性。回交时轮回亲本的选择应以提高结实率，以及使远缘杂种的某些不良性状得到改良为依据。一般来说，在栽培种与野生种的远缘杂交中均用栽培种作回交亲本。

4. 自由受粉

远缘杂种第一代植株在自由受粉下，比在人工套袋隔离强制自交下，柱头更有自由选择花粉的机会。

5. 嫁接蒙导法

对幼苗出土后根系发育不良引起夭亡的杂种苗，可将其嫁接在亲本幼苗上，以保证继续正常发育。同时，由于嫁接的蒙导作用，还可使杂种的生理不协调得到缓解，促进其正常结实。

6. 延长杂种生育期

杂种的育性除受制于亲本遗传特性外，还与外界条件的影响有一定关系。延长杂种生育期有利于杂种生理机能趋向协调，进而使生殖机能有所恢复，育性提高。延长生育期的方法，因不同杂种而异。可采用多次扦插或分株繁殖等无性繁殖的方法来延长生育期；也可通过控制温度和光照来延长营养生长，延缓生殖生长，以待其逐步恢复结实。

7. 改善发芽和生长条件

远缘杂种由于生理不协调引起的生长不正常，在某些情况下可通过改善生长条件，恢复正常生长。如远缘杂交种子种皮过厚时，可刺破种皮以利幼胚吸水和促进呼吸。另外，远缘杂交种子往往瘦瘪，生活力弱，发芽率低，出土力弱，最好采用营养土苗床，在良好营养条件下培育杂种幼苗，使其成苗后再移入大田，并在生育期间给予较好的肥水条件，加强管理，提高结实率。还可通过增施磷、钾、硼肥等方法，促进后代结实。

四、远缘杂种后代的性状分离与选择

（一）远缘杂种后代性状分离的遗传特点

远缘杂种后代性状分离强烈、复杂、时间长、稳定慢。远缘杂种有的第二代出现较大分离，有的要到第三代或以后各世代才出现极复杂的类型。分离类型丰富，不仅出现亲本类型，也出现与亲本相似的类型，亲本祖先的类型以及超出亲本种的类型。远缘杂种后代中，除分离出部分整倍体杂种外，多数是非整倍体，所以性状稳定慢，分离世代常常能延续到 7～8 代，甚至十多代。此外，杂种后代有返亲遗传，性状有回复亲本的趋势。随着世代的演进，远缘杂种后代有向两亲本类型分化的现象。

（二）远缘杂种后代剧烈分离的控制方法

远缘杂种后代的分离大，不易稳定，必须采取措施，控制分离，加速稳定。

1. 染色体加倍法

用秋水仙素等药剂处理，使远缘杂种染色体数加倍，形成双二倍体。此法的优点是获得稳定的类型快，缺点是将双亲的优良性状和不良性状都结合于杂种，还必须经过双二倍体不同品系间杂交，使优良性状重组，再经选育才能育成新类型或新品种。而且从细胞学上看，整倍体植株仍不够稳定。

2. 回交

对远缘杂种进行回交，既能克服杂种不育性，也能控制杂种性状的分离，回交可使杂种某一亲本同源、能互相正常配对的染色体数目逐渐增加。回交次数因材料而异。

3.诱导杂种产生单倍体

将远缘杂种第一代的花粉进行离体培养，诱导成单倍体植株，经染色体加倍，即可形成纯合的二倍体，以克服杂种的性状分离，迅速获得稳定的新类型。

4.无性繁殖

由于无性繁殖不经过减数分裂，不发生基因重组、交换，可有效克服远缘杂种的分离。

（三）远缘杂种的选择

由于远缘杂种分离十分复杂，分离规律性还很不清楚，因此，要加强对杂种后代的选择和培育，以便获得具有优良性状的稳定新类型。

对于远缘杂种的选择，需要掌握如下几项原则。

1.扩大杂种的群体数量

远缘杂交时，由于双亲亲缘关系较远，杂种后代性状分离广泛，而且杂种中具有优良新性状的组合一般所占比重也比较少，而且，常伴随一些不利的野生性状，所以只有扩大杂种群体数量，才能增加选择的机会。

2.增加杂种的繁殖世代

远缘杂种性状分离时间长，稳定性慢，分离世代也比较长。远缘杂种分离并非全在第二代出现，而在以后的各世代中仍会出现性状分离。因此，一般选择时不宜过早淘汰。且低世代的远缘杂种个体一般都有结实率低，种子不饱满，生育期太长等特点，因而宜放宽标准，只要有其他可取的经济性状就不要淘汰，以利通过一定的选育方法逐代恢复其结实率和种子饱满度，并缩短其生育期。育种实践证明，应用回交法或复交法，很快就能提高杂种后代的结实率。

3.继续进行杂交选择

对于远缘杂交所产生的杂种一代，除了一些比较优良的类型可直接利用外，还可进行杂种植株间的再杂交或回交，并对以后的世代继续进行选择。一般随着选择世代的增加，优良类型所占比例将会提高。

4.培育与选择相结合

对于远缘杂种应注意加强培育管护，以给予杂种充分的营养和优越的生育条件，促进杂种优良性状的充分发育，再结合细胞学鉴定方法，严格进行世代的选择，以便得到符合育种目标的优良杂种。

第六章　倍性育种

染色体是遗传物质的载体，染色体数目的变化常导致植物形态、结构、生理、生化等诸多遗传特性的变异。各种植物的染色体数目是相对稳定的，但在人工诱导或自然条件下也会发生改变。倍性育种是根据育种目标人为地改变染色体倍性进而选育新种质、新品种的技术。目前最常用的倍性育种主要有 2 种：一种是利用染色体数加倍的多倍体育种，另一种是利用染色体数减半的单倍体育种。

第一节　植物的多倍性

植物中的多倍体现象十分普遍，在所有已知属中，有半数含有多倍体。Grant（1981）估计，多倍体的频率在被子植物中占 47%，其中双子叶植物占43%，单子叶植物占 57%，禾本科植物大约有 2/3 是多倍体；在裸子植物中占 38%，在松柏科植物中仅占 1.5%，在蕨类植物中占 95%。现有证据证明，高等植物中几乎所有自然生成的多倍体都有杂种根源，它们都是异源多倍体，如人参、紫苏等。在自然界，有相当多的种的染色体数目组成某种"多倍系列"的异源多倍体，如菊科的一个属中，基数是 9，而已知的种有 18、36、54、72 和 90 条染色体。

一、多倍体的概念和种类

（一）多倍体的概念

一个物种为了维持其生长发育及遗传的稳定性，其体细胞染色体数目（2n）都是相当稳定的。一个属内各个种所特有的、维持其生活机能的最低限度数目的一组染色体，叫染色体组（genome）。各个染色体组所含有的染色体数目称染色体基数，多数植物属内的物种染色体含有共同的基数，如百合属为 12，菊属为 9。但有的植物属内存在几个染色体基数不同的种，如罂粟属内存在基数为 6、7、11 的几个基本种；半夏属内存在基数为 $x = 7$、

8、9、10、13 和 23 几个基本种。在药用植物中甚至同一种不同变型间也存在染色体基数差异，如天麻属的天麻不同变型间存在染色体基数 $x=18$ 和 $x=16$ 等基本种。此外，同一科或同一属的植物种或变种在染色体数目上还表现出倍性的变异，如薯蓣属的盾叶薯蓣有二倍体（$2n=2x=20$）、三倍体（$2n=3x=30$）、四倍体（$2n=4x=40$）等。植物染色体组呈倍数的变异称为倍性变异。

多倍体即体细胞染色体组在 $3x$ 或 $3x$ 以上的个体。凡是细胞内含有 3 个以上染色体组的植物称为多倍体植物。

（二）多倍体的种类

根据染色体的来源，多倍体一般可分为两大类，即同源多倍体和异源多倍体。自然界中同源多倍体是很少的，绝大多数是异源多倍体。

1. 同源多倍体（autopolyploid）

单倍体的几组染色体全部来自同一物种，或者说由同一物种的染色体组加倍而成，则称为同源多倍体，例如同源四倍体由二倍体自然加倍或用秋水仙素人工加倍形成，每种染色体都有 4 条，由于这 4 条染色体都相同，所以常常不单是两两配对。它们在细胞遗传学上的重要标志是减数分裂时出现 2 个以上的相同染色体联合在一起的多价体，结果产生的配子往往含有不同数目的染色体，由此导致形成染色体数目不同的合子，因而育性不高。植物多倍体可自然产生，如马铃薯是天然的同源四倍体；也可通过用秋水仙素等人工加倍而产生，如四倍体菘蓝、四倍体丹参等现已在生产上得到成功应用。同源多倍体与二倍体相比，常具有下列特征。

（1）生物学性状

由于染色体的加倍，多倍体植株表现出"巨型性"的显著特征，能增大植株的营养器官。药用植物大多以根、茎和叶等器官为收获对象，其染色体加倍后，根、茎、叶往往巨型化，较好地满足了药材生产的要求，如盾叶薯蓣的二倍体、三倍体、四倍体 3 种类型植株在形态上存在明显差异，在叶片形态上，特别是叶片厚度和叶色，多倍体植株充分体现了器官形态的巨大性；丹参同源四倍体普遍较原植物生长旺而绿，茎秆粗壮，根部药材粗大；怀牛膝同源四倍体根的干重比二倍体有显著提高，而其木质化程度却比二倍体低，在一定程度上质量也得到了提高。

（2）代谢产物含量和成分

多倍体植株通常具有较高的活性成分含量。实践表明，大多数多倍体中次生代谢产物的含量都有所增加，例如石菖蒲在自然变异过程中形成了二倍体、三倍体、四倍体和六倍体等类型。据测定，其根茎的含油量、油精的化学成分、植株体内草酸钙含量均与染色体倍性存在较大相关性，四倍体油精中含有比三倍体高 2 倍的细辛醚；曼陀罗同源四倍体中生物碱含量大约是原植物的 2 倍；黄花蒿四倍体青蒿素含量与普通野生黄花蒿相比高出 38%；怀牛膝同源四倍体中蜕皮激素较原植物高出 10 倍之多；丹参同源四倍体中隐丹参酮、丹参酮 IA、丹参酮 IIA 分别较原植物高 203.26%、70.48%、53.16%（高山林等，1992）。染色体倍性的增加与化学成分含量的变化并不呈正比关系，例如毛叶曼陀罗（Ibmm）的三倍体生物碱含量较二倍体、四倍体均高。同时，多倍体与原植物比较，并不只限于原有性状的加强和提高，有的可能会产生新的性状和新的化学成分，例如福禄考的同源四倍体中能够产生亲本所没有的黄酮类成分；石菖蒲二倍体中不含 β-细辛醚，三倍体含 β-细辛醚和顺甲异丁香油酚的混合物；菘蓝同源四倍体中游离氨基酸成分组成与二倍体亲本相比也不尽一致，从中可能筛选到具有药理活性的前导化合物。

（3）抗性

植物细胞染色体组增加而产生多倍体是高等植物进化的显著特征，在漫长的进化过程中，多倍体对不良环境的抵抗能力也较二倍体强。多倍体植株一般较矮、茎秆粗壮，故能较好地抗倒伏，有的还具有抗旱、抗病等特性。如日本薄荷和库叶薄荷诱导的异源四倍体具有抗粉霉菌、抗寒等特性。在高原地带的植物常有多倍体变种，这也从一个侧面说明了多倍体植物对寒冷等气候条件有着较强的适应性。

（4）植株生长发育

多倍体植株在所有的生长发育阶段上都表现缓慢，如种子发芽迟、生长慢、开花晚等，致使生育期延长。其原因可能是细胞分裂强度降低，生长素含量减少。四倍体万寿菊的生长素仅为二倍体的 58%。

（5）育性

多倍体由于减数分裂中染色体配对的异常，势必会产生一些非整倍性配子，从而导致育性的降低，但降低的程度因基因型的不同有较大差异。如四倍体的曼陀罗的结实率只有二倍体的 20%；宁夏农林科学院枸杞研究所采用的四倍体与二倍体杂交选育的三倍体枸杞表现不育而无籽，但果实质量得到大幅度提高。

2. 异源多倍体（allopolyploid）

由来自不同种、属的染色体组构成的多倍体或者说由不同种、属间个体杂交得到的 F_1 再经染色体加倍得到的多倍体，则称为异源多倍体，又称双二倍体（amphidiploid），即异源多倍体是 2 个种的复合体。多倍体植物中大多数是异源多倍体。日本的伊藤（Ito，2007）经多方面多年研究认为，栽培紫苏是从两个野生种杂交和染色体加倍演化而成的双二倍体。异源多倍体在细胞遗传学上的特点是减数分裂时不出现多价体。因此，可以通过人工的方法进行培育。由于染色体组的分化，还存在其他多倍性类型：同源异源多倍体是异源多倍体再加倍后形成的多倍体；倍半二倍体是由异源多倍体和物种杂交后形成倍半二倍体；区段异源多倍体是物种和物种杂交后代 F_1 加倍后形成区段异源多倍体等一系列的过渡类型的多倍体。

由于异源多倍体细胞中染色体能够配对，故形成的配子是可育的，大多数异源多倍体的育性正常，但有的异源多倍体存在不育现象，这可能和基因型的差异有关。

二、多倍体的进化

自然界普遍存在着多倍体物种，最常见的是四倍体和六倍体。杂交和多倍化是植物最重要的进化方式之一，约 50% 的被子植物和 80% 的蕨类植物进化历史上都曾经历过这种活动。杂合性是多倍体的基本特征，多倍体比二倍体具有更多的杂合位点和更多的互作效应。

多倍体形成的细胞学机制研究表明，多倍体是由于细胞分裂时染色体不分离而引起。大体上有两种情况，一是减数分裂时全组或部分染色体没有减数，而形成二倍性细胞，这种未减数的 2n 雄配子与带有 2n 的雌配子结合，发育为四倍体；另一种是有丝分裂时，染色体虽然进行了复制，但细胞没有发生相应分裂，而使细胞核里包含了比原来多一倍的染色体，产生二倍体与多倍体的嵌合体。

植物多倍体基因组进化机制研究认为，多倍体基因组进化机制的重要方式之一是同步进化，即个体或种群内基因的重要单位之间发生随机而定向纯合的进化方式。植物多倍体通过这种方式使得两种不同祖先基因组在杂种细胞核中仅表现出其中一个基因组的类型。但不同类群中同步进化的程度存在较大差异。

被子植物中多倍化过程的普遍发生肯定了许多二倍体显花植物实际上是古老的多倍体，这充分表明多倍体化过程在植物进化和物种形成中普遍具有重要性。由于受到"杂合性"和"多倍性"所带来的基因组冲击（genomic shock），新形成的基因组会作出一系列的反应，在早期发生广泛的基因组构成和基因表达水平的变化，如染色体重组（chromosome recombination）、亲本序列的消除（sequence elimination）、基因沉默（gene silencing）、同源异型转换（homeotic transformation）等。这些变化直接关系到新形成的异源多倍体物种的稳定和进化。

需要指出的是，尽管多倍体是普遍的，但并不是均匀分布的，它与环境因素、生长习性和繁殖方式等密切相关。染色体自然加倍的外部原因可能与细胞分裂时受到的环境条件的影响有关。众多的研究认为，在自然条件下，温度的剧变、紫外线辐射和恶劣多变的气候条件、海拔高度、植物生长习性等，是产生多倍性细胞的重要原因。如日本学者松田秀雄发现，在炎热的夏季，紫花矮牵牛的花粉中往往混杂有比通常更多的巨大的花粉粒，其染色体数目比通常的多 1 倍。张谷曼等研究芋的多倍性与海拔高度的关系时发现：随着海拔高度升高，$2x$ 芋所占比例减少，而 $3x$ 芋在总面积中所占比例上升。另外，不同种属多倍体植物集中分布的海拔梯度并不一致，例如禾本科鹤观草属、仲彬草属 10 种植物大多数分布在青海、甘肃、西藏、川西和新疆等高海拔地区。杜鹃属及醉鱼草属的植物的多倍体多分布在我国西南部海拔高、温度变化剧烈、紫外线辐射较强的高山地区，而二倍体种只分布在平原地区。这除了与它们的生长习性有关外，还与它们适应高原气候、土壤环境有关。表明多倍体的产生易受环境因素的影响，同时也说明，多倍体植物的产生及对不利条件的适应，是自然选择的结果，从而进化发展成新的变种或物种。

三、多倍体在药用植物育种中的意义

（一）增加现有物种的染色体数目，产生同源多倍体

多倍体由于染色体加倍后的剂量效应，植株的细胞和器官表现出"巨型性"、某些有效化学成分含量高、抗性增强等特点，满足了大多药用植物对药材生产的要求。另外，许多药用植物可进行无性繁殖，易于固定人工诱导多倍体的优良性状，解决多倍体的高度不育或性状分离带来的选择和繁殖困难。通过诱导产生新的多倍体，进而选育可利用的优良品种，已成为药用植物育种的一个重要研究方向。

（二）通过远缘亲本或种间不育杂交种的染色体加倍，克服远缘杂交的困难

克服远缘杂交不孕性和不实性。如用普通小麦和节节麦杂交时，正反交均不成功，只有将节节麦加倍成同源四倍体后，杂交才能成功。由于多倍体的变异是可遗传的，具有创造植物新种质、新类型、新品种甚至薪物种的利用价值。

（三）诱导多倍体作为不同倍数间或种间的遗传桥梁

当两个亲本因倍性等差异不能进行直接有性杂交育种时，可通过诱导多倍体创造杂交中间材料作为遗传桥梁来实现亲本间的遗传结合和重组。这是进行基因转移或渐渗的有效手段，多倍体不作为育种的最终产物，只起基因转移的载体作用。作为桥梁，诱导多倍体的结果从一开始便可预测，因而便

于在育种实践中应用。

在实践中多倍体可以作为育种的种质资源。通常情况下，偶倍数的多倍体不仅生长旺盛，而且具有完全的可育性，所以可以通过杂交而培育新品种。而奇数的多倍体是高度不育的，可以利用这个特性来培育无籽品种，如三倍体枸杞。植物染色体的多倍化，不仅促进了植物的进化、新物种的不断形成，而且对人类生产、生活的发展和改善具有重要意义。

第二节　多倍体育种

一、材料的选择

显花植物中天然多倍体物种所占的比例，与该类植物在进化中的地位有密切的关系。裸子植物的多倍体物种占 13.0%，双子叶植物为 42.8%，单子叶植物高达 68.6%，表明进化程度越高，多倍体物种所占比例越大。

在以收获种子为目的的药用植物中，因同源多倍体结实率低、种子不饱满，所以要育成优良的同源多倍体品种有较大难度。但对于利用营养体为目的的药用植物，培养同源多倍体易于成功。杂合程度高的二倍体种，比纯合的二倍体种容易产生较好的同源多倍体。通过必要的杂交和选择，可培育出较好的多倍体品种或品系。在选择原始材料时，应尽量遵循下面的原则。

（一）选择天然多倍体物种较多的植物材料

一般天然多倍体较多的物种，进行人工多倍体育种遇到的困难往往比多倍体频率低的物种少，易获得成功。

（二）选择主要经济性状较好、染色体数目少的材料

多倍体的遗传性是建立在原有倍数较低的材料基础上，染色体的倍增，一般只能使原有性状的加强或减弱，而难于产生原来没有的新性状。此外，倍数性较高的药用植物再加倍，不仅性状得不到改进，而且由于生殖、代谢等问题，常会伴随如生长缓慢、抗逆力下降等难以克服的缺点。同时由于细胞分裂时染色体的不均衡分配，易导致不育或结实率低。一般认为超过六倍体水平的多倍体难以成功。因此处理前应了解染色体组数及近缘物种的多倍性化的程度。

（三）选择杂合性离的材料

杂种后代或异花授粉植物，能促进育种群体中基因型的自由组合，常为杂合基因型，遗传基础丰富，可塑性大，因而易于多倍体化，增加选择成功的机会。天然多倍体植物中，不少是异花授粉的，如苜蓿、三叶草等。但在

诱导双二倍体中，选用自花授粉材料也是重要的，因为异花授粉虽可以促成自由的遗传组合；而自花授粉材料则便于所需基因的固定。

（四）选择以收获营养器官为目的的植物

由于同源多倍体的结实率低、籽粒不饱满，而营养器官常随染色体数目的倍增而呈现出"巨大型"，所以，肉质的根、茎药用植物如板蓝根、丹参、黄芪等，采用无性繁殖和以营养器官为收获目的的药用植物最宜于多倍体的诱导。

（五）选择远缘杂种后代

由于远缘杂交使两个物种的染色体组合在一起，人工加倍后即可形成异源多倍体（双二倍体），不仅有助于克服杂种的不育性，而且还可合成新的类型或新物种。同时，还可加快选育进程。

（六）选择生育期短的植物

多倍体育种一般需要经过多代杂交和选择，所以多倍体育种的成效往往与世代多少及筛选群体的大小有密切关系，因而1年生植物比多年生植物更适于多倍体的诱导。

（七）选用多个品种进行处理

不同的种、类型，由于遗传基础不同，多倍化后的表现存在差异，处理材料多，易于在材料中选择到优良变异。

二、获得多倍体的途径与方法

多倍体植株的一些特性对生产有利，而自然界产生多倍体的过程相当漫长，因此人们常用人工诱导的方法来获得多倍体植株。人工诱导方法目前大致可分为物理方法、化学方法和生物学方法3种。

（一）物理方法获得多倍体

利用温度激变、机械创伤、电离辐射、非电离辐射、离心力等物理因素诱导染色体加倍。早期在茄科植物上利用创伤与嫁接使植物组织在创伤的愈合部位的染色体加倍，进而使上面的不定芽发育为多倍体。咖啡花粉母细胞减数分裂时，用骤变低温（8～10℃）直接处理花器官，可获得大量二倍性花粉粒；高温处理草木犀获得多倍体植株；^{60}Co射线处理萌动的杜仲种子可以产生多倍体；此外，一些愈伤组织内的染色体能自然加倍，发育成多倍体。但物理方法由于效率低且不稳定，应用上难以普及。

（二）化学方法获得多倍体

化学诱导多倍体是指利用秋水仙素、富民隆、生物碱、除草剂等化学药剂处理正在分裂的细胞以诱导染色体加倍的方法，这种方法具有经济方便、诱变作用专一性强、诱变突变广谱等优点，成为目前应用最普遍的方法。其中，以秋水仙素和除草剂效果最好，除草剂在某些植物种中的多倍化程度高、药害轻，如 Chalak 用 Oryzalm（一种二苯基胺类除草剂）获得了六倍体猕猴桃；Pronamide（一种苯基酰胺除草剂）、APM（一种磷酰胺除草剂）和氟乐灵在洋葱等胚培养中已有成功的报道，但这些化学试剂在药用植物多倍体诱导上报道甚少，有待于进一步研究。此外，也有用富民隆作诱变剂的，如运泓等用 0.01% 富民隆处理当归幼苗生长点获得了当归同源四倍体植株。然而，据统计，目前约有 200 余种化合物可以诱导植物染色体加倍，但目前获得的多倍体植物中，绝大多数仍是用秋水仙素诱导成功的，因此认为秋水仙素是加倍效果最好、使用最广泛的化学诱变剂。

1. 秋水仙素

（1）秋水仙素的物理和化学性质

秋水仙素是从生长于地中海沿岸和小亚细亚等地的百合科秋水仙属植物的根、茎、种子中提炼出来的一种生物碱。含该种生物碱的植物主要是秋水仙。我国云南、西藏等地产的丽江山慈姑（百合科）也含有秋水仙素分子。纯秋水仙素是无色或浅黄色的极细针状结晶，极毒，熔点 155℃，可溶于酒精、氯仿、甲醛和冷水中，在热水中反而不溶解。配制的溶液宜盛在棕色玻璃瓶内，置于暗处，避免阳光直射，这样可以长期保存，不致减少药效。

（2）秋水仙素诱发多倍体的原理

秋水仙素进入植物细胞与正在分裂的细胞接触后，可阻止微管的聚合过程，使纺锤丝不能形成，这样复制的染色体不能被拉向两极而停留在赤道板附近，细胞中间也不形成新的核膜和细胞板，因而使分裂了的染色体留在一个细胞核中，致使细胞染色体加倍。当药剂浓度合适时，对细胞的毒性不大，在细胞中扩散后，不致发生严重的毒性，在一定时期内，细胞仍可恢复常态，继续进行分裂，进而形成多倍体的组织和器官，开花结实后形成一个不嵌合的多倍体植株。有时在处理初期的植株上出现茎、叶的短期变态，但以后除与多倍性相应的性状变化外，变态均能自行消失。将秋水仙素溶液施用到活跃分裂的组织，将只使某些细胞加倍，而且一般会形成一个嵌合体。

（3）秋水仙素处理技术

选择适当的生长状态：由于秋水仙素诱变作用只在细胞分裂时期，而对于那些处在静止状态的细胞是没有作用的，因此，所处理的植物组织必须是分裂最活跃、最旺盛的部分，通常处理萌动的或刚发芽的种子、幼苗、嫩枝的生长点、芽及花蕾等，对于那些发芽慢的干燥种子效果往往不佳，此外，还要考虑植物生活型与繁殖方式，对于只能有性繁殖的宿根性植物，若当年不能开花，或 2 年生植物的第一年，处理地上部分器官是没有意义的。

确定药剂浓度和处理时间：药剂浓度的大小与处理时间的长短是有相关性的，同时直接影响处理效果。布莱克斯的试验结果表明，对曼陀罗种子最佳处理浓度为 0.2%，时间 10 d。根据目前试验，使用的有效浓度范围很广，在 0.0006% ～ 1.6% 均有成功的报道。随处理的植物种类、器官以及时期的不同，使用的浓度也不同。一般木本植物的浓度应高些，草本植物应低些，细胞分裂速度快的组织应低些。最常用的浓度为 0.2%。

处理时间的确定，理论上应为一个细胞分裂周期的时间与药液渗透入细胞的时间之和。超过这个时间，将会获得更高倍数的染色体。一般种子处理的时间多为 12 ～ 24 h，但也有 48 h 以上的；幼苗处理有 1 d、2 d、4 d，多者有达 10d 以上，浓度为 0.025%。一般情况是浓度高时处理的时间短，反之则处理的时间长。处理时的温度不宜过高，以 20℃ 为宜，最高不宜超过 30℃；温度低于 20℃，多倍体发生缓慢；低于 10℃ 时，则难以发生。对某一药用植物诱变时，若没有前人资料参考，应做预备试验。针对处理部位，在有效浓度内选择 4 ~ 6 个不同浓度，或用 0.2% 浓度处理不同时间，从中选出最佳浓度和时间。人参裂口种子用 0.01%、0.02%、0.05%、0.1% 和 0.2%，处理 8 h、12 h、16 h、20 h、24 h，其中最佳变异的浓度为 0.1%，0.2%，时间 12 ～ 16 h。

二甲基亚砜是秋水仙素的一种载体剂，能促进秋水仙素对植物组织的渗透，适宜浓度为 1% ～ 4% 的水溶液，可提高诱变效果。

（4）秋水仙素诱导多倍体的方法

秋水仙素诱导植物染色体加倍的方法很多，根据诱变处理所选用的植物组织或器官材料的不同，分为活体诱导法和离体诱导法。

活体诱导法：也称原位诱导法，秋水仙素对正在分裂的细胞产生作用，即把供试材料如萌动或萌发的种子、正在生长的幼苗、茎尖、芽等在非离体条件下用不同浓度的秋水仙素处理，从而诱导染色体加倍。

离体诱导法：随着植物组织培养技术的发展，在离体组织水平上诱导单个细胞内染色体加倍成为可能，它不仅能减少或避免常规处理易产生嵌合体的干扰，获得同质的多倍体，提高诱变效果，而且能在人为控制实验条件下反复多次试验，提高诱变效率。选用的诱变材料一般有愈伤组织、胚状体、茎尖组织、茎尖、叶片、子房、原生质体等。离体条件下染色体加倍的方法通常有两条途径：

直接处理：用一定浓度的秋水仙素溶液直接处理外植体或其生长点，待染色体加倍后，再转入分化培养基中培养。张兴翠等将浸透秋水仙素的棉球嵌在已转入增殖培养基的百合丛生芽上，成功诱导出了百合多倍体；刘俊等用含 0.05% 秋水仙素的棉球覆盖在二倍体芦荟的丛生芽上 24 h 或以 0.02% 的秋水仙素处理 48 h 均可得到同源四倍体芦荟。黄芩、白术同源多倍体植株也可以用秋水仙素直接浸泡愈伤组织分化的芽点得到，诱导率分别达到 15% 和 40%。

培养基内添加秋水仙素：在培养基内添加适当浓度的秋水仙素，将外植体接入一段时间后，再转入到不含秋水仙素的分化培养基中，使其分化成苗。这种方法避免了秋水仙素对外植体的直接伤害，减少了多次转移和冲洗受污染的概率，所以日益受到科学工作者的青睐。采用在添加秋水仙素的 MS 培养基上处理花叶绿萝和丹参的丛生芽，分别获得了同源四倍体植株；川贝母愈伤组织很敏感，高浓度的秋水仙素和长时间的处理都会使其明显受到伤害，因此川贝母的多倍体诱导更宜采用这种方法，王强等用 1000 mg/L 的秋水仙素处理川贝母愈伤组织 5 d 得到了诱导率高达 75% 的多倍体川贝母，且不会伤害其愈伤组织。川贝母、白术、黄花蒿、黄芩的愈伤组织和金荞麦无菌苗与愈伤组织用添加不同浓度秋水仙素的培养基培养不同时间，然后再转入不含秋水仙素的分化培养基上培养，都获得了较高频率的多倍体。此外，当归、互叶白千层、桔梗、菊花脑等药用植物在添加适当浓度水仙素的培养基上也成功诱导出了同源多倍体植株。

（5）秋水仙素诱导多倍体的处理方式

浸渍法：此法适用于处理种子、枝条、幼苗。处理种子时，可将浸泡过的种子或干种子放在铺有滤纸的培养皿或平底盘中，然后注入一定浓度（0.01% ～ 1.0%）的秋水仙素溶液，加盖避免蒸发，置于培养箱中保持适宜的发芽温度。发芽的种子处理数小时至数天（视种子类别而定）。秋水仙素能阻碍根的发育，最好在发根前处理完毕，处理后用清水洗干净再播种或沙培。

用幼根或枝条繁殖的植物诱导时，可将幼根分生组织或幼嫩枝条浸入秋水仙素溶液中，一般处理 1 ～ 2 d，处理后用清水彻底冲洗。为防止芽的干枯，也可先浸入秋水仙素溶液中处理，然后移入 3% 的甘氨抗坏血酸溶液中处理一定时间，以降低秋水仙素的毒害作用。

处理幼苗时，为避免根系受到损害，可将幼苗倒置，仅使茎端生长点浸入秋水仙素溶液中处理。库拉索芦荟用秋水仙素溶液浸泡其试管苗获得多倍体植株。罗跃龙等用含有秋水仙素的脱脂棉球覆盖在杭白芷的花序苞上，并用透气膜疏松包囊，处理 24 h，得到了种子饱满、体积大、发芽率高、有效成分含量高的白芷多倍体植株。郭清泉等在研究莲时指出，莲种子长期浸泡易烂种；用注射器注秋水仙素入莲胚的方法由于难以找到生长点，针头刺伤胚易造成霉烂；点滴法则由于药液易滑落难于浸入生长点等造成多倍体诱导率低；而用含有秋水仙素的琼脂凝胶包埋胚芽可使莲的诱导率达到 46%。

点滴法：此法常用来处理长大的植株或木本植物的顶芽。常用的秋水仙素溶液浓度为 0.1%～0.4%，每日滴 1 次或数次，反复处理数日。也可用脱脂棉包裹幼芽，沾秋水仙素溶液滴上。此方法可使植株未处理部位不受秋水仙素的影响。

处理禾谷类幼苗时，可将幼苗（3～4 cm）纵切至根颈部（生长点上方），使其夹住一小片滤纸，再将 0.02%～0.05% 的秋水仙素溶液滴到滤纸上。双子叶植物的顶芽、腋芽用脱脂棉、纱布包裹后，再将纱布的一端浸入秋水仙素溶液中，借毛管作用将芽浸在溶液中。

注射法：诱导禾谷类植物宜用此法。用注射器将秋水仙素溶液注射到分蘖部位，使再生的分蘖成为多倍体。

涂抹法：将配制好的羊毛脂秋水仙素软膏均匀地涂在生长点上。甜菊、黄芩多倍体植株用涂抹生长点获得成功。

2. 富民隆及其他试剂

（1）富民隆试剂

富民隆又称富民农，是我国育种工作者在筛选染色体加倍药剂中发现的，也是一种较好的试剂。富民隆是一种农药名，化学名为磺酰汞，即 N- 苯汞基对甲磺酰胺。提纯方法：将原粉与丙酮按 1：20 的比例混合置于三角瓶中，用水浴锅加热到 55.5～57.5 T 沸腾时趁热过滤，将滤液加热蒸发去一半，冷却后即有粉末沉淀出现，然后过滤即得白色富民隆精粉。富民隆基本不溶于水，溶于丙酮，常用浓度为 0.01%～0.03%。使用时可先将 1g 富民隆精粉倒入 25 mL 的丙酮中，在水中加热并搅拌，制成淡黄色溶液，趁热将溶液徐徐倒入 1000 mL 蒸馏水中，不断搅拌，即得 0.1% 富民隆原液，使用时配成所需浓度。它的使用方法与秋水仙素基本一样。陕西省陇县中药栽培研究所用 0.01% 富民隆处理当归获得同源四多倍体植株。

（2）氧化亚氮

氧化亚氮（N_2O）又称笑气，在加压的条件下，能迅速浸透到植物组织中去，并影响细胞的有丝分裂，一旦解除压力，它又能迅速从组织中逸失。据日本报道，将授粉后 24 h 的二粒麦麦穗取下，在压力为 303.9kPa 和 607.8kPa 条件下，进行 10 h 和 15 h 的氧化亚氮处理，再将麦穗放在怀特培养基上培养，使其成熟结籽。从种子根尖染色体检查中看出，有大量的多倍体都是嵌合体。氧化亚氮在多种植物中被广泛采用。

另外，萘嵌戊烷、吲哚乙酸等，也可加倍染色体数目。

（三）生物学方法

生物技术是 20 世纪发展最快、最有生命力的一门高新技术前沿学科。生物技术在中药材品种改良方面有很好的应用潜力，对于多倍体诱导主要有以下几种方法。

1. 摘心、切伤、嫁接法

本法均可以产生愈伤组织，某些愈伤组织细胞内的染色体能自然加倍，进一步发育成多倍体枝条。

2. 胚乳培养法

胚乳是由精子和 2 个极核融合形成的三倍体组织，通过培养可以直接得到三倍体植株。三倍体植株往往表现出无籽，这对一部分药用植物来说是十分有益的性状，如山茱萸、枸杞由于果核大、种子多会带来加工的困难，且降低产量和质量。我国已成功地用枸杞胚乳诱发获得了染色体接近三倍体的植株，此三倍体的植株经处理加倍可以产生六倍体，这也是产生多倍体植株的又一有效途径。张琴等用胚乳培养法，研究了西番莲胚乳培养的条件，并成功获得了再生植株。

3. 体细胞杂交法

随着原生质体再生体系建立、融合研究技术和条件的成熟，体细胞杂交法培育多倍体已成为获得多倍体的有效途径。首先用纤维素酶和果胶酶处理植物细胞，得到大量无壁的原生质体，再通过化学或物理学方法诱导同种或异种植物原生质体相互融合，成为异核体，异核体内的细胞核进一步融合为共核体。经再生细胞壁成为杂种细胞，杂种细胞经培养产生愈伤组织，再诱导分化成为杂种植株。通过这种方法得到同源或异源多倍体植株。如郭文武等用体细胞杂交技术成功获得三倍体柑橘再生植株。

三、多倍体的鉴定

生产上应用的多倍体可能来源于诱变多倍体、突变多倍体和杂交多倍体等多种形式，无论其来源如何，很多都是嵌合体。植物多倍体的判别和鉴定方法从原理上是依据其外在和内在的特征性衍生而来的，一般多倍体的鉴定是以形态观察为基础，组织化学、叶绿体计数为辅助，通过细胞学观察染色体数来界定。目前多倍体鉴定主要采用形态学、核型分析、同工酶分析等方法进行鉴定，这些方法存在以下不足：首先，形态变化是植物发育到一定时期表现出来的，植株早期多倍体鉴定往往受到限制；其次，核型分析因取材、观察视野和技术误差等因素影响结果的准确性。第三，能够反映染色体倍性的同工酶数目和灵敏性有限，并且同工酶表达的多态性并不能完全代表染色体上的差异。

科学技术的发展，特别是植物离体培养技术的成熟和分子生物学技术手段的日臻完善，为药用植物多倍体的鉴定提供了有益的借鉴，应该用多种方法相结合来对多倍体进行鉴定，以期得到遗传上稳定的多倍体药用植物。

1. 形态鉴定法

植物染色体数目的变化导致植株外部形态发生较大变化。在对诱导获得的多倍体材料进行鉴定时，整个生长期均可从外部形态特征来判断，这是初步鉴定是否为多倍体的最简单、最直观有效方法。多倍体的农艺性状通常有明显变化，突出表现在花器官、花粉粒变大，气孔数目减少而单个气孔变大，叶片增大，茎秆粗壮等性状。如菘蓝同源四倍体较二倍体叶子宽大而厚实，茎秆粗壮；当归同源四倍体幼叶较二倍体叶弯曲、叶肉增厚，叶色深绿等。此外生长缓慢，发育迟缓也是一个重要特征。如黄芪四倍体花期比二倍体推迟 2 个月，结实率明显下降。

2. 细胞学鉴定法

多倍体气孔比二倍体气孔大，其保卫细胞中的叶绿体数增加，花粉粒大小不整齐，败育花粉粒较多，小孢子母细胞增大，在减数分裂中有异常行为。如杨瑞芳等研究莲多倍体时发现，莲花粉母细胞在减数分裂过程中，有环状染色体、染色体落后、减数分裂不同步及双对核仁现象的发生。当归同源四倍体植株的气孔大于二倍体，其保卫细胞中叶绿体数随倍性水平的提高而增加。

3. 染色体计数法

通过检测分生旺盛的器官、组织的染色体数目来进行鉴定，这是最直接、最准确的一种鉴定法。这种方法切实可行，已广泛应用于药用植物的多倍体鉴定。如作为染色体计数的茎尖和根尖的染色体已经加倍，仍不能排除获得的植株是嵌合体的可能性，还需观察所获植株的花粉粒的染色体数目。

4. 分子水平的鉴定

随着分子生物学技术的发展，人们开始从分子水平着手研究多倍体，对其倍性、来源进行鉴定。多倍体在 DNA 含量上明显高于二倍体，目前利用流式细胞仪测定细胞核内 DNA 含量和细胞核大小，再根据 DNA 含量比较来推断细胞的倍性。同时，原位杂交技术的日趋成熟也为多倍体的鉴定提供了全新途径。GISH、FISH 技术的应用不仅能鉴定细胞的倍性，而且还能鉴定其亲本的来源；此外 RAPD 和 RFLP 技术也已成功地应用到本领域的研究中。

四、多倍体材料的加工、选育和利用

(一) 嵌合体的筛选

嵌合体问题一直是困扰多倍体育种的问题，即在利用秋水仙素加倍的过程中得到的往往是混倍体植株，存在加倍和未加倍的细胞。未加倍的细胞分裂快，而加倍的细胞分裂慢，因此加倍的细胞在生长发育过程中被包围，成为"孤岛"，从而减少甚至消失，而未加倍的细胞从数量上占有优势。

随着组织培养技术与多倍体育种的结合使用，现在已经找到了筛选嵌合体的有效途径。其原理是经过秋水仙素处理的器官和组织可被诱导产生不定芽，由于不定芽一般由 1 个或几个表皮细胞发育而来，若这部分细胞是多倍体，则形成的不定芽即为完全多倍体。所以经秋水仙素处理后，应根据诱导分化苗的变异情况，及时取变异组织进行离体培养，以诱导不定芽或芽丛的产生来获得稳定、纯合的多倍体植株。

(二) 多倍体材料的选育和利用

通过人工加倍后所获得的多倍体，只是为多倍体育种创造了原始材料，是多倍体育种工作的开始。因为任何一个新诱变成功的多倍体都是未经筛选的育种原始材料，往往具有不同的优缺点，必须对其进行选育，才能培育出符合育种目标的多倍体新品种（系）应用于生产。进行多倍体育种，诱变的多倍体群体要大，并应包括有丰富的基因型，在这样的群体内才能进行有效的选择。

对于只能用种子繁殖的药用植物，要想克服结实率低和后代分离的现象，必须通过严格的选择方法，不断选优去劣，以逐步克服以上缺点。

在进行多倍体育种时，应考虑物种染色体最适宜数目的问题，并不是倍性越高越好，而是有其最适的倍性范围。如二倍体、三倍体和四倍体除虫菊中除虫菊精的含量高低依次为三倍体 > 二倍体 > 四倍体，而不是倍性越高除虫菊精含量越高。

同源多倍体结实率低，后代也存在分离。大多药用植物都可以用无性繁殖，因此，一旦选出优异的多倍体植株，就可直接采用无性繁殖加以利用和推广。

五、药用植物多倍体育种现状

(一) 药用植物多倍体育种现状

药用植物的多倍体育种工作可以追溯到 1937 年。自从 1937 年 Blakeslee 等发现秋水仙素具有诱导曼陀罗细胞染色体加倍的效果以后，人们进行了大量人工诱导多倍体研究，随着诱导方法不断的改进和拓展，研究也越来越涉及更多的植物。据统计，迄今为止，通过人工诱导的方法已获得了 1000 多种多倍体植物，且许多已广泛应用于生产上，取得巨大的成果。

药用植物多倍体育种虽然有较长的历史，但随后的工作进展并不尽人意，与粮食、蔬菜、果树等作物相比较，还存在较大差距。近年来由于中药的国际地位得到了较大提高，药用植物染色体加倍的研究受到了国内外学者的重视。据不完全统计，目前染色体加倍已在多种药用植物中获得成功，涉及菊科、唇形科、百合科、伞形科等 10 多科 20 余属，包括当归、黄芩、芦荟、杜仲、丹参、铁皮石斛等珍贵濒危药用植物。采用的方法主要为化学诱变法（秋水仙素），加倍用的组织或器官主要是愈伤组织、种子、分生组织等，获得的多倍体几乎都为四倍体。

（二）药用植物多倍体育种展望

随着许多药用植物资源的日益减少和枯竭，人工栽培已经变成趋势。现在我国许多药用植物进行了野生变家种的研究和实践，但产量和质量难以达到要求，选育产量高、质量高且稳定的适宜栽培的药用植物新品种（系）已经是大势所趋。少数开发较早药用植物的育种也还处于较低水平，选种、引种、杂交等常规育种手段刚刚起步，在许多基础研究工作没有完成之前，杂交育种工作进展缓慢，难以在较短时间内选育出适宜生产的新品种（系）。而仅靠选择育种选育一些新的群体类型，其潜力存在局限，期望有较大的突破比较困难。而药用植物大多是以收获根、茎、叶等营养器官为主，并且无性繁殖在药用植物中相当普遍，所以药用植物的人工多倍化可以很好地利用多倍体的优点而同时避其不利。

但要成功开展药用植物多倍体育种还有许多基础工作要做，特别是植物的生活习性、细胞遗传、组织培养、诱导方法等基础研究。同时对已取得成功的药用植物多倍体，应加强有关品质评价的研究，尤其是在疗效和毒副作用方面。

可以预见，随着药用植物资源紧缺的加剧和中药现代化进程的进一步推进，建立在遗传学和细胞染色体工程技术基础上的药用植物多倍体育种将会受到前所未有的重视，药用植物多倍体新品种（系）也将在生产实践中得到广泛应用。同时，生命科学技术的进步也必将促进多倍体育种中相关限制性难题的解决，使药用植物多倍体育种焕发出新的生机与活力。相信药用植物多倍体育种将随着人类对其应用价值认识的提高以及有关新技术方法的注入而全面步入实用化程度，从而带动未来药用植物的持续、高效发展。

第三节 单倍体育种

一、单倍体的类型及特点

单倍体（haploid）是指未经受精的配子发育成的含有配子染色体数的个体。

（一）单倍体的类型

1. 整倍单倍体

来自二倍体植物（$2n = 2x$）的单倍体细胞中只有一个染色体组（$1x$），叫一倍（元）单倍体（monohapolid），简称一倍体（monopolid）。由多倍体物种产生的单倍体含有 2 个或 2 个以上染色体组，称为多倍（元）单倍体（polyhaploid）。整倍单倍体（euhaploid）指单倍体的染色体数目是完整的染色体组基数，不多不少。根据倍性水平又可分为：单元单倍体，如薏苡的单倍体（$n = x = 10$）；同源多倍单倍体（autopolyhaploid），由同源多倍体产生；异源多倍单倍体（allopolyhaploid），由异源多倍体产生，如人参的单倍体（$n = 2x = 24$）。

2. 非整倍单倍体

非整倍单倍体指染色体组的染色体数目有额外增加或减少，不是完整的染色体组基数，如果额外增加的染色体是本物种同源染色体成员，称为二倍单倍体；如果额外增加的来自不同物种的非同源染色体，称为附加单倍体；如果染色体组少了一个染色体，称为缺体单倍体；如果用外来的 1 条或数条染色体代替单倍体染色体组的 1 条或数条染色体，称为置换单倍体；如果含有一些具端着丝点的染色体或错分裂的产物，如等臂染色体，称为错分裂单倍体。

（二）单倍体的特点

1. 育性

一倍体和异源多元单倍体中全部染色体在形态、结构和遗传上彼此存在差别，在减数分裂时不能联会形成可育配子。但经人工处理或自然加倍后就能产生染色体数平衡的可育配子，可正常结实，且单倍体植株与正常植株相比，植株细弱、矮小。

2.遗传

一倍体只有一个染色体组，不存在等位基因间的显隐性关系，所以所有的基因在发育中都能得到显现。单倍体经染色体加倍后，就成为基因完全纯合的、遗传上稳定的二倍体。

二、诱导单倍体产生的方法

产生单倍体的途径很多，一般可分为两类，一类是利用自然发生的单倍体，如通过单性生殖（孤雌生殖、孤雄生殖）或无配子生殖等途径产生。另一类是通过人工诱导产生单倍体，如用射线处理花粉或远缘花粉授粉、延迟授粉、花粉花药培养等。其中最成功的是花药培养、未受精子房培养及染色体消除等。

（一）组织和细胞离体培养产生单倍体

长期以来，人们利用自然产生的单倍体，经人工加倍后用做育种材料取得了一定的成绩。但是，自然界产生单倍体的频率一般是很低的，仅在0.002%～0.02%，阻碍了其在育种实践中的广泛应用。自从印度学者 Guha 和 Maheshwar 首次从前科植物毛叶曼陀罗的离体花药中成功地诱导出单倍体植株后，通过花药、花粉培育单倍体得到了迅速发展。

1.花药、花粉的离体培养

花药培养成功受植株的基因型、亲本植株的年龄和生理状况、花粉的发育时期等诸多因素的影响。

植物基因型是影响离体诱导单倍体成功的最重要的因素之一。不同基因型的植株对培养的反应不同，其表现为是否可诱导胚状体的生成，生成胚状体的多少，以及由胚状体再生植株的能力大小。Mtsch 用 12 个品种的烟草进行培养，只有 5 个品种的花药有反应，烟草属绝大多数种的花药极易产生花粉植株，但是郎氏烟草花粉植株的诱导率极低。由此可见供试植株的基因型在花药培养中起着十分重要的作用。但造成这种结果的遗传规律现在还不清楚，有待进一步研究。

一般而言，取相对年幼植株的开花始期的花药比开花末期植株上的花药更适当。在对毛叶曼陀罗、烟草和拟南芥的花药培养中均发现采自始花期的花药雄核诱导率较高，并随着植株年龄的增长而呈下降趋势。亲本植株的生理状况对雄核诱导频率有直接的影响。一般而言，在适宜条件下生长而成的健康植株的花药培养和花粉培养的胚诱导率和植株再生率高。另外，对植株的物理处理以及植物激素和矿质元素的应用也会改变植株的生理状况，从而影响雄核的诱导。如将曼陀罗属已进入衰老的花除去，可导致雄核发育频率增高。

花粉发育时期是决定花粉能否形成单倍体植株的主要因素。适合花药培养的花粉发育的临界时期在不同物种之间存在差异。曼陀罗属和烟草属的单核早期和双核期的花粉虽然也能产生花粉植株，但单核中期至晚期的花药培养成功率最高，而天竺葵，最适宜的时期是四分体时期。王玉英等在花药培养时对比了单核早期、单核靠边期、双核期，指出对大多数植物而言，单核靠边期的效果最佳。同时，花粉的发育时期还影响再生植株的倍数性水平，如烟草属、曼陀罗属和天仙子属用单核期花粉进行培养所得到的植株是单倍体，而使用更迟时期的花粉培养获得的植株表现出不同的倍数性水平。所以再接种花药前需镜检花粉的发育时期，中央期或靠边期的单核期较易培养成功。

此外，花药培养诱导单倍体还受基本培养基成分、培养基中的附加成分及花芽的预处理等因素的影响。在具体实践中，应根据不同物种、不同目的进行前期分析研究，方能取得良好效果。

花药培养的基本程序为：取整个花药，将花蕾用饱和的漂白粉溶液（10～20 min）或0.1%升汞（7～10 min）消毒，用无菌水冲洗2～3次。接种于适宜的培养基上培养（温度25℃±3℃）；花粉经过脱分化产生愈伤组织；再诱导愈伤组织分化出不定芽或胚状体；不定芽增殖快繁；培养壮苗生根；移植到田间成苗。

许多植物花药培养再生植株常常表现倍性水平的变异。如在石刁柏的花药培养植株中就发现混合体现象。特别是通过愈伤组织诱导分化的植株更容易出现倍性的变异。因此，再生植株的倍性的鉴定尤为必要。

花粉培养是将花粉从花药中分离出来，使之成为分散的或游离的状态，培养成花粉植株。其程序较为繁琐，但排除了花药培养中花丝、花药壁等体细胞的干扰。与花药培养不同的是需制备无菌且具有一定密度的花粉悬浮液，在液体培养基中进行悬浮培养，花粉愈伤组织再生植株的频率较低。由于对花粉培养诱导花粉植株受影响的因素较多，如王敬驹等研究薏苡花粉孢子诱导中发现，薏苡花粉诱导单倍体受培养基成分、渗透压、分化途径等影响，来自胚状体的花粉植株全是单倍体，而来自愈伤组织的花粉植株存在单倍体、二倍体和混倍体等。所以目前在单倍体育种中直接利用花粉诱导植株的植物种类还不多。

2. 未授粉子房、胚珠培养

未授粉子房和胚珠培养离体诱导雌核发育的研究已近半个世纪，目前共有20科40余种种子植物的未授粉子房或胚珠离体培养诱导了雌核发育，但成功获得雌性单倍体的植物只有10科25种2变种。我国成功地在小麦、烟草、水稻上培养出单倍体，用酶解法游离金鱼草新鲜胚囊获得成功，从胚囊直接诱导出单倍体。该技术的优点在于得到的植株通常是绿苗及单倍体。

（二）利用单性生殖获得单倍体

在孢子体减数分裂后形成了配子且正处于开花期的植株上，进行人工诱导促使配子单性生殖，可获得单倍体。按诱导方法的不同，大致分为生物（远缘花粉刺激、延迟授粉）、物理（辐射）、化学药剂（二甲亚砜、萘乙酸、马来酰肼、秋水仙素等）处理三类。

1. 生物方法

（1）远缘花粉刺激

通过异种、属花粉诱发孤雌生殖。亲缘较远的花粉不易使母本的卵细胞受精，但能刺激卵细胞发育，产生单倍的或经核内复制形成的二倍的胚。由未受精的卵发育成的胚有可能是单倍性的。在茄属、烟草等属中采用异种、属花粉授粉成功获得单倍体的例子最多。如茄属龙葵与黄茄杂交后代获得单倍体植株。

（2）延迟授粉

Randolph 和 Chase 先后发现了去雄后延迟授粉能提高单倍体的诱发频率。

（3）半配合

凭借一种异常型的受精，一个减数或未减数的精核进入卵细胞，但未发生核配合；也就是未与卵核融合，雌、雄两核都独立地分裂。这样，雄配子与雌配子都参与了胚的形成。由这种杂合胚形成的种子长成的植株，多为嵌合体的单倍体。到植株开花期即可从植株中选出已成为单倍体的植株。

（4）染色体消失

远缘杂交的两个种，在完成受精后的胚发育过程中，其中一个杂交亲本的染色体消失，仅留下另一个亲本的染色体，最终形成单倍体。如普通大麦与球垄大麦的杂种胚形成和发育过程发生球茎大麦染色体消失，产生单倍体。

2. 物理方法

在开花前至受精的过程中用射线照射花以影响受精过程，或将父本花粉经过射线处理后给去雄的母本授粉以影响其参与受精作用的效能，使其仅能刺激卵细胞分裂发育，可诱发单性生殖产生单倍体。如田中和粟以 5000 R（IR=2.58×10^{-4} C/kg），X 射线照射普通烟草花器官，再用 Nicotinana alata 花粉授粉，获得了 37 株单倍体植株。

3. 化学方法

一些化学药物能刺激未受精的卵细胞发育形成单倍体植株。常用的化学药剂有硫酸二乙酯、2，4-D、NAA、6BA、三甲基亚胺等。周世琦

（1980）用 0.2% 的 DMSO 的秋水仙素的石油助长剂诱导棉花，单性生殖率为 4.16% ~ 13.137% 目前，国内外已筛选出不少有效的药剂，并认为应用混合药剂诱导可获得更好的效果。

三、单倍体的鉴别与二倍化

根据单倍体植物的结构特点、形态特征，可初步将单倍体与二倍体亲本区分出来，但最终的鉴别仍需用细胞学的方法，镜检染色体数目加以确定。

（一）单倍体的鉴别

1. 形态特征上的区别

单倍体与相应的正常植株相比，有明显的"小型化"特征，细胞及器官变小，植株矮小。如月见草、烟草的单倍体根尖细胞比二倍体的小一半，牵牛单倍体的花瓣、叶、茎、雄蕊、雌蕊部分的细胞及花粉母细胞与二倍体相比，都明显变小。由于细胞变小，导致营养器官和繁殖器官的变化及植株矮化。

2. 育性的区别

由于有的单倍体和二倍体的植株形态差别不大，仅凭形态特征鉴别单倍体，有时会产生差错。但单倍体植株只有一套染色体，减数分裂不正常，花粉败育率很高，所以镜检花粉的质量，以估测育性高低，是鉴别单倍体更为准确的方法。

3. 细胞学鉴定

根据形态特征、育性等初步选出的单倍体，必须经过细胞学鉴定，检查染色体数目和花粉母细胞中的染色体配对情况才能真正地确定。

（二）单倍体的二倍化

单倍体植株几乎不能结实，需把它的染色体加倍，成为纯合的二倍体可育植株，才能为育种工作者提供可选择的材料。目前加倍的方法有以下 3 种。

1. 自然加倍

在愈伤组织期间，一些细胞常常发生核内有丝分裂而使染色体数目加倍，但自然加倍的频率一般较低。同时，因物种基因型、诱导方法等而存在较大差异。如烟草花药培养中仅有 1% 的自然加倍率。通过花粉培养途径，自然加倍的频率较高；白菜花粉培养中有 70% 以上植株为自然加倍。

2. 人工加倍

最有效而方便的方法是利用秋水仙素处理。处理的时期可以是小孢子培养初期，试管苗形成期，也可以是单倍体植株生长发育期。前者是把秋水仙素直接加入到培养基中，后者是把秋水仙素涂抹在生长点、腋芽或浸泡花轴。

常用的秋水仙素浓度为 0.1% ～ 1.0%。

值得注意的是处理时间要尽量短，以减少药剂对植株的危害。处理部位一般是：禾本科具须根的大麦、小麦等宜用药剂浸分蘖节，具直根系的双子叶植物宜处理顶部生长点；木本植物宜处理莲尖或侧芽生长点。

3. 单倍体愈伤组织培养加倍

切取单倍体植株的茎、叶等组织进行培养，使其通过愈伤组织、器官分化途径产生再生植株，这样可利用单倍体细胞的不稳定特性，经过再培养过程往往可以获得较高比例的加倍单倍体植株。

四、单倍体在育种上的应用

单倍体本身没有任何生产应用价值，但将单倍体技术应用于植物育种中，则有较大的意义。

（一）克服杂种分离，缩短育种年限

通常杂种材料必须经过 4 ～ 5 代的近交分离和人工选择，才能获得主要性状基本纯合的基因型。而将杂种 F_1 或 F_2 的花药离体培养，获得单倍体后经过染色体加倍，只需 1 个世代就可以获得在遗传上稳定，不发生性状分离，相当于同质结合的纯系。同时，单倍体只含 1 套染色体，每个基因成单存在，隐性性状能在早期表现出来，可及早对优良性状进行选择。可以大大加速育种进程，缩短育种年限，节约人力、物力和土地资源等。

（二）单倍体技术也可以和其他育种途径相结合，以提高育种效率

1. 与诱变育种相结合

由于单倍体植株不存在显隐性关系，产生的隐性突变体在第 1 代即可表现出来，可以有效地发现和选择突变体。采用化学或物理方法对单倍体细胞的培养物，包括愈伤组织、原生质体、小孢子进行诱变，可以使植物育种微生物化，提高育种效率。

2. 与远缘杂交相结合

远缘杂交时由于亲本遗传差异大，后代不易稳定，且后代往往伴随不育。采用孤雌生殖可以解决远缘杂种不结实的问题。即把远缘杂种产生的少数有活力的花粉培养成单倍体植株，再通过染色体加倍培育成可育的远缘杂种。同时，远缘杂交获得的 F_1 产生的单倍体，再进行二倍体化，可以获得染色体附加系材料和由双亲部分遗传物质组成的新材料。

3. 单倍体存在的不足

单倍体育种与常规育种相比也有不足之处。第一，由于产生单倍体是随机的、未经选择的基因型样品，单倍体试管苗一般是由 F_1 植株得到的，其基

因重组的机会只有一次，又缺少常规杂交育种各个分离世代的基因交换与重组的机会，后代不能积累更多的优良基因型，尤其是存在基因连锁时，杂种所潜在的变异，不一定都能表现出来。因此，只能出现较少的理想基因型。对于异花授粉植物来说，由于有害的隐性基因一般是致死的，难以获得单倍体。第二，育种者不能像常规方法一样，有较长世代对各种材料进行田间观察和评定。在一个群体中，单倍体的频率也无法预测，难以像常规方法那样来控制群体规模。另外，目前的诱导技术尚不完善，花粉培养时出愈率和绿苗率均较低。单倍体群体又小，因而很多优良基因型可能被淘汰，这在一定程度上限制了它在品种改良中的广泛应用。

第七章　诱变育种

诱变育种（induced mutation breeding）是人为地采用物理、化学等因素，诱导生物发生遗传变异，然后按照育种目标进行选择和鉴定，进而培育新品种或新种质的育种方法。它可突破原有基因库的限制，诱发和产生新的遗传变异，用以丰富种质资源和创造新品种。它是继选择育种和杂交育种之后发展起来的一项现代育种技术。

诱发突变的物理因素主要指某些射线。化学诱变主要指某些化学诱变剂。70多年来，诱变育种的技术和方法在不断地发展，辐射形式从 X 射线、γ 射线发展到快中子、电子束、空间辐射、离子束等。对化学诱变剂作用机制的认识也不断深化，极大地促进了诱变育种的进程，培育的许多优良品种在生产上得到应用或成为杂交育种有价值的种质资源。国际原子能组织 Ahloowalia 等撰文对诱变育种带来的全球性影响做了全面总结。到 2017 年，全球有 2 252 个推广的植物品种直接或间接通过诱变育种选育，其中 1985 年后推广的品种占 60%，在提高产量、改善品质方面产生重大的影响。我国是植物诱变技术较先进并在育种上取得显著成就的少数几个国家之一，推广品种数占全球的 26.8%，居首位。国内外药用植物诱变育种也取得了可喜的成绩，如美国选育了胡椒薄荷抗黄萎病优质品种，印度选育了天仙子直立无分枝新株型品种和罂粟无鸦片生物碱品种，中国选育了带标记的蓖麻雌性系，等等。

第一节 诱变育种的特点

诱变育种由于采用的技术的特殊性，因此有其自身的特点和重要意义。

一、提高突变频率、扩大变异范围、获得常规育种不易出现的变异

生物进化和新品种选育的基础是可遗传变异的产生。自然界自发突变的频率是很低的（$1 \times 10^{-8} \sim 1 \times 10^{-5}$），远不能满足育种的需要。诱变育种可以产生较高的变异，一般可使突变率达到 $0.1\% \sim 3\%$，比自然突变率高 $100 \sim 3000$ 倍，太空育种变异率甚至更高。人工诱发的变异类型较多，常常超出自然变异范围，甚至是自然界中尚未出现的或罕见的新类型。20 世纪 30 ～ 60 年代，美国因无法找到抗薄荷黄萎病的抗性基因和品种使密歇根等州薄荷油工业受到重创、濒于停顿。Murray 等用大面积推广优质但高感黄萎病的胡椒薄荷品种黑薄荷 'Black Mitcham' 通过中子和 X 射线诱发变异和筛选，获得了新抗性基因，选育了黄萎病高抗品种 'Todd's Mitcham' 和 'Murray Mitcham'。该二品种目前仍是世界三大薄荷黄萎病高抗品种中的二大品种，对美国薄荷油工业起着至关重要的作用。

二、打破连锁实现更多的重组

电离辐射使染色体断裂，把两个连锁的基因拆开，尤其是当有益性状与不良性状存在连锁关系时，辐射打破连锁为基因重组提供更多的机会。例如，印度 Veena 等用红花品种 A1 分别与 19-185、398-9-16 品系得到 F_1。然后，一部分 F_1 作为对照自交，一部分 F_1 和亲本经 EMS 和 γ 射线处理，得到 F_2、F_2M_2 和 M_2 群体，对群体的 10 个性状进行比较研究表明，诱变处理引起 F_2M_2 的变异最大。

三、产生个别性状的突变、实现品种修缮

当某一品种多数性状良好，而存在个别缺点时，可以通过辐射诱变来有效地改良品种的个别性状。如变高秆为矮秆，变迟熟为早熟，变感病为抗病，变劣质为优质等，同时原有综合性状得到保持。修缮品种这一作用是杂交育种所不易达到的。高感黄萎病的胡椒薄荷品种 'Black Mitcham' 的抗性诱变

就是典型的例子，品种'Todd's Mitcham'和'Murray Mitcham'的品质和产量保持'Black Mitcham'的水平，但抗性发生质的改变。

四、性状稳定快、育种年限短

杂交育种杂交后的纯化一般需经 7～8 代才能培育出一个品种，而辐射诱变多采用纯合稳定的品种进行诱导，诱发的变异仅为个别基因。不论是显性基因突变成隐性基因，还是隐性基因突变成显性基因，几个基因的纯合一般有 3～4 年即可完成，因此，表现较快的育种进程，育种年限短。

五、克服远缘杂交不亲和性

当远缘杂交不亲和时，可以先诱变处理获得突变体再进行自交，或者辐射处理花粉和柱头克服种间杂交的障碍。例如，石竹属的瞿麦与石竹种间杂交，先将石竹干种子用 ^{60}Cr-γ 射线照射后播种，选变异株做亲本进行杂交，从而获得远缘杂种。

六、变异方向不定，有利突变少

目前，诱变育种中存在的最主要问题，是变异的性质和方向尚不能人为有效地控制。虽然人工诱导的突变率很高，但有利突变少，通常只占总突变的千分之一二。有时虽然得到了有利突变体，但各个突变性状又分散在不同的突变体中，直接利用显现度小，还需与杂交育种结合进行进一步的改良应用。

第二节 诱变因素的诱变机理及效应

一、物理诱变

用物理的手段诱导变异称为物理诱变。典型的物理诱变是利用不同的物理射线诱发变异，称为辐射诱变。通过物理射线诱发变异的育种方法称为辐射育种，它是利用 X、γ、β、中子流等高能电离辐射或紫外线、激光等非电离辐射处理植物种子、植株、器官或花粉等，使植物体产生遗传性变异，再从变异中直接选择，培育出新品种的一种方法。

早在 1927 年和 1928 年，Muller 和 Stadler 先后发表了 X 射线可诱导果蝇和玉米发生突变的报道。20 世纪 30 年代以后，人们先后开始在小麦、大麦、玉米、豌豆、烟草等多种植物中进行了辐射诱变实验，但未取得显著成效。

40年代以后，瑞典的 Nillson-Ehle 和 Gustafasson 用 X 射线处理植物，并系统地研究了最佳剂量、处理条件、突变率和突变谱。自 50 年代，辐射育种在美国、法国、意大利、苏联、荷兰、日本等国家不断兴起，并对 ^{60}Cr-γ 射线和中子处理的条件以及辐射前后的附加处理做了大量的探索和研究。

空间诱变和离子注入诱变也属于物理诱变范围，但有其独特性，将在本章后面专门介绍。

（一）射线种类

植物诱变育种中，目前常用的射线种类有 X 射线、γ 射线、β 射线、中子、紫外线等。除紫外线和激光等射线外，各种辐射通过有机体时，都能直接或间接地产生电离现象，故称为电离射线。紫外线和激光辐射的能量不足以使原子电离，只能产生激发作用，称非电离辐射。

（二）诱变机理

从辐射处理生物体产生损伤、突变到出现突变体为止，要在生物体内发生一系列物理的、化学的和生物学的反应。

1. 物理作用阶段

生物有机体内的遗传物质某分子部位受到不同能量辐射后，可能会产生不同的核物理效应。被照射部位的分子或原子的较外层电子获取能量而发生"跃迁"，进入更外层电子轨道，当这种能量不足以摆脱原子核束缚时，电子又会重新回到原有轨道，并伴有荧光发生（光电效应）。而当照射部位受到的辐射能量足以使电子脱离原子核的束缚时，则会导致"离子对"生成。

2. 化学反应阶段

当被照射后的遗传物质得到或失去电子后，则形成"离子对"及"自由基"，其活跃程度大大增强，带有不同电荷的基团很有可能发生分解或聚合反应，从而导致新化学成分产生。

3. 生物学阶段

辐射引起生物学反应，首先要击中反应的区域，然后对生物大分子发生直接作用和间接作用。

（1）直接作用

DNA 分子直接吸收了电离辐射的能量而引起的分子损伤。其主要表现是：辐射引起电离激发，直接影响 DNA 复制、转录和翻译；辐射的作用使碱基对之间的氢键、碱基与脱氧核糖之间的糖苷键受到一定的破坏。

（2）间接作用

指引起大分子损伤的环境发生作用。当进行电离辐射作用时，射线的能量首先由活体组织的水吸收，水分子被电离，生成水合电子、氢原子等，它们都是化学活性极高的中间体。通过扩散，可以与生物分子发生化学反应，从而间接地引起基因的化学变化或染色体结构的变化，从而使蛋白质（尤其是酶）钝化。

总之，上述各种损伤所引起的遗传因子的改变，如果不是致死的并且不发生回复突变，生物体就会以新的遗传基因传递给后代，再经过人工选择和培育，就可能形成新的优良品种。

（三）诱变剂量和敏感性

1. 辐射处理的剂量单位和剂量率

衡量电离辐射强弱有放射性活度、吸收剂量、照射量（暴露剂量）和剂量当量之分。20 世纪 70 年代之前，剂量单位采用厘米—克—秒（c g s）制；70 年代以后国际辐射单位测量委员会（ICRU）推广使用国际制单位（SI）。

（1）放射性活度

指一个放射源在单位时间内发生衰变的原子核数。过去以毫居里（mCi）或微居里（μCi）表示，现在为便于国际上互相比较，采用新的活度单位贝可（Bq）。

（2）照射量

每单位质量空气中的电荷。X 射线和 γ 射线过去以伦琴（R）为剂量单位，现在新的剂量单位为库伦（C）。

（3）吸收剂量

指每单位质量受照射物质所吸收的能量。吸收剂量单位过去为拉德（Rad），现在可以用戈瑞（Gy）表示，两者的关系为：1Gy=100 Rad。吸收剂量率即单位时间内所吸收的剂量。一般情况下突变与吸收剂量率关系不大。

2. 植物的辐射敏感性

植物对辐射的敏感性指的是当一切照射条件一致时，植物体或组织或器官对辐射反应的强弱及快慢。因植物种类、照射方法及研究目的不同而不同。最常用的指标有存活率、出苗率、结实率、生长受抑制程度、细胞状态、染色体畸变率等。

植物对辐射的敏感性在实践中常常用致死剂量、半致死剂量、临界剂量来表示。致死剂量（LD_{100}）即辐射后可引起 100% 死亡的剂量；半致死剂量（LD_{50}）即辐射后引起 50% 死亡的剂量；临界剂量（LD_{60}）即辐射后死亡率为 60% 的剂量。

不同植物对辐射的敏感性不同。总体而言，植物之间在分类上的差异越大，敏感性差异也越大。豆科植物最敏感、禾本科次之、十字花科植物则最不敏感。科内属间、同一属内的不同种间的敏感性也有差异。通常染色体大、

DNA 含量高的植物对辐射较敏感。

同种植物的不同发育期对辐射敏感性有差异。如休眠种子和枝条不敏感，而萌动种子和发育中的枝条则敏感。分化结束的细胞不敏感，而正处于分生中的细胞则敏感。

不同组织及器官的敏感性有差异。如洋葱正在生长的根最敏感，休眠鳞茎次之，胚最差，该差异与植物体内的含水量关系较大，一般植物体内含水量越高，越敏感。

3. 植物的诱变剂量

确定合适的诱变剂量是育种成败的关键环节。不同植物都有一定范围的适宜剂量，在适宜剂量范围内，能较多地产生新的变异，保持原优良性状不变。一般而言，在一定范围内随剂量提高，突变率也上升，但剂量过高会造成严重伤害或致死。在确定诱变剂量范围时，一方面参考前人的育种经验，一方面通过试验摸索。为了获得较多的有利变异和较多的植株成活，必须考虑植物对辐射的敏感性和外界条件及适当的辐射剂量。

（四）处理方法

1. 外照射

受照射的有机体接受的辐射来自外部的某一辐射源称为外照射。这种照射方法常需要有射线发生的专门设备（如 X 光机、电子加速器、原子能反应堆、钴照射源、紫外灯等），并需专门的处理场所和保护设施。这种照射方法的优点是：操作方便、一次能集中处理大量材料、污染少、安全可靠，因此成为最常用的辐射方法。外照射处理植物的部位可以包括植株全株、种子、花序、花芽、生长点、子房、无性繁殖器官、各种组织培养物等。目前，外照射常用射线种类是 X 射线、γ 射线、快中子和热中子。

按处理试验材料不同，又将外照射分为以下几种：

（1）种子照射

这是最常用的照射方法。用于干种子、湿种子或萌动种子的处理。一般多是采用干种子。处理干种子具备以下优点：一次能处理大量种子；操作方便，便于运输贮藏；受环境因素的影响小，经过辐射处理的种子没有污染和散射等。供照射处理用的种子应该精心挑选，不含杂质，要保证种子纯净度和饱满度。此外，要求种子的成熟度一致，并且用含水量在 12% ～ 13% 的种子进行照射处理比较适合要求。经过辐射处理的种子，应及时播种，否则就会因贮藏时间的延长而降低辐射效应，一般以不超过半个月为宜。

（2）植株照射

将植物进行盆栽，当植株生长发育到一定阶段后，将花盆运输到有射线发生的专门装置地方进行处理，这样较为方便。也可将植株直接种植或移栽到设有辐射装置的场所（如钴植物园）进行处理。

（3）营养器官照射

药用植物中无性繁殖的种类较多，无性繁殖可有效地保持种性，变异一旦发生通过无性繁殖很快可以使变异固定，对药用植物育种极为有利。

（4）花粉照射

对花粉进行辐射处理，再用处理后的花粉进行授粉，并对后代进行多代自交分离选择培育，可育成没有突变嵌合现象的突变体。

（5）其他组织的照射

可对用于植物离体培养的外植体及组织培养物（如幼叶、胚、胚状体、愈伤组织和原生质等）进行处理，再进行离体培养或继代培养，得到突变再生植株。

2. 内照射

将放射性元素引入被照射植物的组织内部进行照射叫内照射。进入植物体内的放射性元素不断衰变，不断放出射线，对周围的物质发生作用。这种照射方法不需建造成本很高的设施，但需要一定的设备和防护措施。

内照射因有机体发育时期及部位的不同，组织代谢状况不同，放射性同位素进入有机体的速度及分布也不相同。它常集中于分生组织或代谢较为旺盛的部位，因此，必然会形成不均匀的照射。目前作为内照射常用的放射性同位素有 ^{32}P、^{35}S、^{14}C 等。常用的具体操作方法包括浸种法、注射法和施入法等。

（1）浸种法

将放射性同位素配成一定放射强度的溶液，使种子浸入试剂，种子通过吸涨将药剂吸入，吸入量通常等于种子吸涨的需水量，这也是药剂的配制量。

（2）涂抹法

将放射性同位素溶于黏性剂中（如加羊毛脂、琼脂和凡士林等），取适量涂抹于处理部位（如生长点、腋芽、芽眼和花蕾等处）进行处理的方法。

（3）注射法

用微量注射器将试剂溶液注入处理部位，如对花蕾、芽、块茎、鳞茎等试材进行处理。

（4）施入法

将放射性同位素药剂以无机肥的形式（如磷酸二氢钾、硫酸铵、硝酸铵等）施入土壤，通过根吸收到植株体内，或将 ^{14}C 的化合物 $^{14}CO_2$ 进行地上喷施，通过叶片进入植株体内，从而达到诱变的目的。

根据照射施加时间长短又分为急性照射和慢性照射。采用较高剂量在短时间内处理为急性照射；而用低剂量进行长时间处理则称慢性照射。

二、化学诱变

某些特殊的化学药剂能和生物体的遗传物质发生作用，改变其结构，使后代产生变异。这些化学物质称为化学诱变剂。用化学诱变剂处理某种植物材料，以诱发植物遗传物质的突变，进而引起植物特征、特性的变化，然后根据育种目标，对这些变异植株进行选择、培育和鉴定，直至育成新品种的全过程称化学诱变育种。

与辐射诱变相同，化学诱变除了具有诱变率高、有利于个别性状改良、突变体易于稳定等特点外，还具有另外一些优点：

1. 简便易行。化学诱变处理只需少量的化学诱变剂和简易的设备就可进行，且成本相对较低。

2. 诱变效果具有一定专一性。现已发现一些化学诱变剂对某些植物（植物组织、器官）或植物的某些遗传物质具有特定诱变效果。如马来酰肼对蚕豆第Ⅲ染色体的第 14 段特别起作用。

3. 诱变效应多为点突变。化学诱变的作用更多是诱发基因点突变。对化学诱变作用机理的研究，将有助于探索生物遗传变异的本质，这在理论和实践上都具有重要意义。

（一）常用诱变剂及其作用机理

能引起生物体遗传物质产生变异的化学物质甚多，化学诱变采用的诱变剂主要指某些烷化剂、碱基类似物、抗生素等化学药物。对于诱变剂的选择主要依据育种的目的、实验材料的性质和实验条件等因素。

1. 烷化剂

目前应用最多的一类诱变剂，带有 1 个或多个活泼的烷基。烷基能转移到其他电子密度较高的分子（亲和中心）中去，通过烷基置换取代其他分子的氢原子，即发生烷化作用。烷化剂借助于磷酸基、嘌呤、嘧啶基的烷化而与 DNA 或 RNA 起作用，最后导致遗传密码的改变。这类试剂主要包括芥子气类、环氧乙烷、乙烯亚胺、环氧丙烷、烷基磺酸盐及烷基硫酸盐类和亚硝基烷基化合物类。

2. 核酸碱基类似物

是与 DNA 碱基的化学结构相类似的一些物质。最常用有胸腺嘧啶（T）的类似物 5- 溴尿嘧啶（5-BU）和 5- 溴脱氧尿核苷（5-BUdR），以及腺嘌呤（A）的类似物 a- 氨基嘌呤（AP）等。

碱基类似物因化学结构与 DNA 碱基中的某一种相似，在 DNA 复制过程中常以 DNA 合成的"原料"身份"冒名顶替"真正的碱基进入 DNA 结构中，从而产生杂有相类似物的异种 DNA，最后导致碱基配对的差错，引起基因突变。

3. 诱发移码突变的诱变剂

这类诱变剂能结合到 DNA 分子中，使 DNA 分子上增加或减少 1~2 个碱基，引起 DNA 分子中遗传密码的阅读顺序发生改变，从而导致移码突变。如吖啶类化合物 5- 氨基吖啶、原黄素（2，8- 二氨基吖啶）、吖啶黄等。吖啶类化合物是一种平面型三环分子，结构与一个嘌呤 - 嘧啶碱基对相似，能够插入 DNA 分子中两个相邻的碱基之间，使 DNA 分子的长度增加，造成双螺旋一定程度的延长和部分解开。在复制过程中，使链上增加或缺失一个碱基，结果引起增加或缺失位置之后全部遗传密码转录翻译的错误，造成移码突变。

4. 生物碱

生物碱的诱变作用主要通过阻止细胞有丝分裂过程中纺锤丝和赤道板的形成，使细胞分裂中期异常停止。另外，这类物质还可以抑制 rRNA 合成及导致染色体畸变等。常见的生物碱有秋水仙素、石蒜碱、喜树碱、长春碱等。

5. 抗生素

由于抗生素对 DNA 核酸酶有破坏作用，影响了 DNA 合成及分解的有序性，从而造成染色体断裂。常用的抗生素有链霉黑素和丝裂霉素 C 等。

6. 其他诱变剂

此外，亚硝酸（NA）、羟胺（HA）等能够通过与 DNA 分子中的碱基作用，使碱基分子结构改变，从而导致碱基的替代。

（二）处理方法

1. 药剂配制

药剂的配制是诱变处理工作的第一步。不同诱变剂的物理化学性质不同，使用时应配制不同的浓度。一般情况下，易溶于水的直接按所要求的浓度稀释配制，而不易溶于水的一般应先用少量乙醇溶解，再加水配制成所要的浓度。

另外，烷化剂如烷基磺酸酯和烷基硫酸酯类在水中很不稳定，能与水起"水合作用"，产生不具诱变作用的酸性或碱性有毒化合物。它们只有在一定的酸碱度条件下，才能保持相对的稳定性，并表现出明显的诱变效应。因此配制好的药剂最好加入一定酸碱度的磷酸缓冲液中使用，几种诱变剂所需 0.01mol/L 磷酸缓冲液的 pH 值分别为：EMS（甲基磺酸乙酯）和 DES 为 7，NEH（亚硝基乙基脲）为 8。

2. 试验材料的预处理

在化学诱变剂处理前，将干种子用水预先浸泡。对一些需经层积处理以打破休眠的植物种子，药剂处理前可用正常层积处理代替用水浸泡。

3. 诱变处理方法

根据诱变材料的特点和药剂的性质有多种处理方法。

（1）浸渍法

将药剂配制成一定浓度的溶液，然后把欲处理的材料如种子、枝条、接穗、块根、块茎等浸渍于其中。也可用诱变剂直接将幼苗浸根。

（2）涂抹或滴液法

将药剂溶液涂抹或缓慢滴在植株、枝条或块茎等处理材料的生长点或芽眼上。

（3）注入法

用注射器将药液注入材料内，或将材料人工刻伤，再用浸有诱变剂溶液的棉团包裹切口，使药液通过切口进入植株、花序或其他受处理的组织和器官。

（4）熏蒸法

将花粉、花序或幼苗置于一密封的潮湿小箱内，使诱变剂产生蒸汽对其进行熏蒸。

（5）施入法

在生长基质中加入低浓度诱变剂溶液，通过根部吸收或简单的渗透扩散作用进入植物体。

4. 后处理

后处理就是终止诱变反应的措施。最常用的方法是流水冲洗。冲洗时间长短除取决于上述因素外，还与处理植物类型有关，一般需冲洗 10 ～ 30min 甚至更长时间。也可使用化学清除剂处理，常用的清除剂有硫代硫酸钠等。

经漂洗后的材料应立即播种、扦插或嫁接，如有特殊情况需暂时贮藏的种子，应经适当干燥后贮藏在 0℃左右低温条件下且时间不宜过长。

（三）安全问题

绝大多数化学诱变剂都有极强烈的毒性，或易燃易爆。因此，在进行化学诱变操作时必须十分仔细认真，注意人身安全，避免药剂接触皮肤、误入口腔或熏蒸的气体进入呼吸道。同时要妥善处理残液，避免造成对环境的污染。

三、空间技术

植物空间技术育种是将植物的种子、组织、器官等放到返回式的航天器上送入太空，利用强辐射、微重力、高真空、弱磁场等宇宙空间特殊环境诱变因子的作用，使生物遗传物质发生变异，再返回地面进行选育新品种、新材料的育种新技术。其核心内容是利用太空环境的综合物理因素对植物或生物遗传性的强烈振动和诱变，在较短的时间内创造出地面诱变育种方法难以获得的罕见突变种质材料和基因资源，选育新品种。

据不完全统计，1957～1998年，全球共发射了118颗空间生命科学卫星，搭载植物材料42次；其中我国8次，已完成了300多项空间搭载试验，取得了一定数量的优良变异，育成了一批植物新品种和有重要价值的种质资源，并取得了一些有价值的研究资料。

我国神舟系列飞船在太空育种工作中发挥了重要作用。其中神舟1～6号飞船，曾搭载药用植物种子，如红花、柴胡、膜荚黄芪、菘蓝、远志、白术、知母、黄芩、宁夏枸杞、草麻黄、杜仲、刺五加和灯盏细辛等几十种。

（一）诱变机理

1. 微重力

太空的重力环境明显不同于地面，未及地球上重力十分之一的微重力是引起植物遗传变异的重要原因之一。许多实验证明，植物感受和转换微重力信号，是通过质膜调节细胞内 Ca^{2+} 水平或磷脂/蛋白质排列顺序的变化等，引起 ATP 酶、蛋白质激酶、NAD 氧化还原酶及光系统中许多酶类的活性变化等，从而在细胞分裂期微管的组装与去组装、染色体移动、微丝的构建、光系统的激活等方面起作用，进而影响细胞分裂、细胞运动、细胞间信息传递、光合作用和生长发育等生理生化过程，并出现细胞分裂紊乱、浓缩染色体增加、核小体数目减少等。已有的研究结果还指出，微重力是通过增加植物对其他诱变因素的敏感性和干扰 DNA 损伤修复系统的正常运作，从而加剧生物变异，提高变异率。

2. 空间辐射

空间辐射源包括来自地磁场俘获的银河宇宙射线和太阳磁暴的各种电子、质子、低能重离子和高能重离子等。它们能穿透宇宙飞行器的外壁，作用于太空飞行器中的生物。当植物种子被宇宙射线中的高能重粒子（HZE）击中后，会出现更多的多重染色体畸变，植株异常发育率增加，而且 HZE 击中的部位不同，畸变情况亦不同，其中根尖分生组织和胚轴细胞被击中时，畸变率最高。重离子辐射生物学研究的结果表明，质子、高能重离子等能非常有效地引起细胞内遗传物质 DNA 分子的双链断裂和细胞膜结构改变，且其中非重接性断裂的比例较高，从而对细胞有更强的杀伤及致突变和致癌变能力。在微重力条件下空间辐射的诱变作用将会加强。

3. 其他诱变因素

植物材料在空间飞行时，是受各种空间因素综合作用的，包括高真空、交变磁场、航天器发射过程中的强振、飞行舱内的温度和湿度条件及其他未知因素。

（二）生物学效应

空间环境的主要特征为微重力、空间辐射、超真空和超洁净等。空间辐射的主要来源有地球磁场捕获高能粒子产生的俘获带辐射、太阳系外突发性事件产生的银河宇宙射线及太阳爆发产生的太阳粒子辐射。

大量的实验研究表明，空间环境条件影响植物种子的萌发与生长。不同植物，或同一植物不同品种对空间飞行的敏感性存在差异，由于植物遗传背景、空间飞行高度和飞行时间不同等因素，不同研究的结果不尽相同，但总体上具有以下基本生物学效应：① SP_1（空间诱变第一代）许多表型变异属环境引起的生物学适应，随世代增加而逐渐消失；②空间环境对多数植物种子有促进效应，表现在生长和发育过程加快、产量提高上；③空间飞行对植物基本生物过程没有影响，但对生命活动及生长具有多方面的影响；④ SP_2 绝大多数变异性状，包括双向超亲和一些对育种有利的特殊变异类型，都能得到充分表现，群体出现强烈广谱分离，单株间差异明显，因而是选择的关键世代。

植物种子经过太空飞行后，其幼苗根尖细胞分裂会受到不同程度的抑制，有丝分裂指数明显降低，染色体畸变类型和频率比地面对照组有较大幅度的增加，且这种诱变作用在许多植物上具有普遍性。

（三）安全性问题

空间技术育成的新品种，产量高、品质好，食用这些产品不存在安全性问题，其科学根据主要有以下几个方面。

1. 从植物变异的角度看

突变在自然界是很普遍的现象，其实质是遗传物质在内外理化因素的作用下发生改变。因此，空间诱变发生的变异、物理或化学诱变产生的变异同自然界中植物自发突变产生的变异没有什么本质上的差别。

2. 从辐射遗传学的角度看

太空育种引起诱发突变是空间环境综合因素引起的，宇宙射线的作用是主要的，因此它属于辐射育种的新领域。农作物辐射育种产生的基因突变只是在同一位点内从一个基因产生另一个等位基因，如高秆突变成矮秆；染色体变异，不论是染色体组改变还是染色体结构重排，在本质上与杂交育种中分离、交换和重组是一样的。因此，不可能产生有害物质造成不安全。从40多年来全世界50多个国家开展辐射植物育种选育出 2 000 多个新品种的利用情况，也可证明其安全性。

3. 从辐射剂量的角度看

联合国粮农组织（FAO）、国际原子能组织（IAEA）、联合国卫生组织（WHO）三个机构在 20 世纪 80 年代已明确公布食品辐照的安全剂量是 10kGy 以下，在此安全剂量以下的辐照食品是安全的，可以作为商品上市。一般辐射育种的剂量都是在 100～300 Gy 之内，辐射育种只有辐照食品安全剂量的几十分之一。而航天育种的返回式卫星舱内太空辐射水平远低于 1 Gy，从辐射剂量的角度考虑是绝对安全的。

4. 从放射性污染的角度看

将返回式卫星搭载下来的种子进行连续 72h 的放射性检测，没有检测到任何放射性，说明没有放射性的污染。

综上所述，空间技术育成的新品种，不存在基因安全性的问题，不存在放射性的问题，不存在辐射剂量过高的问题，不存在有毒有害物质的问题，因此，人们食用太空育成的植物新产品是安全的。

四、离子注入

离子注入是把某种元素的原子电离成离子，在几十至几百千伏的电压下加速形成较高速度的离子束射入到置于真空靶室中的工件材料表面并使其物理、化学和机械性能发生改变的工艺技术，广泛应用于半导体、金属、陶瓷、玻璃、复合物、聚合物、矿物等材料处理。1986 年我国学者余增亮首先把离子注入应用于生物，产生了"离子注入生物学"交叉学科。离子注入诱变育种以离子注入生物学为基础，通过离子注入诱导可遗传变异继而选育新品或新种质。植物诱变育种常用的为低能重离子，即能量在几十到 200 keV 之间、原子序列大于 2（He）、壳层电子被部分或全部剥离的原子核。因此，在一些文献上离子注入诱变也称为低能重离子诱变或离子束诱变。

离子注入诱变育种相对于传统辐照育种的突破是它可以将离子注入到生物体的某一部位上，引起局部的、强烈的、难以修复的损伤，导致基因突变。这为诱变育种从定性到定量，逐步过渡到定位诱变提供了可能性。

（一）诱变机理

离子注入诱变的理论尚处于探讨和发展阶段。20 世纪 90 年代，余增亮等陆续发表一系列论著，阐述了低能离子与生物体作用时的能量沉积、质量沉积、动量交换和电荷交换等四因子效应，指出能量、质量、动量和电荷四种作用既产生各自的生物学效应，又具有联合作用的生物学效应。

1. 能量沉积效应

能量沉积指低能重离子通过离子注入器注入到生物体内，在达到终位前的射程中与靶原子、分子发生一系列碰撞、离子溅射、电子溅射等能量传递和吸收。靶原子和分子在获得大于它的键能的能量时，键发生断裂，被击出原来位置，留下断链或缺陷；被击出原位的原子和分子通过级联或反冲碰撞，与邻近的原子和分子交换能量。能量沉积可引起遗传物质改变。

2. 质量沉积效应

低能重离子入射后随着能量进一步降低，在达到终位时能量损失达到峰值。这时，慢化的原初离子本身以高斯分布的形式沉积下来。如果注入离子是活性离子（如氮、碳、氧等），在沉积过程中将不断与生物分子键合、置换或者填充着空位，形成新的分子基团。这就是所谓的质量沉积效应。低能氮离子注入不含氮元素的乙酸钠可生成甘氨酸钠，直接证明了氮离子的质量沉积作用。键合如果发生在染色体和 DNA 处，则会引起染色体缺失、重复、倒位、易位或 DNA 分子改变，从而引起遗传物质的突变。

3. 动量沉积效应

入射离子本身像"子弹"具有动量，动量传递的结果导致生物组织和细胞表面的溅射，引起细胞形态变异，如减薄细胞、损伤细胞膜，在剂量较大时甚至使细胞破裂。这就是动量沉积效应。低能离子对生物组织的溅射刻蚀作用远远大于其对固体材料的作用。

4. 电荷交换效应

指注入的荷电离子与生物分子或细胞表面的电荷发生交换和中和，从而使细胞的电性发生变化。正离子注入水稻细胞使细胞的负电性发生很大的变化，一般的细胞膜是电的不良导体，电荷在细胞表面的积累，导致细胞跨膜物理场的畸变，影响细胞内外物质交换、信息传递和代谢调控等各种生物学过程。同时还通过影响 DNA 碱基的质子涨落、电子转移，对 DNA 起保护和损伤双重作用。

综上所述，离子注入和其他放射线与生物体相互作用存在着明显的差别。离子注入生物体既存在能量沉积（包括动量传递）过程，又存在质量沉积和电荷交换过程，即同时向生物体某个局部输入了能量、物质和电荷。作用原理的差异为离子注入改良技术的创新打下了基础。

（二）生物学效应

离子注入具有显著的生物学效应，包括细胞学、生理学和遗传学等效应，既有明显的当代效应，也有可重现的后代效应。从单个细胞看，离子注入后，生物细胞的细胞壁遭到不同程度的剥离，有的细胞壁被削去一部分，露出了细胞质，有的细胞质甚至从开口处"流"出来。从整个组织来看，离子注入区域的细胞排列紊乱，细胞被扭曲、拉长和绞连。胞间质基本上被刻蚀，留下很深的孔洞和沟槽。从整个生物个体来看，离子注入引起生物体多种生理生化方面的变化及损伤，如细胞死亡、叶绿体畸变，引起呼吸代谢、自由基、过氧化物酶以及自由基清除酶等的变化。从遗传学角度看，离子注入不仅引起染色体结构变异，导致染色体落后甚至整个基因组落后和染色体桥形成，而且导致 DNA 序列多位点、高密度变异。因此，诱变频率比电离辐射更高，而且是可遗传的。

（三）离子注入处理

离子注入生物育种技术是使用离子注入机将离子从电子中剥离出来，在电场加速后打入（照射或辐射）种子内诱导变异。

1. 设备

早期用于生物和育种诱变的离子注入设备是借用等离子体研究和工业材料加工的设备。随着离子束在生物和育种上的推广应用，国内已有育种的专用低能离子注入装置专利和生产厂家及产品。

2. 离子种类

常用于生物处理的离子有氮离子（N^+）、氩离子（Ar^+）、碳离子（C^+）等，用得最多的是 N^+。

3. 离子能量

用于生物诱变的多为 $10 \sim 100\ keV$ 低能量离子，以 $30\ keV$ 上下较为常见。

4. 注入剂量

以每平方厘米离子数（ions/cm^2）为单位，一般剂量范围在 $10^{14} \sim 10^{18}$ ions/cm^2 内，根据具体情况进行优化。

此外，还有设备的真空度、脉冲、脉冲间隔等处理参数。

第三节 诱变育种的选育程序

在诱变育种中由于有利变异出现的频率很低，而且突变多为隐性，所以要准确选出有利变异必须遵循遗传学的原理，按照一定的育种程序进行选择，才能达到诱变育种的目的。下面以种子为诱变材料说明具体程序。

一、诱变一代（M_1）

诱变后的种子称为代，按不同诱变材料和处理分别播种。诱变常带来生理损伤、发育不正常、生活力弱、甚至死亡等生长障碍现象，为了提高代的存活率，应注意精心管理。代存活率的高低有时难以预料，为避免在田间出现严重的缺苗断垄，可以进行育苗移栽。

M_1 代尽管出现明显的形态变异，如株型变矮、生育期推迟、分蘖率提高等异常现象，但多数是生理机能遭受破坏引起的，不能遗传。诱发产生的突变大多为隐性突变，有些还是嵌合体，在形态上不易显露。因此，代通常不进行选择。

M_1 代的收获方式主要有：分株单收，混收；部分变异株单收，其余混收。每株收获种子的数量，可根据 M_1 群体大小而定。如果 M_1 群体较小，每株应该多收；如果队群体较大，可在单株上有选择地收，也可以从每株上收获几粒种子或混收全部种子后再随机取部分种子。

二、诱变二代（M_2）

M_2 代一般进行点播，并保证有利于性状充分表现的株行距，要求地力均匀、管理一致，以便准确鉴定和选择。另外，M_2 代无益变异较多，扩大种植 M_2 群体十分必要。

M_2 代分离现象明显，变异类型多，是选择突变体的关键世代。为了获得有利的突变，在整个生育期中要对 M_2 代的每一个植株都要仔细观察鉴定，隐性突变自交后在 M_2 代便可显现，并且标出全部不正常的、发生了变异的植株，从中选出有经济价值的突变株留种。对主要性状的明显表现时期还应集中进行观察、比较、标记。一般以明显易见的突变性状为重点，但对一些微突变也应注意，尽量不要漏选。对田间选出的优良变异单株，分别脱粒保存。

三、诱变三代（M_3）及以后世代

将入选的 M_2 代单株种子，以株系为单位分别种成各个小区。

M_3 代是大多数突变性状显现的世代，但也有一些突变性状，尤其是微突变性状，要迟至 M_3 代后才能显现。M_3 代是鉴定各株系优劣的主要世代，也是选择微突变的关键世代。M_3 代种植的株系，一般都已经稳定了，对选得的优良稳定株系可以混收留种。

M_4 代是将优良 M_3 株系中的优良单株分株播种而成，如果 M_4 代某些株系内植株的性状表现相当一致，便可将其优良单株混合收获并播种为一个小区，成为 M_5。和对照品种进行品种比较试验，最后选出优良品种。

第四节 诱变育种与应用

一、诱变育种与其他育种方法的关系

（一）诱变育种与有性杂交育种相结合

诱发突变通常是各个突变性状分散在不同的突变体中，直接利用显现度小。因此，诱变育种与有性杂交育种相结合，可将分散在不同个体上的有利变异"汇集"在同一植株中，更利于培育新品种。另外，突变的鉴定比较困难，不易区分生理损伤与遗传变异。特别是对体细胞诱变常会形成嵌合体，不易分离出纯的组织变异。加上突变又多是隐性突变，有利突变性状与不良性状常呈连锁关系，这需要结合有性杂交予以分离。

（二）两种诱变因素相结合

有时为了增加变异率，也可将辐射与化学诱变处理结合在一起，往往会得到良好的结果。辐射育种与其他育种相结合，即与杂交育种、激光育种、化学诱变育种相结合，可以进一步提高突变后代的综合经济性状。例如，苏联通过物理和化学诱变相结合的方法选育了荞麦品种 Podolyank，绪论已提及无鸦片生物碱 II 粟新品种 Sujata 也是通过物理和化学诱变相结合的方法选育而成。

二、诱变育种在药用植物中的应用

植物诱变育种已产生巨大的社会和经济效益。泰国诱变育成的水稻品种 RD6 和 RD15 在 1989～1998 年大面积推广，创造 169 亿美元的农场收入；中国浙江农业大学诱变育成的水稻品种浙辐 802 在 1984～1994 年累计推广 10.6 万 ×10^{14} hm²，效益十分巨大。印度是中国之后的诱变育种大国，至 2005 年植物诱变育种选育的推广品种达 569 个，其中药用植物有 22 个商品化品种，包括胡椒薄荷、蓖麻、天仙子、姜黄、苦瓜、罂粟、香茅、德国甘菊、唐葛蒲等。

药用植物的诱变育种，起步并不晚，从 20 世纪 60 年代开始有一些种类已采用诱变育种方法，如薄荷、燕麦等，其中薄荷抗病育种的成功影响力较大。由于药用植物种植面积小，其知名度无法与大面积推广的农作物相比。

除上已提及的印度外，在中国和其他国家通过诱变育种也选育了许多药用植物品种或品系，涉及荞麦、薏苡、燕麦、茴香、南欧丹参、穿心莲、罗勒、乳莉、牛劳、番泻、黑种草、天仙子、灯心草、甜菊、生姜、紫薇、大花马齿览、忍冬、甘草、牛膝、贯叶连翘等。

诱变育种在改良品质、熟性、抗病性、抗逆性、株型等性状方面都有成功的例子。

在改良品质和产量方面，波兰20世纪80年代把贯叶连翘品种Kleka经^{60}Co-γ射线诱变选育了优质高产新品种"Topaz"，单位鲜重、干重产量和金丝桃素（Hypericin）含量都高于原品种"Kleka"。Topaz目前仍是欧洲的推广品种。无鸦片生物碱罂粟新品种Sujata育成也是另一个成功例子。

在生育期和熟性改良方面，日本用^{60}Co-γ射线诱变牛蒡，选育了3个成熟期不同的新品种："钴特早""钴早"和"钴晚"。印度特早熟的蓖麻品种Arnna也是诱变育成。

在抗病性改良方面，薄荷属的育种有很典型的例子。另外，印度育成的姜黄品种Co1也是耐病品种。

在育性改良方面，朱国立等（1990）用^{60}Co-γ射线处理蓖麻品系"永283"，在M_2中选育了标记性状雌性系。红花通过诱变也获得核雄性不育基因。

诱变育种是采用物理和化学等因素诱发遗传变异进而进行选育新品种和新种质的方法。诱发突变的物理因素主要指某些射线，如X射线、β射线、γ射线和中子流等电离辐射和紫外线、激光等非电离辐射。太空辐射、微重力等因素和离子束也是重要的诱变物理因素。化学诱变因素是指用某些化学药剂，如烷化剂、碱基类似物、生物碱、抗生素等，处理植物会引起遗传物质的变异。各种诱变因素处理植物可诱发可遗传的变异是共性，但其作用机制各有差异。辐射诱变和化学诱变的机制已有较全面的认识，空间诱变和离子注入诱变机制仍在探讨。诱变育种的特点是变异频率高、突变范围广，便于打破连锁和个别性状修缮，育种周期较短，是常规育种的重要手段。电离辐射诱变变异范围较广，但专一性不明显；化学诱变的变异范围较窄，但存在专一性。空间诱变和离子注入诱变在近十多年中发展很快，显示了自身的优点。诱变育种的弱点一是诱变产生的有益突变体频率低；二是难以有效地控制变异的方向和性质；三是鉴定出数量性状的微突变很困难。因此，诱变育种应该与其他技术相结合，才能提高综合育种效率。诱变育种的选育程序主要分M_1、M_2和M_3及以后世代的三个阶段进行，M_4及M_5稳定品系可进行品种比较试验。药用植物的诱变育种起步并不晚，已在许多药用植物得到应用，美国抗黄萎病薄荷品种选育成功是典型的范例，仅印度已培育和推广商品化品种20多个。

第八章 品质育种

品质育种（quality breeding）是以实现产品优质为主要目标的品种改良和种质创新的技术与方法。品质育种涉及的影响因子复杂，基础研究相对薄弱，整体水平明显低于高产育种和抗耐性育种。在植物育种学中，以粮、棉、油等主要农作物的品质育种较为先进。许多药用植物的育种工作刚刚起步，品质育种还处在探讨阶段。但药用植物不同于农作物，市场、企业、生产者和消费者对其品质的要求远高于对其他性状的要求。因此，掌握品质育种基本知识、树立药用植物的品质育种理念是开展药用植物品种改良必不可少的。药用植物品质育种的基本任务是建立切合实际的药用植物品质指标和鉴定方法；广泛收集种质资源，注重优质资源的创新；研究品质性状的遗传规律，减少育种工作的盲目性；确定有效的育种途径，提高品质改良的效益。

第一节 品质育种的意义和特点

一、品质的概念和品质性状

（一）品质的概念

品质是指产品的质量。欧洲品质控制组织给产品品质的定义是：产品能满足一定需要的特征特性的总和。植物品质是指植物可利用的部分形成某种产品时或在加工过程以及最后的成品所表现的各种质量性能。品质的标准根据人类的要求和市场的需要而定，它既是人类感觉器官的反映，也是人类要求的适合程度。人类对品质的要求，不同国家、地区和民族习惯以及在不同的时期有很大的变化。这就是品质概念的相对性。应该指出，"品质"与"等级"是不能等同的概念。好品质可能会得到高的等级，但如果在运输、加工等过程中受损或变质，就会降低等级。

植物的品质由自身的遗传特性和外部生长环境决定，是多种因素构成的复合性状。通过育种途径，改良品质特性是生产优质产品经济而可靠的方法。

（二）品质性状

品质性状是表征生物品质特性的单位性状。只有落实到具体的品质性状上，才能根据不同的标准，对品质的优劣作出研究和评价。如丹参的丹参酮ⅡA含量，白菊花的香味，宁夏枸杞的果型和成色都是具体的品质性状。根据不同的分类标准，不同学者对植物产品的品质性状有不同的分类。

1. 感官品质性状

指符合消费者感官要求的外形、质地、色泽、气味、口感等性状。如人参的根形和个体，薄荷的香味，山楂的酸甜程度等。感官品质性状是在植物育种中最早引起重视的品质性状，在人类农业原始的驯化、选种和留种中，已开始感观品质性状的选择。感观品质性状常因国家、民族、地区和历史时期不同，没有统一的标准。但就具体一个地区而言，有相对稳定的评价标准。这些性状对产品的市场价格和流通影响很大，在现代育种中也很受重视。

感官品质性状一般根据人类的主观感觉加以评价，是相对主观的品质性状。

2. 化学品质性状

指植物被利用部位或产品所含的化学成分、化学性质及其对人畜的营养价值、药用疗效和卫生安全性能。如药用植物的活性化学成分的含量，粮食作物的氨基酸含量，油料作物的含油量等有益成分的含量等。除有益的成分外，植物还含有害成分，如油菜的芥酸、硫代葡萄糖苷，蓖麻的蓖麻毒蛋白，大豆的胰蛋白酶抑制剂。有些药用植物含有有毒成分，乌头、苍耳、半夏等含有毒性物质。植物育种中，对化学品质性状的要求，有的是提高含量和产量，有的是稳定含量，有的是降低甚至消除含量。对作饮片的药用植物，以稳定含量为好，对提取活性成分原料药用植物，应提高活性成分的含量。

化学品质性状一般需通过较精确的定性和定量测定加以评价，是相对客观的品质性状。

3. 物理品质性状

指植物被利用部位在采收、加工时，所涉及或表现的物理和机械性能。如爆裂型玉米的膨爆性，红花、喀西茄茎叶刺的有无，铁皮石斛烘烤软化度等。物理品质性状也是相对客观的品质性状。

翟凤林等把作物的品质性状作了更细的分类：根据理化性质，分为物理品质和化学品质；根据结构特点，分为外观品质和内在品质；根据用途，分为食用品质、工业品质、饲用品质、商品品质（销售品质）、医用品质等，而食用品质又包括营养品质、烹调品质、蒸煮品质和卫生品质；按照工艺流程，分为一次加工品质和二次加工品质；根据贮藏保鲜特点，分为保鲜品质和贮藏品质。同一性状可以属于不同的品质内容，而且不同品质内容有时对同一性状的要求可能是相反的。品质育种中，应当根据不同育种目标的要求和重点品质性状的遗传特点，确定合理的育种策略，合理协调不同的品质性状。

二、品质育种的意义

在漫长的农业发展史中，人类在进行植物驯化和选择时，已包含着品质性状的选育。在现代农业中，品质育种有着更为突出的意义。它对提高植物有益成分，增进人体健康，发展食品加工业、医药保健产业以及其他行业的开发，提高经济效益，都有重要作用。我国加入世界贸易组织以后，农产品和中药材品质成为决定产品市场竞争力的更重要的因素，"产品品质是永恒的市场准入标准"已成为人们的共识。

（一）品质育种是增加植物营养成分含量的重要途径

品质育种是增加植物营养成分如蛋白质、脂肪、糖、淀粉、氨基酸、维生素等含量的重要途径。

美国 Nebraska 大学在 1966～1979 年对美国农业部收集的 2 万份小麦品种资源材料进行系统鉴定，筛选出具有广泛利用价值的高蛋白质和高赖氨酸的种质资源 Atlass 66、Nap Hal 等，育成了高产、高抗和高蛋白的良种 Lancota，创造和提供了产量、抗性、加工及营养品质性状兼优的新品系 NE7060，对世界小麦营养品质育种起了很大作用。

（二）优质品种有利于增进人体健康

植物食品所提供的各种能量物质和营养成分是人类维持生命活动和保持健康不可缺少的物质。这些物质中某些成分欠缺或过剩，往往引起人体代谢异常甚至患病。品质育种可以增加植物有益成分的含量，优化营养成分组成，减少不利成分含量，从而促进人体健康。

油菜籽油是我国主要的植物性食用油，传统油菜品种芥酸、硫代葡萄糖苷含量较高，对人体和动物健康不利。通过品质育种，我国先后育成多个单低（低芥酸），双低（低芥酸、低硫代葡萄糖苷）常规油菜品种。优质双低油菜的低芥酸、高油酸和亚油酸特性，从根本上调整了菜油的脂肪酸组成，对人体健康有益，对菜油食味品质也有改善。其副产品饼粕不用脱毒加工处理可直接饲用。

（三）优质品种是食品加工产业化的需要

随着人民生活水平和文化品位的提高，主副食品的加工逐步实现产业化，这就需要培育相应的适于进行各种加工的植物品种。小麦是全世界用途最广的主副食品的原料，其加工品质成为众多育种家的努力目标。如磨粉品质、烘烤品质、面筋含量等根据不同的加工需要有不同的要求。目前，已选育出不同加工需要小麦品种。番茄的可溶性固形物、番茄红素含量高是加工生产番茄酱的重要性状。我国新疆选育的新番7号，在加工番茄酱时浓缩时间短，产率高，色泽好，成本低，质量好。优质的作物品种不仅可以提高加工食品的质量，而且可以降低加工成本，提高经济效益。

（四）药用植物品质育种是中药产业发展的迫切需要

"保护中药种质和遗传资源，加强优选优育和中药种源研究，防止品种退化，解决品种源头混乱的问题"，是我国《中药现代化发展纲要》提出的重点任务之一。我国中药材80%依靠采挖野生资源，对生物资源和环境生态造成了严重的破坏。药用植物的规范化人工种植势在必行，选育新品种也不可缺少。药用植物与农作物不同，其品质的要求高于产量的要求。因此，在开展药用植物育种的第一步就必须有质量意识，质量不仅关系到安全和健康，也关系到市场和品牌，关系到中药产业的国际化。选育药用植物优质品种是中药现代化科技产业的迫切需要。以生产青蒿素的原料黄花蒿为例，野生黄花蒿在全世界有广泛的分布，但不同居群的青蒿素含量相差很大，变化在0.02%～1.38%（干重）。为改良和提高黄花蒿的青蒿素含量，中国和欧美等国开展了大规模的优质种质资源筛选，并开展杂交育种研究，大大提高了青蒿素含量。

三、品质育种的特点

在以解决温饱问题为主要任务的年代，提高产量是植物育种首要目标。在我国有一个时期曾经一度追求高产，忽略了品质的重要性。随着人民生活水平的提高和市场经济的快速发展，育种目标也由原来单纯的高产转向了高产、优质并重。与产量育种比较，品质育种有以下特点。

（一）品质标准的相对性

不同植物以及同一植物针对不同用途其品质的要求和评价标准可能完全不同，品质育种表现出繁杂多样的特点。不同的用途要解决的主要矛盾不相同，有的强调营养品质，有的强调加工品质，有的则需要改良其贮藏品质等。如红花籽粒油脂中含有软脂酸、硬脂酸、油酸、亚油酸，育种上对其油酸、亚油酸含量有不同的要求，高亚油酸含量是好的营养品质，但容易被氧化变质，贮藏品种不佳。罂粟是生产药用生物碱（如吗啡、可待因、蒂巴因等）的原料，也是生产高价值的油料植物。以药用提取物为育种目标，高生物碱是优质品种。捷克、澳大利亚等国都选育了药用生物碱含量稳定的高产品种；而作为油料植物，则要求选择高油低鸦片生物碱（吗啡低于0.01%）品种，才能进行商品化生产，印度、瑞士、波兰等国选育了低鸦片生物碱的品种。

（二）品质性状的复杂性

不同的品质性状涉及的内外影响因素多，品质性状的鉴别需要建立客观的标准并借助于科学仪器进行分析鉴定，品质育种具有费时费工、成本高的特点。在小麦育种中，可以根据植株穗子的大小、成穗多少、秆的高矮和强度以及抗病性如何等特性对其未来的丰产性、稳产性做出粗略的估计，然而却很难根据某个感观的指标推测其秆粒的蛋白质含量以及是否适于烤制面包；药用植物的活性成分如生物碱类、萜类、黄酮类等单体化合物在 4.5 万种以上，对它们的分析和鉴定涉及多个学科和许多基础研究工作，才能建立合理有效的品质鉴定和选择方法。

（三）品质和产量之间的负相关性

提高品质往往会降低产量，品质育种显示出统筹育种目标难度更大的特点。如大豆在油分和蛋白质营养价值和经济价值上各有其重要性，但二者之间呈负相关；薏苡的优质与产量也存在负相关。所以，育种中很容易顾此失彼，使得选育一个优质而高产的品种难度很大。

然而，育种家的使命是在矛盾运动中寻找特殊规律，从而育成理想的品种。事实上，近几十年来品质育种也取得了很大的成就，在提高甜菜的含糖量、红花的含油量和玉米的赖氨酸含量以及降低油菜芥酸和硫代葡萄糖苷含量方面都取得了重大进展。

第二节 药用植物品质性状的遗传与鉴定

一、药用植物品质性状

（一）外在品质

指药用植物作为中药材商品能被人感知的外观特征特性，如产品的大小、一致性、完整性、成熟度、色泽、形状、气味、味道等属性，也可称为商品品质。

对药材外在品质的判断和评价是以从事相关工作人员如药工、中药师、质检人员、营销人员等的经验为基础的，有明显的主观性。但通过长期的经验积累和不断总结，感官质量评价不但在一定地区的相关行业形成了相对稳定的标准，而且也被普通消费者所接受，成了商品品质标准。例如，宁夏枸杞果实的百粒重、果长和色泽是枸杞子重要的商品品质指标，果大而长、色红而有光泽是优质药材。又如人参，根呈长圆柱形，芦长、身长、腿长，有分支 2 ~ 3 个；须芦齐全，体长不短于 20 cm，个体重 125g 以上，可称为优质边条鲜参（一等品）。外在品质不但与药材的药效有一定的关系，而且对产品的销售与价格影响极大，在制订育种目标时应尽可能考虑外在品质。

（二）内在品质

指药用植物及其产品质量的所有内含特性，特别是化学成分的种类和含量，包括活性成分、有毒成分等，也可称为化学品质。

药用植物含有许多化学成分，并不是所有的化学成分都能起防病和治病作用。根据医药工作者长期实践经验和世代科学认识，将化学成分分为有效和无效两种。有效成分即活性成分，指具有生物活性、能用分子式和结构式表示并有一定的物理常数（如熔点、沸点、溶解度、旋光度等）的单体化合物，也称有效单体。如麻黄碱、小檗碱、延胡索乙素、黄芪苷等。如尚未提纯成单体而只是某一种类型的混合物，一般称为有效部分，如人参皂苷、芸香油、麻黄生物碱等。

药用植物的活性成分种类繁多，主要涉及生物碱、多糖及苷类、醌及其衍生物、香豆素和木质素、黄酮类、萜类、挥发油、强心苷和其他甾类成分、皂苷、鞣质、氨基酸、蛋白质和酶、有机酸、树脂、色素、无机成分。不同的药用植物，其主要的活性成分也不同。例如：益母草，其生物活性成分是生物碱类益母草碱和水苏碱；铁皮石斛是多糖类的石斛多糖；紫草是醌类的紫草素；白芷是白当归素和呋喃香豆素；五味子是木质素类的五味子素；黄芩是黄酮类的黄芩苷和黄芩素等；薄荷是单萜类的薄荷油，黄花蒿是倍半萜的青蒿素；杠柳香加皮是强心苷类的杠柳苷和次杠柳苷；人参是皂苷类的人参皂苷（也是三萜类）；玄参是特殊氨基酸类的天门冬素；括楼的天花粉是蛋白质类的天花粉蛋白；川芎是有机酸类的阿魏酸；等等。

同时根据用途的不同对药用植物的活性成分要求也不同，其用途主要有两种：一是加工成中药饮片或中成药；一是作为原料提取活性成分。对作为中药饮片的药用植物，在品质上要求主要化学成分含量与野生来源比较保持稳定，并符合《中华人民共和国药典》（以下简称《中国药典》）的质量标准；对作为原料提取活性成分药用植物，可以提高某一种有效单体或有效部分的含量和最后总产量为主要目标。

（三）加工品质

指药用植物能满足不同加工、贮运需求的特征特性总和。该内容既包含了某些商品品质的内容，又涉及药材产品药用品质内容及产品自身组织结构特征和生理生化特性。例如，加工人参产品主要有大力参、边条红参、生晒参等，这些产品的性状表现与鲜参根的形状、各部位的比例直接有关，当主根占的比重大，芦头、芋、支根和须根少时，出货率高。二马牙类型，主根长度合适，支根和须根少，适合加工边条红参，其单位产量虽然略低于大马牙，但加工品质更好。

二、药用植物品质性状的遗传

与农作物和园艺植物比较，药用植物虽然种类繁多，但人工栽培的比例少，品质性状遗传的基础研究还很薄弱，目前积累的知识有限。

（一）品质性状的可遗传性

药用植物的品质虽然容易受到环境因素的影响出现较大的变化，但其可遗传的特性还是明显的。

1. 以药用植物次生代谢产物生物碱类在植物界的分布为例，目前已知植物生物碱多达 12 000 多种，主要集中在种子植物中，菌类、藻类、地衣类和水生植物未发现生物碱，蕨类和裸子植物生物碱分布不广。特定的生物碱种类，其分布也表现出显著的植物种属的差异，如双吡咯烷类生物碱主要分布在菊科的千里光族和紫草科植物。种属亲缘关系近的物种，存在相同和相似生物碱的可能性大。生物喊在植株中的合成部位在不同植物间有稳定的差异，如颠茄属（Aropa）植物在根系中合成生物碱，金鸡纳属（Cindwrea）植物则在叶片中合成奎宁碱。

2. 以药材形态性状为例，在人参的原始群体中，按照根系的形态特征选择，选育了大马牙、二马牙、长脖、圆膀圆芦 4 个变异类型，形成了稳定遗传的农家类型，并具有各自的品质优势。早在 20 世纪 60 年代，对大马牙和长脖两个农家品种的根、木栓层、形成层、导管、筛管等组织及芦头中簇晶进行了解剖学研究。发现不同年龄的两个农家品种均有显著差异、表现稳定的遗传性，大马牙型人参的输导组织和分生组织发达，便于有机物和活性成分的运输和贮藏。

3. 以不同的药用植物野生居群为例，在采集自不同地域的灯盏细辛种质资源中，以灯盏乙素含量为指标，通过筛选得到了高灯盏乙素的类型，这些类型连续人工繁殖和栽培后仍保持较高的灯盏乙素含量。以上例子说明品质性状是可遗传的。

（二）次生代谢产物合成途径及关键酶基因

药用植物的活性成分除少数是蛋白质（酶）、脂肪、氨基酸、核苷、有机酸等初生代谢产物外，绝大多数属于次生代谢产物，如萜类、生物碱类、多糖及苷类、醌及其衍生物、香豆素与木质素、黄酮类、挥发油等。了解次生代谢产物合成途径及其相关酶和基因，对认识药用植物内在品质的形成机制并进一步制定品质遗传改良方案是十分必要的。

1. 萜类化合物的生物合成途径

萜类是最大的植物次生代谢产物，有 2.5 万种，包括单萜、倍半萜、双萜、三萜、四萜和多萜等，其基本单位为含有五碳（C_5）的异戊二烯，两个异戊二烯聚合为一个单萜（C_{10}）。萜类合成的前体是异戊二烯二磷酸（IPP）。胞质中 IPP 通过乙酸／甲羟戊酸合成途径，从乙酰辅酶 A 经过 6 种酶的催化产生，而质体中 IPP 合成从丙酮酸和甘油醛 -3- 磷酸开始，具体的酶尚未弄清。IPP 在异戊烯转移酶和萜类合成酶的作用下，反复添加 C_5 单位，形成各种萜类。以萜类为骨架，通过次级酶修饰（大多数是氧化还原反应）产生各种各样的次生产物。

许多植物香精和香油是单萜，如薄荷油、桉叶油素；高效抗疟疾药物青蒿素是倍半萜内酯；高效抗癌药物紫杉醇的前体是双萜环化产生的。萜类及其衍生物是非常重要的天然药物。最近，对青蒿素的合成途径和相关合成酶基因克隆及转基因研究取得可喜进展。青蒿素生物合成的第一步是在法呢基二磷酸（FPP）合成酶的催化下合成 FPP，在这之前属于萜类合成的共同途径。目前已克隆了编码相关酶基因的 cDNA，转化细菌、酵母和植物，可合成青蒿酸。青蒿素的合成途径为生物技术生产青蒿素奠定基础，也为传统遗传育种提供了依据和思路。

2. 生物碱的生物合成途径

人类使用生物碱治病已有 3 000 多年的历史，含生物碱的植物是人类最早的"草药"。目前已知植物中有 1.2 万种生物碱。最初的生物碱定义是：有药理学活性、来源于植物的含氮碱性分子。现在已知，在动物体内也有生物碱，有些还是中性的。生物碱是许多药用植物的活性成分。至今，人类至少已完全或部分弄清了 8 种生物碱的酶促合成途径：阿吗灵、长春多灵、黄连素、延胡索甲素、Macarpine、吗啡、小檗碱和东莨菪碱；已分离到生物碱合成途径的大约 20 多种相关酶基因的 cDNA 克隆。这对进一步克隆核基因和进行基因定位以及指导品质育种有重要的意义。

3. 其他次生代谢产物合成途径

除上述的萜类和生物碱外，科学家对植物酚类、黄酮类、木质素、香豆素等的代谢途径也进行了较深入的研究，明确了相关的酶，并克隆了 cDNA。例如，特殊黄酮类亚家族产物的生物合成途径以及相关的 15 种酶已明确。

应该指出，药用植物的遗传规律，特别是品质遗传规律研究基础很弱。药用植物工作者要充分利用当代植物生物化学和分子生物学在次生代谢产物合成途径方面的研究成果，使品质育种少走弯路，在更高的起点上开展工作。

（三）品质性状的主效基因遗传

品质性状的主效基因遗传由单基因或少数的主效基因控制，表现为质量性状遗传，其表现型的判断是质上的有与无，是与非，如薄荷类挥发油中薄荷酮的有与无，红花花冠颜色的红与非红等。

薄荷属植物类挥发油的遗传研究有较长的历史。1954 年，Murray 等首先报道皱叶留兰香和胡椒薄荷杂种 F_1 及 F_2 的香芹酮（Carvone）和薄荷酮（Menthone）的遗传，显示一对等位基因控制香芹酮（CC）和薄荷酮（cc）化学型的遗传。后来，进一步扩大研究后发现，在群体中出现的分离比为：12 香芹酮 / 二氢香芹酮：3 薄荷酮 / 胡薄荷酮：1 胡椒烯酮 / 胡椒酮。涉及 3 个位点的基因遗传：显性 C 基因决定香芹酮 / 二氢香芹酮的形成，而隐性 cc 基因则产生 C-3 氧化物胡椒酮；显性基因 4 控制胡椒烯酮形成胡薄荷酮；显性基因 P 基因控制胡薄荷酮转变为薄荷酮。经过多年的研究表明，薄荷属植物的挥发油合成代谢途径从焦磷酸开始在不同物种中经不同的基因控制，产生不同的次生代谢中间产物和最终产物。

曼陀罗属植物的莨菪碱也呈质量性状遗传。多利曼陀罗以合成东莨菪碱为主，而曼陀罗以合成莨菪碱为主，两者杂交 F_1 以合成含东莨菪碱为主，F_2 代出现 75% 个体以含东莨菪碱为主，25% 个体以含莨菪碱为主，符合 3：1 分离。

长春花抗病品种 Nirmal 通过化学诱变分别选育了矮化、半矮化和蜡质叶缘突变型。矮化与根部总生物碱含量呈正相关，蜡质叶缘与叶总生物碱含量呈正相关。遗传研究表明，正常、矮化和半矮化为复等位基因，正常对半矮化显性，半矮化对矮化为显性。正常叶对蜡质叶缘显性。二性状的 F_2 分离为 9：3：3：1。

（四）品质性状的数量遗传

大多数品质性状由多基因控制，表现为数量性状遗传，其表现型差异的判断是量上的多与少，大与小，如黄花蒿的青蒿素含量的高低、薏苡种子的千粒重等。

就药用植物的化学品质而言，某一种类活性成分的合成都必须经过相应的生物代谢途径，涉及多种相关的酶及其编码基因。因此活性成分含量的遗传常常与多个基因相关，呈现数量遗传。例如，植物异黄酮生物代谢合成的前体是苯丙氨酸和丙二酰辅酶 A，经苯丙氨酸裂解酶（PAL）、4- 香豆酸 - 辅酶 A 连接酶（4CL）、苯基苯乙烯酮合成酶（CHS）、苯基苯乙烯酮异构酶（CHI）、异黄酮合成酶（IFS）等酶催化，再通过羟基化、甲氧基化和烷基化过程形成不同的异黄酮。因此，植物体内异黄酮的生物合成产量受到多种内外因子的影响，其中外因最重要的是光照的质量和强度。谢灵玲（1999）用低异黄酮含量大豆品种"南汇早黑豆"和高异黄酮含量品种"鲁黑二号"为材料研究不同光照条件下大豆异黄酮合成酶基因的表达，结果显示在不同的光照处理中，合成酶基因 pal、4cl、chs 均被不同程度地诱导，引起异黄酮合成的变化。说明异黄酮含量是容易受环境影响的数量性状。

近年来，在提高黄花蒿青蒿素含量的品质育种上做了一些遗传基础研究。已明确青蒿素含量属于数量性状。美国的 Ferreira 等分别在田间和温室对 24 个无性系进行了青蒿素含量的广义遗传力分析，结果其广义遗传力为 0.98。接着，用 6 个分别来自中国、越南、美国、西班牙和瑞士的黄花蒿无性系进行了 2 年的青蒿素性状的广义遗传力分析，结果为 0.95 以上。初步说明青蒿素含量显著受遗传基因控制。另外，用不同方法，以基因型一致的组培苗为材料来估算遗传方差和表型方差的比值，结果在总方差中遗传方差占 80%。为了排除非加性遗传效应（显性和上位性效应），瑞士的 Delabays 对 5 种基因型的双列杂交进行狭义遗传力估算，结果广义遗传力为 0.98，狭义遗传力为 0.60。这些结果表明，青蒿素含量遗传力通过集团选择可获得良好的效果。朱卫平对高青蒿素含量黄花蒿栽培品种选育目标性状进行研究，发现通过优中选优的方法可以使青蒿素含量逐年提高，而且研究了叶的形态与青蒿素含量的相关性，狭裂片型叶比宽裂片型叶的含量要高。

人参单根重和根粗属于数量性状，也是决定商品品质的主要因素。据研究，单根重的广义遗传力为 0.874，根粗的广义遗传力为 0.698。

二、药用植物品质的鉴定

当药用植物的某品质性状的可遗传性被确定，育种的效果就取决于鉴定的可靠性。品质鉴定是根据一定的标准，通过一定的手段来评定材料的优劣，为材料的选择提供依据。因此，要根据育种目标，建立品质鉴定的标准和技术手段。

（一）质量标准

不同药用植物的用途不同，相应的质量标准也不同。就我国而言，《中国药典》是药用植物制订质量标准的基本依据。但品质育种的质量要求有自身的特殊性，不能把《中国药典》作为唯一依据。因此，在确定品质育种目标时要参照《中国药典》，结合种植、加工、市场以及药用植物本身的特性等实际，制订科学规范、可操作性强的质量标准。

（二）感官鉴定

药用植物的药材品质主要通过人的感官或借助于显微放大工具进行看、

闻、尝（毒性大的忌尝）等手段检验形态、质地、色泽、风味等性状。对于基本稳定的育种材料或品系，可由经过专门训练的人员组成评定小组，按质量标准进行客观的鉴别和描述；处于分离不稳定的材料选择则凭育种工作者的经验进行取舍。因此，感官鉴定有一定的主观性。

（三）仪器鉴定

药用植物的化学品质性状绝大多数要通过仪器分析，才能确定活性成分的有无和数量。中药材的仪器鉴定包括理化鉴定、色谱鉴定和光谱鉴定三大类。色谱鉴定有薄层色谱法、气相色谱法和高效液相色谱法；光谱鉴定有紫外吸收光谱法和红外光谱法。中药材指纹图谱是通过色谱鉴定或光谱鉴定技术对中药材内在化学成分的种类、数量及品质进行鉴定的方法。广义的中药材指纹图谱还包括 DNA 指纹图谱。因此，中药材指纹图谱技术对药用植物的品质鉴定有重要应用价值。

然而，不是所有的中药材质量检验方法都适合于药用植物品质育种的表现型鉴定。当育种材料成为稳定的类型或品系后，采用中药材质量检验手段进行全面的鉴定和评价是必要的。但在育种过程的个体和株系鉴定选择中，必须建立快速、简便、经济和相对准确的鉴定方法，才能保证育种效率。云南农业大学初步建立了三七总皂苷含量的快速测定方法，对三七个体的鉴定速度快 20 ～ 30 倍，可用于筛选总皂苷变异个体和研究遗传规律。在红花含油量的育种中，借鉴油菜育种的半粒法鉴定，即取籽粒不带胚的一半进行油分测定分析，带胚的另一半备用，如果含油量符合育种目标则备用的另一半入选保留，否则淘汰。美国红花品种的籽粒含油量从 20 世纪 30 年代的不到 30% 到 90 年代的 45%，与半粒法鉴定方法的应用有必然的联系。

（四）加工鉴定

作为提取活性成分原料的药用植物，其加工性能也是重要的品质。有的药用植物虽然活性成分较高，但加工的提取率不一定高。这与原料的物理结构和质地有关，也与加工工艺有关。因此，要对药用植物的加工品质进行鉴定。加工鉴定要模拟相关的加工机械，设计小型仪器和程序，对原料进行检验。

第三节 药用植物优质品种的选育

一、优质种源的收集、引种和创新

广泛收集各种种质材料，建立资源库（圃），对品质性状进行评价，发掘有利用价值的基因，为品质育种提供优质种源。对于外地引进的综合性状突出的优质种源，通过试种表现优异者可以在本地扩大种植、直接利用。在种质资源评价的基础上，可以采用远缘杂交、人工诱变、转基因等技术创造自然界还没有的新种质。

近十年来，黄花蒿高青蒿素含量种质资源的收集、引种和创新是一个典型的例子。青蒿素在植株中的含量在不同居群或基因型之间有很大的差异，叶片青蒿素最高含量可达 1.38%（干重），最低才 0.02%。因此，美国、瑞士等国家对全世界的黄花蒿种质资源进行广泛的收集和引种，并开展遗传与育种研究，取得了一些成果。

二、品质育种方法

（一）选择育种法

药用植物的改良程度很低，居群或栽培群体中存在大量的品质遗传变异，采用选择育种法是有效的，也是最基本的育种方法。山东省文登市 1963 年从吉林引种膜荚黄芪，经 10 多年定向选择育成的地方新品种"文黄 11 号"，比对照增产 208%，其主要化学成分及含量与原始群体无明显差异。可以说，目前大多数的药用植物品种（系）是通过选择育种法育成的，如：人参的"吉参 1 号""边条 1 号"宁夏枸杞优质品种"宁杞 1 号"红花新品种"川红 1 号"，等等。但对不同繁殖方式和不同传粉习性的植物选择策略要有所不同，如对野生植物，要先选居群，然后再选单株或集团选择；异花受粉要注意自交不育和自交衰退等问题。

（二）杂交选育和回交转育法

在植物育种中，杂交选育是应用最广、成效最大的育种方法，农作物的优良品种中约 80% 是杂交育成的。然而，药用植物育种起步晚、基础差，通过杂交育成的品种不多。江苏海门农业科学研究所将薄荷的"68-7"和"409"

两个品系杂交选育，于 1975 年育成了薄荷新品种"海香 1 号"。该品种兼有双亲生长旺、抗逆力强及品质好的优点，薄荷脑含量 85% 以上。甘肃定西市旱作农业科研推广中心以内蒙短蔓黄芪为父本，本地毛芪为母本杂交选育而成的新品种"9118"。该品种品质好，比一般黄芪品种增产 20%。品质性状多数为多基因控制的数量性状，杂交选育利用的主要是可以固定遗传的加性效应和部分上位效应的多基因。以加性遗传效应为主的品质性状，可以通过杂交及后代选择，将分布在不同亲本中的微效基因聚合起来，实现数量性状由量变到质变的飞跃。

对单基因或寡基因控制的品质性状，通过杂交，然后连续回交，可将一个亲本的质量性状基因转移到另一个其他性状优良的亲本中。如第 5 章已述及，水薄荷和柑橘薄荷杂交再用水薄荷回交，导入柑橘薄荷的显性基因 Lm，获得了柠檬烯 / 桉树脑达 60% ～ 90% 的水薄荷。

（三）杂种优势利用

通过杂交育种，既可选育定型品种，也可选育优良自交系，提高自交系的一般配合力，然后通过组合筛选，利用杂种一代优势。杂交种的优势使用在农作物已取得巨大的成就，在药用植物上也有不少成功的例子，但还达不到采用自交系杂交的水平。瑞士利用从中国和越南引进的黄花蒿种源，选育了两个优质无性系亲本，组配成杂交种 'Artemis'，其青蒿素含量表现出明显的优势。

天麻是杂种优势利用比较成功的药用植物。湖北三峡科技学校以云南乌天麻为母本、宜昌红天麻为父本组配了杂交种 '鄂天麻一号'，以宜昌红天麻自交 F_2 为父本、云南乌天麻自交 F_4 为母本组配了杂交种 '鄂天麻二号'。杂交种的商品品质比红天麻有提高，产量比乌天麻增产。另外，据段宁报道（2003），用四川江油、平武和贵州毕节的红天麻和乌天麻自交多代材料为亲本进行杂交，表现出显著的杂种优势，其中 6 个组合的天麻素含量超亲优势平均值为 148.69% ～ 166.68%。

（四）多倍体育种

据不完全统计，目前染色体加倍已在多种药用植物中获得成功，涉及菊科、唇形科、百合科、伞形科等 10 多个科，20 余个属，包括菘蓝、黄花蒿、桔梗、黄茶、丹参、铁皮石斛等 40 多个种。因此，多倍体育种在药用植物有较多的应用。但必须注意多倍体的种苗繁殖体系建立，种子繁殖的多倍体药用植物在有性繁殖上会有较大的困难。

（五）生物技术育种

理论上，组织和细胞培养、细胞融合、细胞突变体化学筛选、基因工程等生物技术可以作为药用植物品质改良的重要手段，而数量性状位点（QTL）分析和分子标记辅助选择（MAS）等可以作为提高基因型选择效率的辅助手段，从而全面提高药用植物品质育种的效益。实际上，基于中药材生产质量规范（GAP）的要求和公众对天然药物"天然"要求，作为中药材饮片的药用植物采用基因工程培育转基因品种还会有不同的意见。但是，利用转基因技术提高原料药用植物某种活性成分的含量和生产量在许多国家都得到重视。

除上述方法外，还有远缘杂交、诱变育种、群体改良和轮回选择法也可以用于药用植物品质育种。

品质育种是以实现产品优质为主要目标的品种改良和种质创新的技术与方法。植物品质是指植物可利用的部分形成某种产品时或在加工过程以及最后的成品所表现的各种质量性能。"品质"与"等级"不是等同的概念，应加以区分。药用植物优质品种是中药现代化科技产业发展的迫切需要。药用植物作为中药材商品能被人感知的外观特性，产品的大小、一致性、完整性、成熟度、色泽、形状、气味、味道等均属于药材品质，也可称为商品品质；药用植物及其产品质量的所有内含特性，特别是化学成分的种类和含量，包括活性成分、有毒成分等，属于内含品质，也可称为化学品质；药用植物的加工品质是指能满足不词加工、贮运需求的特征特性总和，既包含了某些商品品质的内容，又涉及药材产品药用品质内容及产品自身组织结构生理生化特征。品质性状有的由单基因或少数的主效基因控制，表现为质量性状遗传；有的与多个基因相关，表现出数量遗传。药用植物的活性成分除少数是蛋白质（酶）、氨基酸、有机酸等初生代谢产物外，绝大多数属于次生代谢产物，如萜类、生物碱类、多糖类、黄酮类、挥发油等，了解次生代谢产物合成途径及其相关酶和基因，对制定品质遗传改良方案十分必要。药用植物品质性状的鉴定是选择效率的关键，因此要建立质量标准和方法，通过感官鉴定和仪器鉴定对目标性状进行鉴定。

第九章 组培微环境与规模化育苗设施环境调控的研究

第一节 光热因子对微环境的影响及其调控的研究

组培苗生长在组培室、无菌、受保护的环境中，其光合作用所需光能完全依赖于人工光源，补光能耗费用是构成组培苗总成本的主要因素之一。组培苗生长在透光容器中，并置于多层架上，呈立体栽培模式，由此引起的层间遮光、同层容器间遮光和容器自身对苗的遮光现象，致使组培苗的受光特性完全不同于温室作物。目前组培室补光光源的应用完全借鉴了温室补光的原理和经验，使得组培苗生长在有效生理辐射能量极不充分的环境中，致使幼苗的光合自养生长受到抑制，生长缓慢；幼苗品质差，移栽成活率低；进而引起幼苗成本上升。因此关于组培室补光光源应用的分析评价研究，对合理选用光源、降低幼苗成本和促进组培苗的商品化发展具有重要的意义，并为研制光合效应高、适用性好的组培专用光源提出设计准则。

温度是构成组培微环境的重要环境因子，直接影响到组培苗的生长。25℃是多数组培苗的适宜生长温度，高温会降低组培苗的光合作用，引起光合"午休"，抑制其生长。增强光照，并提高 CO_2 浓度，能够提高组培苗的光合作用，促进其生长。然而，增强光照会对微环境造成影响，对温度的影响尤其强烈。因此必须研究组培微环境热平衡的影响因素，分析其热平衡模式，为有效调控微环境温度、降低温度调控成本提供理论依据。在上述光温测试和分析的基础上，设计建立了一套光温控制装置。

一、组培光源补光特性及应用性能的评价

测试用人工光源分别选自华东电子股份公司生产的稀土元素粉日色荧光灯（管状、40W）和植物生长灯（管状、37W），仪征灯泡厂生产的卤素粉日色荧光灯（管状、40W）和南京灯泡厂生产的日色摘灯（点状、250W）。植

物生长灯和日色摘灯被认为是光合效应较高的人工光源，摘灯在温室里得到较多应用；卤素粉日色荧光灯是目前组培室应用普遍的传统光源。

在光源的可见光光谱（380～760 nm）中，波长在 610～720 nm 波段内的辐射，主要是红橙光，光合作用最强；波长在 400～810 nm 区段内的辐射，主要是蓝紫光，起次等强度的光合作用。叶绿素对黄绿光（510～610 nm）吸收极少，反射和透射最多，故而植物叶片在生长季节呈绿色、在深秋和冬季呈黄色，所以 610～720 nm 和 400～510 nm 两个波段的辐射能就是有效生理辐射能，它们分别占全部可见光波段辐射能的比例就是有效生理辐射比率。在光谱能分布曲线中，有效生理辐射比率就分别等于两个波段的图形面积与全部可见光波段图形面积之比。两个波段内图形面积之和与可见光波段图形面积之比就是总有效生理辐射比率。

由于红橙光的光合作用最强，蓝紫光次之。从红橙光和蓝紫光的辐射能分布与配比上分析，红橙光波段辐射能比率大于蓝紫光波段辐射能比率，分布才是合理的。植物生长灯的辐射能分布与配比最合理；稀土元素粉荧光灯次之；摘灯和卤素粉荧光灯因其蓝紫光辐射比率大于红橙光辐射比率，其有效生理辐射能的配比与分布最不合理。

二、组培微环境热平衡过程及其影响因素

采用透光良好的大容积培养箱供实验测定，组培箱底面积为 2 100 cm²，容积为 84L；箱内放置若干组培小容器（培养或不培养组培苗），组培用小容器使用普通圆柱形玻璃瓶，容积 310 mL。

用温度计分别测定组培箱两侧受照面、箱中央附近气体、组培小容器中央以及培养基中（不管有无组培苗）等处的温度。在组培箱所处的外部环境（即组培室）中亦放置温度计，以测定外环境的温度。每隔 15 min 记录测定值。另外，还设计对照实验，以测定了解组培苗对组培瓶内部温度的影响，苗体材料为甘薯组培苗。

在组培室的恒温大环境下，光源是引起组培微环境中温度变化的唯一因素。光源以光辐射及热量传送的方式影响组培微环境温度。

照射到组培箱受照面的光量子（或称光辐射），被反射、吸收和透射。被吸收的光，尤其是红外光，使表面温度升高，由此引起壁体自身自外向内的传导传热、壁体与箱内气体以及箱外气体间的对流和辐射传热。透射进入组培箱内的光量子，被箱内气体吸收、散射和透射。被组培箱中气体吸收的光，可引起箱内气温升高，亦即造成组培瓶的外环境气体温度升高。

到达组培瓶表面的光，主要被反射、透射。透射进入瓶内的光，被瓶内

气体、组培苗和培养基吸收，由此引起一系列的潜热和显热传送，其中组培苗吸收的光辐射（即有效生理辐射），用于其自身的光合作用，是组培苗生长所必需的，同时叶面蒸腾将水分和潜热传入组培瓶内气体；培养基中的水分吸收红外辐射引起培养基温度升高，水分从培养基表面蒸发，将潜热传送至组培瓶内气体。由于潜热的传输使组培瓶内气温升高；另一方面，组培瓶内不断增加的水汽，又强烈地吸收红外辐射，进一步引起瓶内气温升高。

源自身及其高温附件通过热对流和热辐射（即红外辐射）的方式作用与组培环境。光源自身及其附件的热量通过对流将热量传至组培箱的外侧壁，并影响组培的内外环境温度；而光源及其附件由于高温产生的热射线，即红外射线对组培环境的影响，与光谱中的红外辐射的影响机理是一样的。

根据以上对热平衡过程的分析，致使组培环境温度升高的主要过程是热对流和红外辐射，而红外辐射来自2个途径：一是光源光谱中的红外成分；另一个是高温灯管和附件发射的近红外射线。所以，若想有效地降低补光光源对组培环境温度升高的影响，应采取3个措施：一是降低灯管及其附件的温度；二是阻断光源与组培箱之间的热对流；三是阻隔红外射线进入组培箱和组培瓶内，减少进入量。

第二节 环境因子与组培苗相互作用的实验研究

目前，组培苗的规模化、商品化应用仍受到其高成本、高费用的限制，组培育苗的目标就是要以较低的成本，快速大量生产组培幼苗供应于生产。采用组培环境自动化综合控制技术是降低生产成本的主要手段。

组培环境控制包括气体环境调控和根圈环境调控。目前对于气体环境的控制主要以单因子调控为主，而关于多因子适宜环境的综合调控未见报道。必须从定性和定量的层面，深入了解诸气体环境因子与组培苗之间的相互作用关系，并且最终要在定量研究的基础上，建立起相应的数学模型，以实现适宜组培环境因子的自动化综合调控。但由于组培苗生长所需的独特环境条件，使得对环境因子的测量十分困难，必须首先探索研制专用的组培设施和测控系统，建立起适于上述研究目的的实验平台，在获取大量实验数据的基础上，才有可能逐步获得适于综合环境调控的数学模型。这是一项比较大的系统性、基础性工作，需要多学科的协作融合。

半开放式组培设施的主要特点是使用带封口材料的组培小容器。封口材料将组培苗的生长环境分隔为内环境（组培苗所处的环境，即微环境）和外环境（组培小容器所处的环境，即组培箱内的环境）两部分，对微环境的调控通过控制外环境而间接进行。内环境直接作用于组培苗；外环境首先通过封口材料作用于微环境，再由微环境作用于组培苗，所以外环境对组培苗的作用是间接的。必须研究外环境与组培苗的相互作用关系，为实施半开放式组培设施的环境调控提供基础。

组培微环境主要包括气体环境因子（CO_2 浓度和相对湿度）、光温环境因子和根圈环境因子（培养基组分）。在侧面补光系统中，封口材料对微环境中的光环境因子影响很小，而对 CO_2 浓度、相对湿度和培养基的浓度却会造成直接重要的影响，其影响程度大小的根本原因在于封口材料的透气率和失水速率。因此，在研究外环境与组培苗的相互作用关系之前，应首先调查封口材料的透气率和失水速率，及其对组培微环境的影响。

第三节 规模化组培育苗综合环境调控设施的研制

植物组培育苗是一项能获得大量同源母本基因幼苗的生物技术，具有其他育苗方法所无法比拟的优点，已成为植物良种繁育的重要手段。组培苗在园艺、农业和林业科研和生产具有广泛的应用前景。但是，传统组培育苗设施极大地制约了其商品化生产的发展及其大规模应用。

运用工程技术措施能够实现以较低的成本，大量生产生长一致、发育正常、无病毒或少病毒和驯化期短的组培苗。采用先进的环境综合调控大型育苗设施，组织工厂化、规模化组培苗生产，是实现组培苗成为商品普遍应用于农业生产的必然前提。

综合国内外研究资料分析，大型育苗设施的研究沿着 2 个方向在发展，即开放式组培设施和半开放式组培设施。在国外，日本学者 Kozai 和 Fujiwara 研究了采用液态培养基开放式组培设施；在国内，丁为民教授和丁永前等研制了采用固态培养基开放式组培设施，这 2 种设施使用了半自动化环境调控系统，主要以调控 CO_2 浓度为主，控制过程比较粗放。根据绪论中所作的分析，开放式组培设施最有利于实现在所有育苗环节上的工厂化生产，代表了工厂化育苗的根本方向。但基于现阶段的经济和设备条件基础，半开放式育苗设施是目前较适宜的选择。

组培苗生长的微环境因子主要包括光温环境、气体环境（CO_2 浓度和相对湿度）和根圈环境，因根圈环境的研究与控制十分困难，研究仅是初步的，目前的研究主要集中在光温和气体环境因子的研究上。

无论采用何种方式的育苗设施，基于组培苗生长过程的环境控制要求和方法在本质上是相通的。组培微环境的控制包含 2 个内容：控制要求和控制方法。控制要求是指能够满足组培苗各生长阶段要求的适宜环境参数组合，从大的方面讲，控制要求就是控制模型。建立控制模型是目前亟待解决的基础性问题，需要多学科，尤其是生物和工程学科的协同攻关，首先应研制出满足建模要求的实验装置。控制方法建立在控制要求基础上，寻求以工程手段提供组培苗生长所需的环境。

第四节　基于设施与环境综合调控的大规模育苗生长实验

组培育苗的目标就是要以较低的成本，大量生产基因同一、生长一致、发育正常、无病毒或少病毒和驯化期短的幼苗。规模化组培设施及其综合环境自动化控制技术的应用是大规模降低组培苗生产成本、促进组培苗产业化的根本途径，是组培苗以商品化方式供应于生产的前提条件。从长远的观点来看，组培苗的规模化、工厂化生产会成为一种产业，将是 21 世纪大农业生产的重要支柱之一。组培苗会像农业生产资料、农业机械一样由种苗公司在种苗工厂中生产，成为商品供应于生产。日本学者 Kozai 和 Fujiwara 等采用开放式可控环境的中小规模组培设施，对组培苗的生长过程作 3 环境因子（培养基组分、提供高 CO_2 浓度和 PPFD）调控，实验结果在一些方面表现较好（如组培苗表现出生长发育迅速，整齐性好等优点），但同时也存在如下问题：

实验虽提供了高 CO_2 浓度和 PPFD，但并未以适宜 CO_2 浓度和 PPFD 组合参数作为根据来实施环境控制，因此无法确切了解适宜参数组合调控对组培苗生长的作用效果，实验的意义仅局限于证明高 CO_2 浓度和 PPFD 对组培苗生长具有促进作用，实验采用液体培养基，这有利于调控培养基营养组分，但由于组培苗根圈环境和气体环境中的水汽处于过饱和状态，致使组培苗出现水浸状，即造成组培苗严重玻璃化现象。国内一些学者研究单环境因子对组培苗生长的影响。学者丁为民教授领导的科研组，在国内首次采用中小型开放式组培设施，对葡萄组培苗的生长过程作单因子 CO_2 浓度增施调控，实验取得了良好的结果。

这些已有的研究工作表明：在组培快繁育苗生产中应用规模化设施及某环境因子调控技术，不仅促进了组培苗生长发育，也预示着运用工程技术是实现组培苗低成本、高效益、大规模生产的必然选择。

第十章 工厂化育苗生产运营关键技术与应用研究

第一节 基于小波变换与混合模型的种苗销售预测模型

销售预测是实现种苗生产工厂化育苗系统优化管理的基础。本章首先从种苗销售的特征进行分析，归纳出影响销售预测的因子。在此基础上，提出基于小波变换与混合模型的种苗销售预测模型，最后对所提出的模型进行了实例验证，为种苗生产工厂化育苗系统的生产计划模型研究打下基础。

农业是我国的立国之本，其发展水平直接制约着国民经济发展的全局。特别是近年来我国农业发展存在着农业从业人口的减少而社会上的农产品需求量持续上升的矛盾，这一矛盾对传统的中国农业发展提出了新的挑战。解决这一矛盾的有效途径之一就是用种苗工厂来取代传统的耕作式生产方式。和传统的工业品交易市场相比，农产品交易市场不仅呈现出动态、竞争和客户需求驱动的特点，而且受天气条件和农产品自身生育特性的影响，其销售规律更不易把握。在此条件下，农业企业经营者都试图通过生产计划与控制的方法来提升企业在农产品交易市场上的竞争力。因此，越来越多的学者针对销售预测问题进行了大量的研究。

农产品生产系统中的销售预测在提高作物产量，减少成本和稳定老客户，发掘新客户方面发挥着重要的作用。按照种苗的销售预测结果，企业可以调整其生产计划以实现企业利润最大化；通过预测种苗销量的月分布趋势，采购部门能够生成较为合理的采购计划；精确的销售预测模型也是有效减少企业生产计划与其实际销量的偏移量的有效工具。然而，由于种苗销售呈现出的非线性、峰值波动性等特征，种苗销售预测问题变的极为复杂。

然而，农作物的销量极易被诸多非线性的影响因素如：农产品交易市场供需关系、企业生产能力以及农产品自身的生产条件如：病虫害因素、气候条件等所影响，所以农产品的销量预测模型研究极其复杂。

为了实现种苗销量的精确预测，本章提出了基于小波变换和混合预测模型的工厂化育苗系统销量预测方法。通过小波变换，可把原始销售数据分解为概貌序列和细节序列，概貌序列可采用 ARIMA 进行预测，细节序列可采用粒子群优化的支持向量机方法进行预测，而后将预测结果进行归并，最后验证模型方法的预测精度。

种苗销售是种苗市场上各种经济实体（客户、生产商、供应商等）共同作用的结果。种苗价格可用于表征种苗市场的供需关系。与市场上的其他商品一样，种苗销量也符合市场规律。按照供销原理，价格同商品供给呈反比例变化，当商品供给低于商品需求时，其价格就会上升。

对于种苗销售特征的准确理解，可以便于我们针对种苗工厂销售实例来选择适用于种苗销售市场的销售预测模型。本文的研究实例和调研对象是上海一家以花卉种苗为主、蔬菜种苗、林木种苗和组培苗为辅的专业经营种苗生产与销售的工厂。该公司成立于 2003 年，至今已有 10 年多的发展历程。不同的种苗品种在不同的季节条件下，其生长周期是不同的。因为春季和秋季的气温相对来说较为类似，所以本文把春季和秋季合并起来进行考虑，把夏季和冬季分开进行考虑。本部分的研究思路是分析种苗销售的月分布趋势，从而得到销售忙季和销售淡季。

从总体上看，种苗销量呈现出逐年递增的销售趋势，因为在不同时期下的育苗其生长周期是不同的，因此种苗销售存在着明显的月分布特征。另外，种苗销售遵循农产品交易市场上的销售规律即在市场供给和客户需求间寻找一个平衡。在节假日或是世博会的条件下，种苗的销量会呈现出较高的需求。

输入变量的选择是应用实际预测模型对种苗销量进行预测前的重要内容，一组优化的模型输入变量集将直接影响短期种苗销量预测模型的应用效果。由前面的分析可知农产品市场环境下的销量受诸多影响因素的制约，但由于影响因子的数据量和信息量太大，无法将所有的影响因子都包含在预测模型中，因此可对众多影响因素进行筛选，选择出对种苗销量影响较大的那些因素。目前大部分模型还是以种苗的历史销量和历史生产负荷作为影响种苗生产的主要影响因素，这是因为其他影响因素对种苗销量的影响数据不易获取。

在时间序列预测分析模型中考虑太多的影响因素是不合适的，但仅根据种苗销量的时间序列，又不能描述出种苗的销量特征。针对种苗销量的历史数据，将生产能力作为唯一考虑因素，建立小波变换与混合模型相结合的种苗预测模型来预测其销量。

输入变量的选择对于预测模型的作用至关重要，本文将相关性数据分析方法引入到种苗销量的输入变量集中。采用相关性数据分析方法可大致确定各输入变量对预测时段内种苗销量的影响程度。通过对近 10 年种苗预测时段的销量与历史销量和历史生产能力负荷之间的相关性分析，发现输入变量往往是预测时段前三年的历史销量及历史生产能力，且模型输入变量与预测量的相关系数随着距离预测时段的长短其相关系数也越来越小。因此本文的模型输入变量包括两部分：一部分是临近预测时段的种苗历史销量和相似时段的种苗历史销量；另一部分是临近时段的生产能力负荷和相似时段的生产能力负荷。

第二节 分布式工厂生产条件下种苗生产系统最优生产计划研究

生产计划优化是实现种苗工厂生产运筹管理的中心环节。在前述工厂化育苗系统销售预测得到的预测结果基础上，本章将工厂化育苗系统生产计划优化问题细分为：总体生产规划、月生产计划和原材料需求计划三个由上至下的生产计划优化层次，分别研究各生产计划优化层次所针对的研究对象的特点及其在整体生产计划优化过程中所处的地位，以客户满意度和订单利润最大化为目标，对种苗工厂的实际生产运营过程进行数学建模分析，在此基础上，提出基于路径级联算法的种苗工厂生产计划优化求解方法，以实现分布式种苗工厂生产条件下不同生产计划优化层次条件下的生产计划优化管理。

现代农业生产以分布式、大规模、协同生产为特征，生产计划安排需综合考虑各种生产条件（如物流成本、生产成本、生产能力、模糊的播种需求等）对种苗工厂生产计划安排的影响，因此工厂化育苗系统的生产计划安排问题变得十分复杂。迄今为止，鲜有文献研究多工厂多约束条件下的种苗生产系统生产计划安排问题，究其原因，主要包括以下几点：种苗工厂目前并未在国际上进行大规模推广，大部分农业生产还是通过传统的手工耕作方式，因为长期以来，农业生产都被认为是投资高、回报低的产业，因此很少有人愿意投资农业，更少有人会研究关于种苗工厂的生产计划优化环节；与工业品相比，农产品的生产计划与运筹管理问题更为复杂，例如：农作物播种量应大于客户订单要求的数量，这是由于农作物自身的生长特性，有些种子本身就不能出苗，而且在农作物的生长过程中，不可避免地会受到气温、病虫害等因素的影响，因此农作物的生产计划安排问题带有模糊特征，极为复杂；在一定的程度上说，在我国目前的农业生产条件下，极其缺少农业生产运筹管理方面的研究人员，事实上，该领域属于学科交叉研究的内容，需要研究者不仅应具有生产运筹管理的背景知识，也需要了解农作物生长特性方面的知识，而同时兼有这类研究背景的专业人员及其匮乏。

生产计划是联系客户订单与工厂实际生产能力的桥梁，在种苗工厂生产系统中发挥着重要的作用。种苗工厂生产计划的优化问题对于接单生产型企业尤为重要，因为接单生产型企业在确定其最优生产能力、降低生产成本和满足客户需求方面需要更高的生产柔性。为了有效提高接单生产型企业的生产效率，必须根据农产品生产过程中的实际问题来寻找改善其生产计划与运筹管理的方法。然而，按照 2007 年中国改革与发展委员会的报告，即使接单生产型生产企业在国民经济生产过程中占有很大比例，其生产运筹管理的水平依然很低。对于分布式多工厂生产条件下的企业生产计划优化问题就研究的更少。本章着重研究分布式工厂条件下的种苗工厂生产计划问题，以期填补我国种苗工厂生产计划优化问题研究方面的空白。

长期以来，企业生产计划的优化问题主要采用的还是基于数学规划的方法，具体包括：线性规划、整数规划、动态规划和模糊数学规划的方法等，郭均鹏等人将鲁棒型间隔线性规划方法应用到模糊制造系统中，同时建立了基于区间间隔法的边界界定法，在此基础上建立了 2 层线性规划方法来提升原有的线性规划模型对生产计划安排的优化效率；宿洁等人在半边界分析的条件下建立了 2 层随机模糊线性规划模型，并将其应用到水资源管理的过程中；许志利用混合整数规划方法和启发式方法来解决工业资源浪费的问题，董婧基于随机动态规划方法，建立了基于排队网络的生产计划优化方法。

为了实现多约束生产条件下的生产计划优化，许多学者提出了针对多目标进行优化的生产计划模型。王庆明等人建立了多目标生产计划模型，并根据生产计划模型的结果来指导加工单元调度；张春梅等人建立了单目标规划方法来研究装配线上的平衡问题。基于数学规划方法的企业生产计划优化方法对于工业品的生产过程起到了促进作用，但它对于模糊、复杂型生产系统收效甚微。例如：种苗培育时间会随着季节的变化而变化，一般来说，冬季培育绿叶菜需要 2 个多月的时间，而在夏季培育绿叶菜只需要 20 天的时间，此外，不同的季节育不同的苗，其生产成本也是不同的，这是因为夏季育苗不需要额外的温升设备，而在冬季育苗，需要在温室里使用温升设备来营造出适应种苗生长的环境。在冬季，为了在高成本和低利润之间寻找一个平衡，冬季的种苗单价往往会高于夏的种苗单价。考虑到季节性、成苗率、病虫害等不确定因素带来的系统模糊、动态和不确定性特征，因此种苗生产计划的优化控制变得极为复杂。企业经营者会通过生产运筹控制的方法来优化生产计划、减少生产成本。虽然目前已有一些管理信息软件应用于农产品的生产管理过程中，也有一些库存管理软件应用于作物生产的供应链生产条件下，但这些生产计划的优化方法都是仅考虑工厂的有限生产能力的条件下，很少有文献考虑满足客户需求这一优化目标。因此，关于种苗工厂的生产计划优化这一问题研究，作为紧密联系客户订单与工厂实际生产能力的纽带，通过生产计划的有效优化控制，必然能有效地增加种苗产量，同时也有效地满足客户需求。这也是本章的主要突破点。

第三节 基于约束分解方法的种苗生产系统核心生产单元优化调度模型

核心生产单元的优化调度可显著提高工厂化育苗系统的产能。本节针对种苗工厂生产运营过程中的作业"堵塞"和核心生产设备"吞吐率低"的问题，考虑到不同的种苗品种育苗时间也各不相同，从而导致了其占用生产单元的时间也不相同这一特点。本节首先深入分析种苗生产线特征，提出基于约束分解方法的工厂化育苗系统优化作业调度模型，并将其应用到种苗工厂生产运营实例中进行分析。

制造系统加工单元的调度方法是在当前复杂多变的市场环境下使企业保持竞争性的决定性因素。其目标是把具有竞争性、易造成生产线"阻塞"的加工单元在加工时间上优先分配给优先级较高的作业。许多复杂制造系统的调度问题都可被归纳为 Flow-shop 型调度问题。其主要特征是生产线上的每个作业都要经过某一特定的加工设备，同时所有的作业都要遵循相同的加工路线。在实际制造环境下，数以百计甚至是数以万计的作业要通过有限的加工单元，因此这类大规模的复杂 Flow-shop 制造问题都是极端复杂的 NP-hard 难问题。一般地，Flow-shop 型问题的生产线都被设定成非平稳型生产线，这是因为平稳型生产线难以应对在平稳的生产过程中新增作业的情况。加工能力非平稳的生产线既可以在平稳生产线中克服新增客户订单的扰动，又可以保持整个生产线的平稳性。在非平稳的制造系统生产线中，都会包含一些瓶颈机。一般来说，瓶颈机即生产负荷小于或等于作业对该生产单元需求量的设备。由于瓶颈机的利用率会直接影响整个制造系统的产出率，因此对生产线上瓶颈机的识别和管理可有效地提高整个制造系统的加工效率。生产能力不平衡的加工设备的这一特征可被用于简化整个复杂制造系统的效率，以期提升整个制造系统的生产效率。

基于瓶颈单元的制造系统加工单元调度方法主要包括瓶颈识别和瓶颈处理方法两个方面。起初，鼓—绳索—缓冲器的方法被用于瓶颈机制造系统的优化管理问题中，在此基础上很多学者提出了许多预防瓶颈机"饥饿"的方法。但这类问题只是建立在假设生产线上所有的加工单元都有足够的加工能力来进行瓶颈机调度这一条件下，因此并不实用。

然而，实际制造系统中的加工单元的生产能力并不是无限的，生产都是在有限的加工能力下进行。非优化的瓶颈机与非瓶颈机的调度策略会严重地影响整个制造系统的性能。因此，本章着重研究瓶颈机生产条件下，瓶颈机与非瓶颈机的优化协同调度方法，以实现设备利用率最大化和制造系统产能最大化的目标。

第十一章 苗圃的建立与管理

药用植物苗圃是专门培育药用植物种苗的基地，有计划地建立药用植物苗圃是保证中药材生产的前提条件。合理布设和规划设计药用植物苗圃，采用集约化经营管理和先进育苗技术是提高药用植物种苗质量和产量的重要环节。

第一节 苗圃的建立

一、苗圃的种类及特点

按照使用年限的长短，可将药用植物苗圃分为固定苗圃和临时苗圃。

（一）固定苗圃

固定苗圃一般规模较大，经营年限较长，生产的种苗种类较多，具有一定的基本建设投资，可连续育苗几年、十几年甚至几十年。固定苗圃除了完成必要的药用植物育苗任务外，还承担部分试验研究和技术推广任务。

固定苗圃的特点是：

（1）劳力固定，经营比较集约，有利于机械化操作；

（2）便于应用现代化灌溉设施；

（3）能充分利用投资和先进的生产技术；

（4）有利于有计划地大批量生产；

（5）有利于开展科学研究工作；便于培养技术干部和技术工人。其缺点是苗圃投资较大；对于药用植物种苗的运输要求也比较严格，如果运输不当会降低栽培的成活率。

（二）临时苗圃

临时苗圃一般位于栽培地附近，面积较小，使用年限较短，生产种类比较简单，一般在完成当年栽培任务或因苗圃地土壤肥力、酸碱度改变而不能继续培育种苗时，即停止使用。

临时苗圃的特点是：

（1）就近育苗，可减少或不需运苗费用，成本低，投资少；

（2）育苗地与栽植地环境条件相近，栽植成活率较高；

（3）抚育管理简单省工。其缺点是面积小而分散，不利于集约化经营和机械化作业。

二、苗圃地的选择

药用植物苗圃地的选择是育苗工作成败的关键。选择不当会浪费人力物力，给育苗工作带来不可弥补的损失。尤其是对于面积较大、使用年限较长的固定苗圃，选地工作更为重要。选择苗圃地的总体原则是应选择大气、水质、土壤无污染的地区（如远离化工厂、矿山等带有污染源的地点，远离垃圾场），仔细调查当地的环境条件（如地貌、气候、土壤、植被、前茬耕作状况、病虫害发生情况、水源和交通状况等）以确定苗圃位置。此外还应了解当地的气象资料，如年降雨量及其分布时间、最大一次降雨量及持续时间、年平均气温、月平均气温、绝对最高和最低气温、早霜期及晚霜期、冻土层的深度、风向及风力等。具体来说，苗圃地的选择要从以下几方面进行考虑。

（一）地理位置

首先，在药用植物苗圃地周围 1km 以内应无产生污染的工矿企业、无"三废"污染、无垃圾场。大气环境质量应符合《中药材生产质量管理规范》（GAP）中的有关规定，即空气应无污染，符合《大气环境质量标准》二级标准；土壤环境质量应符合《国家土壤环境质量标准》二级标准；苗圃地附近应有可供灌溉的水源及设施，灌溉水质达到国家《农田灌溉水质量标准》。

其次，苗圃地要选择在靠近公路、铁路或水路等交通方便的地方，便于种苗出圃并在最短时间内运往栽培地，便于材料物资的运入、农机具的维修等；同时要靠近居民点，便于解决劳力、畜力、电力等问题，尤其在苗圃工作繁忙季节，便于及时补充劳力。此外，还要求苗圃地具备良好的社会环境，如经济状况、投资环境、电力、通讯和社会治安等。

（二）自然条件

自然条件的好坏是建立药用植物苗圃成败的关键。自然条件主要包括当地的地形地貌、土壤质地和肥力、水资源状况和历史病虫害发生情况等。

1. 地形条件

主要是指苗圃地的坡度和坡向。

（1）坡度

苗圃应尽量选在排水良好的平坦地方，坡度不宜超过 3°。坡度过大易造成水土流失，降低土壤肥力，不利于灌溉和机械化作业。但在土壤黏重或多雨的南方，为了利于排水，也可选3°～5°的缓坡地。

（2）坡向

如果是坡地，选好坡向可防止冻害与风害。在山地设置苗圃，应根据纬度、海拔高度、植物特性及设施条件等选择适宜的坡向。地形起伏大的地区（如华北、西北）干旱寒冷和西北风危害是主要矛盾，以东南向坡为宜，可免受西北风的侵袭，南向坡比较干旱，东向坡霜害较多，均不宜作苗圃地；而南方温暖多雨，则以东南、东北坡为佳，南向坡和西南坡阳光直射，幼苗易灼伤。

除了坡度和坡向外，在选择苗圃地时还应注意选择有利的小地形。积水的洼地、寒流汇集地、光照过弱的峡谷、风害严重的风口、易暴发山洪的山区地段、严重的盐碱地等均不宜作为药用植物苗圃地。在河滩、湖滩和水库附近建立药用植物苗圃时，应考虑设在历史最高水位以上的地段。

2. 土壤条件

土壤条件是影响药用植物种苗内在质量和产量的重要因子之一。土壤条件的好坏与药用植物种子发芽、根系生长和种苗生长都有密切关系。土壤还影响着药用植物内在化学成分（有效成分）的含量。大多数药用植物喜欢生长在土质疏松、富含有机质、中性微偏酸或偏碱的砂土和壤土中。土壤条件适宜与否，主要表现在土壤中的养分、水分、通气、热量状况和土壤质地、土壤酸碱度等方面。

（1）土壤水分

首先土壤水分对种子发芽和种苗生长都有很大的影响。土壤含水量过低会导致干旱，根重、根长、根密度显著降低，尤其会影响根类药材的产量和质量。而含水量过高，一方面引起种苗地上部分徒长，根系发育弱，生长期延长，秋末不能木质化、冬季易遭受冻害；另一方面影响根系呼吸，厌氧菌活动旺盛，容易造成烂根和疾病发生。其次土壤含水量还会影响药用植物中有效成分的合成和积累，如土壤干旱或过湿都会明显降低人参总皂苷的含量。土壤含水量过高，不利于伊贝母中生物碱的积累。羽扇豆生物碱的含量在湿润年份较干旱年份少。在轻度水分胁迫条件下（较干旱），金银花中的绿原酸含量可保持在较高水平。在干旱条件下，东莨菪中阿托品的含量可高达1%左右，而在湿润环境中仅为0.4%左右。

（2）土壤养分

选择苗圃地时应尽量选用石砾少、土层深厚、土壤养分较高的地块，切忌养分消耗严重的撂荒地和地力衰退的耕地。例如，不同的氮源营养以及氮、磷、钾的营养状况对黄连中小檗碱的含量及植株生长均有很大影响——低氮浓度下，黄连根茎中小檗碱的含量随氮浓度升高而升高；而单纯施用氮肥，会造成丹参中丹参素和丹参酮含量的降低，氮、磷肥合理配合施用，可使丹参高产同时品质提高。

（3）土壤结构和质地

土壤的结构和质地对土壤中的水、肥、气、热影响很大。苗圃应以肥沃疏松、土层深厚的砂质壤土、壤土或轻黏壤土为宜。这类土壤结构疏松，保水、保肥、通气性能好，土温变化缓和，降雨时能充分吸收雨水，灌溉时渗水均匀，耕作省力，有利于幼芽出土和根系的生长，起苗时不易伤根。

砂土疏松、保肥性差、水分不足、易出现干旱现象，夏季高温时易受日灼，不宜作为苗圃地。在砂土上生长的种苗根系少而细长，分布较深，种苗生长较弱。过黏的土壤也不宜作苗圃地，因黏土结构紧密、通气和透水性差，干旱时地表容易板结龟裂，含水量大时泥泞不利于耕作也不宜作为苗圃地。黏土上播种育苗，种子发芽率低、幼苗出土困难、种苗生长差、起苗时易伤苗根。

（4）土壤酸碱度

土壤酸碱度是土壤各种化学性质的综合反映。在 pH 为 6~7 时，土壤养分的有效性最好。土壤 pH 值过低（过酸）时，土壤中的磷和其他营养元素的有效性下降，活性铝离子含量增多，影响种苗生长，并引起锰、磷的有效性降低。pH 值过高（过碱）时，也会降低某些元素的有效性。如 pH 值超过 8 会使磷、铁、锌、硼和锰等元素的有效性降低，种苗猝倒病发病率升高。含盐量高的土壤不利于根系对水分和养分的吸收，而且盐碱土中含有碳酸钠、碳酸氢钠等，对种苗有严重的毒害作用，影响种苗生长。过酸、过碱以及过重的盐碱地都不利于育苗。

不同品种的药用植物对土壤酸碱的适应性有差异。酸性土壤适于种植肉桂、人参、西洋参、丁香、胖大海、黄连等；碱性土壤适于种甘草、枸杞等；而中性土壤则适于大多数药用植物的生长。土壤的酸碱度也影响药用植物中有效成分的积累，选择土壤要以药材中所含有效成分的种类来确定。如自然界中生物碱在药用植物中积累的百分率随土壤 pH 值的增高而增加。在强酸性土壤上，药用植物中生物碱的积累量较低；在碱性土壤中积累的生物碱比正常水平高。

3. 水源条件

水是培育壮苗的重要条件，是种苗生长必需因子，苗圃必须设在水源充足、灌溉方便的地方，尽量利用河流、湖泊和水库等自然水源，自流灌溉。

如无上述水源，则要有打井的条件。水源的水量，要能满足旱季育苗所需的灌溉用水。灌溉用水含盐量不超过 0.1%。

选择苗圃地时还应考虑地下水位的高低。地下水位高的地方可减少灌溉次数，但有时会引起根系生长不良，冬季易遭受冻害袭击；地下水位低的地方会增加灌溉次数和灌溉量，增加育苗成本。一般沙壤土的地下水位以 1.5～2.0 m 为宜，轻黏壤土以 2.5 m 以下为宜。

4. 病虫害发生状况

病虫害是种苗的大敌，在育苗时常因病虫害而造成很大的损失。在选择苗圃地时要对周边环境的生物体系进行详细调查，重点查清蛴螬、蝼蛄、地老虎等主要地下害虫的虫口密度和发病规律，立枯病病原菌的积累及感染程度等。如果前茬是烟草、棉花、马铃薯、蔬菜的土地，易感染猝倒病，在选择苗圃地时，须事先采取综合防治措施。

总之，选择苗圃地时应根据具体情况综合分析各方面的因素，抓住主要因素、权衡利弊作出正确选择。

第二节　苗圃规划设计

在对有关经营条件、自然条件、土壤状况、地下水位、病虫害种类和感染程度、当地的气象资料等进行实地调查后，绘制 1/500～1/2000 比例的平面地形图，进行药用植物苗圃地的规划设计。规划设计的原则是便于灌溉并尽量缩短排灌系统的长度，便于机械化作业，非生产用地面积尽可能小，苗圃内的道路能通到苗圃的每一部分，最好与灌排水系统协调一致。

药用植物苗圃地区划的内容分为生产用地区划和非生产用地区划。

一、苗圃地的区划

（一）生产用地的区划

药用植物苗圃的生产用地包括种苗生产区（如播种育苗区、移植苗区、营养繁殖苗区、温室阴棚区、组培苗繁殖区和引种驯化区等）和母本园，科研项目较多的苗圃也可设置科研试验区。

一般来说，地势较平坦的大型苗圃有利于机械化作业，生产区的面积可相对大些；中小型苗圃、地形地势变化较大的，生产区的面积可小些。生产区面积太大时，为了耕作方便，可将其再划分成几个耕作区。机械化程度高的苗圃，耕作区的形状一般是长方形或正方形。耕作区的面积根据苗圃生产、使用的动力工具或农机具和地势而定。耕作区如果太短，机器或牲畜转弯多，生产效率低。面积较小的机械化苗圃，可用小型机具进行作业，每一耕作区面积可为 0.2 ~ 1.0 hm^2，耕作区长度可为 50 ~ 200 m；面积较大的大型苗圃，耕作区面积可为 1 ~ 3 hm^2 或再大些，耕作区长度可达 100 ~ 300 m。一般耕作区的宽度相当于长度的 1/2 或 1/3。

1. 繁殖区

包括播种繁殖区和营养繁殖区，是药用植物育苗的最重要区域。在圃地中应选择最好的土地作为繁殖区，要求地势平坦、土质好、排灌方便，又便于开展各项管理工作。

播种繁殖区是培育播种苗的主要生产区。幼苗对不良环境条件抵抗力弱，对水、肥、气、热条件要求高，需要细致管理。因此，播种繁殖区应设在地势平坦、土壤肥沃、通气性好、排灌方便的背风地段。如果是坡地，应设在最好的坡向上。

营养繁殖区是培育插条、埋条、嫁接、分根等种苗的生产区。应根据药用植物的生物学特性合理区划育苗区，要求设在地下水位较高，土壤湿润、土层深厚和排水良好的地段。

2. 移植区（大苗区）

该区是培育根系发达、苗干粗壮、苗龄较大的移植苗生产区。通过移植把由繁殖区培育出来的 1 ~ 2 年生的幼苗再培养 1 ~ 3 年，长成较大的种苗后再出圃，如三尖杉、红豆杉、肉桂等。该区生长的种苗株行距较大，具有较发达的根系，较强的吸收水肥和抵抗不良环境能力，可设在土壤条件中等、地下水位较低的地段。

3. 采穗圃与采种园

在规模较大的苗圃设采穗圃与种子园，其目的是为了保证种苗纯度，防止检疫性病害传播，提供优良品种接穗、插条和种子。采穗圃与种子园区可设在苗圃的周边或一角。采穗圃与种子园可与品种园结合，应按药用植物特性尽量设在土壤较肥而疏松的地段。

4. 引种驯化及生产实验区

需引种驯化的药用植物可以先在苗圃进行播种育苗、扦插育苗，也可以进行移植培育，以适应当地环境条件，如中国红豆杉、小红参、萝芙木、重楼等。在该区内，还可以开展杂交育种试验等。

一般用于以下几种情况：野生药源不能满足需要，迫切需要人工驯化培育；野生药源虽有一定分布，但需要量大，不能满足供应；野生药源尚多，但较分散，采集花费劳力多；已引种成功的需扩大繁殖，以满足需求；依靠进口的药材，亟待引种、栽培以逐步满足药用的需要。

5.温室和阴棚区

为繁殖热带或耐阴的药用植物提供温热或荫蔽的环境条件而设置的生产区。一般要求设在比较避风的地段。温室和阴棚区大多利用无土栽培和繁殖种苗，对原有地土壤条件要求不严。

6.组培和容器苗繁殖区

利用组培育苗技术提高繁殖系数、培育无病毒种苗。该区应设在苗圃的建筑设施附近，水电和供暖等都可以统一规划、集中管理。

其他种苗生产区，可根据苗圃的具体条件和生产目的进行区划。

（二）非生产用地（辅助用地）的区划

非生产用地不能用来直接生产种苗，却是苗圃中不可缺少的部分，主要包括道路、排灌设施、防护林及相关建筑等。非生产用地既要满足生产需要，又要尽量少占耕地。

1.道路系统的设置

苗圃道路网的配置在一定程度上影响工作效率和土地利用率。通过道路系统，使苗圃与外界可以很方便地进行物资交流，苗圃内部则有利于在各育苗区顺利开展育苗工作。因此，设计道路网的原则是既要考虑运输车辆、农机具和工作人员通行方便，又要降低辅助用地面积。

苗圃道路网包括主干道、副道、小道（步道）和周界道。道路的宽窄因苗圃的大小和使用的农机具、车辆的种类而定。小苗圃不必具备各种规格的道路。确定道路网的配置和宽窄时，既要合理，又要实用。道路网的设置最好与排灌系统、防护系统相结合。

（1）主干道（一级路）

主干道是纵贯苗圃中央的主要运输道路，也是苗圃内部对外联系的直接通道。该道路应与大门、仓库、公路相连接。苗圃规模较大时可规划相互垂直的两条主干道。主干道的宽度以能对开载重汽车为宜，一般为 6～7 m；中、小型苗圃主干道的宽度为 4～5 m。

（2）副道（二级路）

副道又叫支道，起辅助主道的作用，通常设置在主道两侧，是主干道直接通向各耕作区的道路，一般与主道垂直，也可沿耕作区的长边设置，宽度 3～4 m。

（3）小道（三级路）

设在生产区和小区之间，便于工作人员通行和作业，是连接各耕作区的道路，宽度为 1～1.5 m。

（4）周界道

周界道是环绕苗圃周围的道路，供作业机具、车辆回转和人员通行。在大型苗圃中的宽度应为 3 ～ 6 m，中、小型苗圃中为 1 ～ 2 m。

对于乡、村及个体苗圃，一般面积较小，在不影响运输种苗和育苗生产资料的前提下，应尽量缩小规格，以提高土地利用率。

道路的占地面积应不超过苗圃总面积的 7% ～ 10%。

2. 灌排水系统的设置

灌排水系统是保证种苗免遭旱涝危害的重要措施，是苗圃建设的重要组成部分。完善的灌溉系统是保证生产优质种苗的关键。排水系统是为了排除雨季苗圃内的积水和灌溉后的尾水而设置的，是苗圃内不可缺少的部分。灌排水系统设计时可结合道路的落差进行统一考虑。

（1）灌溉系统

灌溉系统应尽可能利用河、湖、池塘的水，如无此条件的要打井，水井的数量应根据水井的出水量和苗圃地的一次灌水量而定，力求均匀分散地配置在各生产区。在灌溉系统中，无论是以地下水还是以河、湖、水库为水源，均应确认水源没有受到污染且符合《国家农田灌溉用水标准》。灌溉方式要根据苗圃面积和水源情况而定，可以分为地面灌溉（包括漫灌和沟灌）、喷灌和滴灌等。

漫灌和沟灌的引水主要依靠渠道。灌溉渠道按照利用形式可分为固定渠道和临时渠道。固定渠道占地较多，不便机械通行，但较实用。临时渠道节省土地，便于机械通行，但需经常开渠。按规格大小可分为主渠、支渠和毛渠等。主渠是直接从水源将水引到支渠供应全圃灌溉用水，规格较大，宽 1.5 ～ 2.5 m；支渠是从主渠引水供应苗圃某一个至几个生产区的用水，其规格比主渠小，宽 1.0 ～ 1.5 m；毛渠是从支渠把水引进育苗地进行灌溉，宽 0.6 ～ 1.0 m。渠道的具体规格和数量，要根据所负担的灌溉面积和一次灌溉量等因素而定。总之，应以能保证最高速度供应苗圃灌溉用水，少占土地为原则。各渠道的水流要畅通无阻，不能发生游积和冲刷现象。可直接挖沟开渠，也可用铁管、塑料管、水泥管、竹管或用砖石砌成渠道。灌溉的方向要与耕作方向一致。

喷灌和滴灌是现代化的灌溉设备，有条件的苗圃应尽量采用。

（2）排水系统

在圃地地势低洼、排水不良或在降水量较多的地区，常因积水引起严重的涝灾或病虫害，使种苗大量死亡，降低苗木质量和产量。在地下水位较高的苗圃，应设置较大规格的排水沟，以防土壤返盐碱。在设计排水系统时可根据年降雨量及一次性最大降雨量设计出水口的允许流量，以保证能及时排出苗圃内积水。

排水沟应设在地势较低的地方，其方向多与灌溉渠相垂直，一般设在道路两侧。排水沟的宽度和深度应根据当地降水量的分布和地形、土壤条件等因子而定，以能保证迅速排出灌溉尾水和雨季积水、少占圃地为原则。排水沟分主沟、支沟和小沟。

主沟多设在主道两侧，承受着苗圃内盛水期的全部排水流量，出水口必须设在苗圃外，保证在盛水期能将苗圃的全部积水排出。

支沟多设在支道两侧，排出的水经过支沟汇流到主沟。

小沟用来排出苗床和小区内积水。

各级沟的规格应因地制宜。离山较近的苗圃不仅要有较大的排水沟，而且在排水沟外侧应修筑土堤以防洪水冲击；平原地区的苗圃排水沟两侧应平坦，使苗圃内外的积水顺利流出。

3. 防护设施

（1）防护林带的设置

在风沙危害的地区，设置防护林带是提高种苗产量和质量的有效措施。防护林带能降低风速，减少地面蒸发和种苗蒸腾量，提高地面空气湿度，改善林带内小气候。还能防止风吹、沙打和沙压种苗。防护林带可采用乔木和灌木相结合的形式，选择的树种应以当地的乡土树种为主，也可与母本园相结合。林带与主风向垂直，宽度根据圃地面积大小和气候条件确定，一般为5～8 m，占地面积为苗圃总面积的5%～10%。适宜做防护林的药用植物主要有杜仲、银杏、槐树、黄檗、厚朴、肉桂等。

（2）沟、篱的设置

为防止野兽、家畜、虫害等侵入圃地，在苗圃周围设置篱和沟。篱可以分为生篱和死篱两种。生篱用于永久性苗圃，一般选择生长快，萌芽力强、根系不太扩展并有刺的树种，如女贞、木槿、沙棘、皂荚、野蔷薇、黄杨等。死篱可用树干、木桩或竹枝等编制而成，有条件的地方可砌围墙。

4. 房屋、场院等建筑物的设置

房屋主要包括办公室、宿舍、温室、仓库、种子储藏室、种苗分级室、机车库等。场院主要包括晾晒场、积肥场等。建筑物的设置应本着统筹规划、合理布局、经济实用、少占耕地的原则。为了方便指挥和参加各项生产活动，大型苗圃应设在苗圃中央，一般选土壤条件差、经营管理方便的地段；中型和小型苗圃则可建在圃地一侧。

（三）苗圃地面积的计算

苗圃地面积包括生产区面积和辅助区面积。生产区面积包括各种种苗生产区及休闲地的面积；辅助区面积包括道路、房舍、固定灌溉排水系统、蓄水池、制肥场、防护设施等所占用的土地面积。非生产用地面积的多少，直接影响苗圃地的利用率。计算苗圃地面积时，首先要掌握一些重要数据，如年生产种苗的种类及数量，单位面积的产苗量，育苗的年限，采用的轮作制及每年种苗所占的轮作区数，辅助用地的总面积等。所计算的面积是指某种植物所占面积。把生产区将要生产的各个品种所占面积相加即为生产地的总面积。所有植物育苗面积的总和，再加上辅助用地的总面积，即得苗圃地的总面积。

生产地面积分为净面积和毛面积两种。净面积指苗床面积，也称有效面积。毛面积包括苗床面积和辅助用地面积。一般净面积为毛面积的55%～70%。苗圃的辅助用地面积按国家规定，要控制在总面积的20%～25%以下。

依上述公式所计算出的是理论结果，在实际操作时应考虑种苗在抚育、起苗、运输和贮藏等过程中的损失，在计算时苗区的面积应适当增加，留有余地。苗圃地的面积还应根据每年的需苗量来确定，适当增加，一般增加3%～5%。

（四）苗圃设计图的绘制和设计说明书的编写

苗圃设计图和设计说明书是药用植物苗圃设计不可缺少的组成部分，要依自然条件和机械化条件等确定设计方案。

1.苗圃设计图的绘制

依据有关资料，在地形图上绘制出主要路、渠、沟、建筑物等位置，确定耕作区的大小、长宽和方向，再根据育苗的要求和占地面积，绘出设计草图。经多方征求意见修改后确定正式设计方案，按比例绘制出正式设计图，并标出排灌方向、图例、比例尺、南北方向等。

2.苗圃设计说明书的编写

苗圃设计图纸上表达不出的内容，都必须在说明书中加以阐述，包括总论和设计内容两部分。

（1）总论

主要叙述该地区的经营和自然条件，并分析对育苗工作的有利和不利因素，以及相应的改造措施。经营条件包括苗圃位置，当地居民的经济、生产及劳动力情况，苗圃的交通条件、动力和机械化条件，周围的环境条件（如有无天然屏障、天然水源等）；自然条件包括气候条件、土壤条件、病虫害及植被情况、地形特点等。

（2）设计部分

主要包括苗圃的面积计算、苗圃的区划说明（耕作区的大小，各育苗区的配置，房屋、场院的设计，道路系统的设计，排、灌系统的设计，篱、墙、防护林带的设计）、育苗技术设计、建圃投资和种苗成本计算等。

二、苗圃档案的建立

药用植物苗圃档案主要记录从苗圃的建立、发展的全过程到所从事的一切相关的生产、销售、管理等活动，目的是通过不间断地记录、积累、整理、分析和总结苗圃地的使用情况、种苗的生长情况，总结育苗技术措施和生产经验，提高种苗的质量和科学管理水平，实现种苗质量的可追溯性。根据所记录的档案资料，能够及时、准确地掌握所培育种苗的种类、数量和质量，种苗的生长规律，种苗的施肥、灌水和病虫害防治情况，种苗的销售情况等。苗圃档案记录的关键是要实事求是，记录内容必须准确反映药源基建、生产、设备、科研及其管理活动的真实情况，记录要齐全、完整。苗圃档案的主要内容包括苗圃的基本情况、种苗管理技术和科学试验等项目。苗圃档案应专人记载，专人保管，长期保存。

（一）基本情况档案

包括从苗圃的筹建开始，整个筹建情况、耕地范围、详细位置、土地面积及自然条件、社会条件、筹建过程中参加人员、所有有关苗圃组建过程中的一切资料、文件，如苗圃规划设计的各类图纸（圃地地形图、平面图和规划图），大气、水质、土壤及病虫害的调查资料，建筑物和基础设施的图纸，固定资产，仪器设备，机器机具、生产工具及车辆的资料，苗圃工作人员岗位的设置和人员上岗前的培训情况等均应入档妥善保存。

（二）土地利用档案

记录苗圃地的土地利用情况，土地耕作、轮作情况，及时掌握土壤肥力的变化与耕作之间的关系，以利于合理轮作和科学经营。可以每年绘制苗圃土地利用状况图，并在图上标明苗圃地总面积、各个作业区面积、育苗种类、育苗面积和休闲地面积等。

（三）种苗技术档案

包括苗圃内每年的劳动生产情况，作业计划；种苗的产量与质量指标；每个生产小区的育苗历史及每批种苗育苗技术的全过程；繁殖材料的处理、繁殖技术、繁殖时间、繁殖数量及面积；育苗地的管理如灌溉的时期与数量，施肥的种类、施用时间、施用量、施用方法；病虫害防治中包括杀虫剂、杀菌剂及除锈剂的种类、施用量、施用时间和方法；种苗出圃、假植、贮藏、包装和运输等情况。种苗技术档案对于药用植物苗圃至关重要。

（四）科学试验档案

包括科学试验的试验目的、研究方法、田间设计、试验结果、原始记录和年度总结等。专题试验每年要有试验总结报告或阶段性的成果报告。

（五）小气候资料

气候条件与种苗的生长和病虫害的发生发展有着极为密切的关系。及时观察记录小气候资料，分析气候条件与种苗生物学特性的相关性，可以利用有利的气象因素，采取适宜的预防措施使培育的种苗优质高产。

（六）其他档案

包括苗圃工作人员及劳动生产组织的建立、变迁和发展状况；各苗圃基层生产单位（班、组及办公室等）每天要填写生产日志，其中包括天气状况、出勤人员、劳动内容及完成工作量以及其他应该记录的重要内容等，记录当天重要的生产活动内容，每月装订成册。

第三节　苗圃管理

药用植物苗圃管理包括土壤的耕作制度、苗圃地的水肥管理以及病虫草害管理等内容。在育苗前和育苗过程中要对土壤进行一系列的耕作和水肥管理措施等以提高土壤肥力，使土壤的水、肥、气、热等能够协调供应，并要进行病虫害无公害综合防治，保证种苗健康生长。

一、耕作制度

（一）整地

苗圃地选定以后，在育苗前对土地进行整理称为整地。整地是种苗生产过程中的一项重要的技术措施，其主要目的是疏松土壤，改善土壤的物理状况，提高土壤肥力，去除杂草，耙细土壤以满足种子萌发和种苗生长所需要的水、肥、气、热等条件。秋季入冬前，深翻土壤有利于将土壤中冬眠的害虫翻到土表冻死，减轻来年虫害。

1.整地的作用

促使深层土壤熟化，增大土壤空隙度，促进土壤团粒结构的形成；使苗圃耕作层土壤疏松平整，提高土壤的透水性和通气性；有利于种苗根系呼吸，促进种苗根系生长；改善土壤理化性质，加强土壤氧化作用，使土壤中潜在肥力发挥作用，调节土壤中的水、养、气、热之间相互关系；促进好气性微生物活动，分解土壤有机质，为种苗提供养分，有利于种苗生长；掩埋作物残茬；消灭杂草和病虫害。

2. 不同类型地的整地特点

（1）育苗地的整地

在干旱、少雨、多风、土壤水分含量低的地方，整地的主要目的是蓄水保墒，秋耕后应灌冻水，以补充春播时水分不足。在冬季有积雪的地区，秋耕后可在第二年春天耙地作床、准备播种。春季起苗后则应尽快犁耙，做出床形，以减少水分蒸发。秋季起苗后，及时深翻细耕，一次耙细耙平，来年春季及时作床，适时播种。冬季起苗、冬季播种的圃地，起苗后应抓紧进行冬耕，耕后适时耙地。耙平耙细后，再浅耕一次，然后作床、及时播种。为了疏松土壤，增加土壤通透性，可在育苗过程中加强中耕。

（2）生荒地、撂荒地的整地

主要目的是消灭杂草，促进生草层迅速分解，疏松土壤以利于保水和土壤熟化。在多年生和 1 年生杂草茂密的荒地上，应先割草或烧荒（劈草炼山），消灭杂草，然后深耕，使土壤充分风化，次年春季再翻耕耙地。开荒后的土地，第一年应种植农作物，通过田间管理消灭杂草、促进生草层分解，然后在秋季进行整地，第二年春季即可用来育苗。在杂草不多、生草弱的荒地上可秋耕秋耙，第二年春天即可育苗。

3. 整地的要求

整地要做到及时、平整、全面、均匀，并要清除草根、石块、垃圾等异物。整地深度应根据种苗根系集中分布的范围而定。整地过浅，深根性药用植物如党参、牛膝、白芷等根的发展受到影响，使其不能正常发育，影响质量。整地过深，种苗根系太长，起苗时不易保持根系完整而降低质量。一般整地的深度为 20 ～ 25 cm，嫁接苗和移植苗区可稍深达 30 ～ 35 cm。当土壤干湿适中（含水量为饱和水量的 50% ～ 60%）时整地的质量最好，效率也高。整地要在土壤含水量适中时进行，土壤过干或过湿都不利于整地。

4. 整地的环节

药用植物苗圃整地分浅耕、耕地、耙地、镇压和中耕等 5 个环节。

（1）浅耕

目的是减少地面水分蒸发、消灭杂草和病虫害、减少耕地时土壤阻力和提高耕地质量。浅耕的时间和深度要根据耕作的目的和对象而定。在种植农作物后的轮作地上（药用植物与农作物轮作），当作物收获以后要及时浅耕。浅耕的深度一般为 4 ～ 7 cm。而对于生荒地、撂荒地（第一次建立苗圃）或休闲地，浅耕的深度应适当加深，一般为 10 ～ 15 cm。

（2）耕地

一般在浅耕之后，是整地的中心环节，具有整地的全部作用。耕地能够破坏犁底层，加深松土层，耕地结合施肥同时进行，促使深层生土熟化。耕地能够增加土壤的团粒结构、提高土壤肥力、为种苗根系的发育和培育壮苗提供良好的土壤环境。

耕地深度对整地效果影响很大。药用植物繁殖方法不同，耕地深度也不同。一般来说，播种苗根系深度分布在 5～25 cm，播种区的耕地深度宜在 25 cm；营养繁殖苗和移栽苗的根系比较长，耕地深度以 30～35 cm 为宜。气候条件不同，耕地的深度也不同。在北方干旱地区、南方黏重瘠薄土壤地区和盐碱地应深耕。砂土地和土壤浅薄或土壤下层质地不良的地区耕地不宜过深。同时要考虑药用植物的药用部位，培育以根为药用部位的种苗时，耕地深度应适当加深。

耕地的时间因当地的气候条件和土壤状况而定。一般秋季耕地有利于保水保墒、改良土壤、消灭病虫害。北方干旱地区和盐碱地区均适宜秋耕，南方地区可进行秋耕和冬耕。

（3）耙地

耕地后进行的表土耕作措施。经过犁耕后起伏不平，耕层内还有土块架空，土壤不平整、土块较大、松紧不一，容易漏风跑墒。及时耙地，可以破碎表土土块，平整地面，破除板结，疏松表土和保墒抗旱。在北方干旱和半干旱、无积雪的地区，秋天耕地后应立即耙地。在冬季有积雪的地区，宜在第二年初春耙地。对于南方较为黏重的土壤，为改善土壤通气性、促使土壤风化或氧化土壤中还原性物质，耕地后要进行晒垡，等土壤干到适耕程度或待第二年春天再进行耙地。

（4）镇压

镇压是对土壤进行的一种机械加工，通过镇压压碎和压实表层土壤，使一定深层的表土紧密，恢复土壤的毛细管作用，减少气态水的损失，保持土表湿润。进行镇压的时间，可在播种前或播种后。土壤过于疏松或有坷垃架空而种子较小时，宜进行播前镇压以保证播种均匀，有利于种子破土出苗。种子较大且出苗较易时，播后镇压可使种子和土壤接触紧密，有利于种子吸水发芽。

（5）中耕

中耕指种苗生长期间疏松表土的作业。中耕的作用是破除板结，增加水分，改善土壤通气性，清除杂草，调节土温和减少蒸发等。当土壤含水量较高、土壤蒸发主要取决于大气蒸发力（干燥度）时，中耕松土可增加蒸发面积，加快土壤水分蒸发。当土壤水分含量低，土壤蒸发取决于心土层水分向表层供给速度，中耕可以切断土壤毛细管而阻碍水分向土壤表层供应，抑制土壤蒸发，有利于保持土壤水分。苗期及时进行中耕可使种苗所需的水分、养分和光照条件有所改善，从而促进种苗生长，提高种苗质量。

（二）轮作

1. 连作及连作障碍

连作是指在同一块苗圃地上连续 2 年或更长时间培育同一种药用植物种苗，也叫重茬。连作障碍是指在同一块土壤中连续种植 2 茬以上同种药用植物时，该药用植物在生长发育及代谢过程中的变化对自身带来的危害或对生长的抑制现象。连作障碍主要表现为营养不良、病虫害加重、有时甚至带来毁灭性灾害。连作障碍产生的原因主要有营养偏耗、根系或根际微生物分泌的有害物质累积、土壤环境及植物残株的引诱，导致根系微生物群系改变、土壤 pH 值改变，从而引起土壤养分的有效性降低或改变。其克服的对策主要有平衡施肥、利用有益微生物菌群协调植物根际微生物群落间的关系、建立轮作制度等。

2. 轮作及其意义

在同一块苗圃地上，每年有计划、有目的地培育不同的药用植物品种，或与牧草、农作物、绿肥作物等轮换种植，称为轮作（轮作也叫换茬或倒茬）。

不同品种的种苗或其他作物具有不同的生物学特性，从土壤中吸收养分的种类、数量、时期及吸收率等存在差异，而且向土壤中分泌的排泄物也有差异。因此，轮作可以改善土壤理化性质、提高土壤肥力，改变原有植物根际环境和根系分泌物成分，达到均衡营养、抑制毒素的目的，有利于药用植物的生长和发育；其次，多种病原菌都有一定的寄主，害虫也有一定的专食或寡食性，轮作可使其营养条件恶化，改变土壤中原来的病原微生物，减少病虫害发生。

3. 轮作的方法

苗圃地经过一年培育种苗后，土壤肥力减退、营养不均衡、病虫害严重，最好的解决办法是圃地休闲或轮作。苗圃地的轮作要根据育苗种类、育苗任务、药用植物生物学特性以及它们与土壤之间的相互关系等进行合理安排。

（1）药用植物与农作物的轮作

在药用植物苗圃适当种植农作物和绿肥作物等，对于增加土壤有机质、提高土壤肥力具有一定作用。在生产上可采用种苗与豆类作物进行轮作，一般以种植大豆、绿豆等豆科作物为好。但是如果轮作不当，也会使某些病虫害加剧，如地黄和花生都有枯萎病和根结线虫病，不能彼此互相轮作。

（2）药用植物与药用植物轮作

药用植物与药用植物轮作不仅可以避免连作引起的营养偏好、自毒现象等，还可减轻病虫危害。如大黄与黄芪轮作可减轻大黄的炭疽病和霜霉病的症状，同时危害黄芪的大头豆芫菁的虫口密度得以减少等。但有些药用植物间不能轮作，如白术不宜与地黄、玄参、附子等轮作，丹参不宜与北沙参轮作，甘草不宜与菘蓝轮作等。

（3）药用植物与牧草的轮作

与牧草轮作能增加土壤中有机质，促使土壤团粒结构形成，协调土壤内的水、肥、气、热等状况，改善土壤肥力条件。

二、水、肥管理

（一）灌水和排水

1. 灌水

合理灌溉是保证药用植物种苗正常生长发育的前提。灌溉应重点掌握浇透、时干时湿的原则。灌溉也可结合施肥进行，以节约用水；或在施肥之后进行，以提高肥效。

（1）灌就量

播种苗在播种后应避免土表干燥，灌水宜少量多次。扦插、压条苗在开始展叶而根系尚未充分发育时叶面蒸发量大，要适当多灌水。分株苗、移植苗在栽植时因根系被截断，水分吸收受阻，需在栽植后连续较大量地灌水2～3次。嫁接苗对水分需求不多，可以少灌水，但接口部位不能接触到水，否则会引起腐烂。同时，灌溉量还应考虑水分对药用植物中有效成分含量的影响。对于干旱条件下有利于有效成分积累的药用植物应少灌水，在有效成分大量合成时期应保持土壤相对干旱，如金银花。

（2）灌溉次数

根据土壤质地、培育的品种、生育期等因素确定灌溉次数。较黏重的土壤保水性强，应减少灌水次数；沙质土壤保水力差，应适当增加灌水次数。喜湿的药用植物应少量多次灌溉；较耐旱的药用植物可减少灌水。出苗期和幼苗期的种苗对水分较敏感，应及时少量多次灌水；速生期需水量大，可少次多量灌水，每次灌透。

2. 排水

当土壤含水量过多或遇到大、暴雨后，土壤的物理性能变差，氧气供应不足，积累大量二氧化碳，嫌气性微生物活动加强，土壤中有机质发酵分解，根类药材容易染病腐烂，这时苗圃地的排涝非常必要。尤其是一些黏性较重的土壤，底土层排水不良，更应注意及时排水。

具体措施是：对低洼地，无排水条件时，尽量不繁育根类药材。及时修排水沟保持排水畅通，以防苗圃积水。密切注意气象部门发布的天气预报，及时做好排水、防涝的准备工作。

（二）施肥

1.施肥的作用

苗圃施肥能给土壤补充或增加各种营养元素，维持土壤营养平衡。施有机肥还能增加土壤中的有机质，同时将大量有益微生物带入土中，加速土中矿物质养分的释放，提高难溶性磷的利用率，有机肥必须经过充分腐熟以除去其中的有害物质，促进土壤形成团粒结构；改善土壤的通透性和气、热条件，减少土壤养分的淋失和流失，利于药用植物种苗根系生长；施肥能促进药用植物的生长发育，增强其抗病虫害的能力。

2.施肥的原则

"中药材规范化生产肥料使用原则"中规定了中药材规范化生产过程中允许使用的肥料种类、组成和使用原则，必须依此原则执行。

（1）根据土壤状况有针对性地施肥

应对圃地的土壤进行全面调查，对其物理和化学性质、有机质及各种营养成分的种类和数量、pH值、土壤微生物的种类和数量等要做全面调查，然后根据土壤肥力状况和培育的药用植物种类制定施肥计划，缺什么补什么，缺多少补多少。施用肥料的种类应以有机肥为主，尤其土壤中缺乏有机质时，更要多施有机肥。一般来说，酸性土宜选用碱性肥料，如硝态氮肥、钙镁磷肥、草木灰等。碱性土宜选用酸性或生理酸性肥料，如铵态氮肥、水溶性磷肥（过磷酸钙）等，以防止土质变劣。但对于药用植物来说，施肥时还要考虑肥料对有效成分积累量的影响，如含有生物碱的药用植物适宜生长在碱性的土壤中，而含有酚酸类有效成分的药用植物适宜生长在微酸性土壤中。

（2）根据药用植物的营养特性施肥

药用植物种类、品种不同，所需养分的种类、数量以及对养分吸收的强度都不相同。必须根据药用植物的营养特性进行施肥。对全草类和叶类药用植物，特别是含生物碱类药用植物，如颠茄、东莨菪、曼陀罗、藿香等适当增施氮肥，能获得较高的产量和质量。但对红花施用氮肥过多，容易造成贪青徒长，组织柔嫩，诱发炭疽病。延胡索后期施用氮肥会造成霜霉病和菌核病的严重发生。对于五味子、沙苑子、决明、水飞蓟等果实、种子类药用植物，适当增施磷肥可提高种子的产量和品质。对人参、芍药、党参、黄连、大黄、牛膝、西洋参、牡丹等根和地下茎类药用植物增施磷、钾肥，配合使用化肥可提高产量和质量。

（3）合理施肥

特别是施肥种类、数量、时间、方法等都与病虫害的发生有关，施肥不当可能加重病虫害的发生。有机肥与化肥要配合使用。基肥要以有机肥为主，追肥适当施化肥，既要保证土壤中的有机质含量，又要保证各种营养元素达到应有的有效含量，二者可以相辅相成共同为种苗的生长提供所需营养。有机肥在施用前对其中的农药残留和重金属含量进行检测，符合要求的才能使用。若施用以农家肥为主的有机肥，应使其充分腐熟，达到无害化卫生标准。氮、磷、钾要配合施用，不宜长期施单一品种，防止积累的有害物质危害种苗生长和有效成分积累。

3.肥料的种类

（1）有机肥

有机肥含有种苗生长发育所必需的多种营养，肥效长，在种苗的生长过程中能源源不断地给种苗提供营养物质。有机肥在熟化土壤、培养地力、增加土壤有机质含量和增强土壤的缓冲性能等方面发挥着重要作用。施用有机肥可以改善和提高土壤的理化性质，增加土壤的有机胶体，使吸附表面增加，促进形成稳定的团粒结构，提高土壤的保水、保肥和通气能力，同时也为各种有益微生物的生活和繁殖创造条件。

有机肥主要包括堆肥、沤肥、厩肥、沼气肥、绿肥、饼肥、作物秸秆等。无论采用何种原料制作有机肥，必须经过高温发酵以杀灭各种寄生虫卵和病原菌、杂草种子，去除有害有机酸和有害气体，使之达到无害化卫生标准。还要对有机肥中的农药残留和重金属含量进行检测，确保有机肥中的农药残留和重金属含量不超过国家有关标准。有机肥原则上就地生产就地使用，如使用外来有机肥料应确认符合无害化要求后才能使用。

（2）无机肥

简称化肥，具有养分含量高、肥效快和使用方便等优点。但养分单一、肥效短。其主要作用是给种苗提供养分，而对于土壤的改良作用远不如有机肥料。连续使用无机肥料的种苗应有足够的有机肥料作为底肥，否则会使土壤的物理性能越来越差。同时，在使用化肥时还要根据具体情况选择适宜的种类。如硫酸铵、氯化铵为生理酸性肥料，适宜在石灰性土壤施用；而在酸性土施用则会使土壤pH值降低，使土壤酸化。

（3）微生物肥

微生物肥是利用土壤中有益的微生物，经过选育培养制成的各种菌剂肥料。微生物肥料通过微生物的生命活动为种苗增加土壤中营养元素的供给量，产生植物生长激素促进种苗对营养元素的吸收利用，提高种苗的抗逆性，使种苗的营养状况得到改善和提高。微生物肥料按其作用机理可分为根瘤菌类肥料、固氮菌类肥料、解磷菌类肥料、解钾菌类肥料等。在使用时受土壤肥力状况、有机质含量、pH 值、使用技术等许多条件的制约。

4. 施肥的种类及方法

（1）基肥

又叫底肥，指育苗前施入土壤中的肥料。施肥量根据药用植物种类、土壤状况和肥料种类而定。一般每公顷地基肥的用量为：栏肥 66.67 kg、绿肥 50.00 kg、人粪 25.00 kg、饼肥 2.34 kg。多施基肥有利于种苗的生长，但基肥用量过多也会对种苗造成不利影响，如烧根、徒长和营养比例失调等。基肥要求适当深施。常用基肥的种类有以下几类。

堆肥：以各类秸秆、枯枝、落叶、青草、人畜粪便等为原料，与少量泥土混合堆积而成的一种有机肥料。

沤肥：所用物料与堆肥基本相同，在淹水条件下（嫌气性）进行发酵而成。

厩肥（栏肥）：指猪、牛、鸡、鸭等畜禽的粪尿与秸秆垫料堆制成的肥料，含多种营养物质。

沼气肥：在密闭的沼气池中，有机物在嫌气条件下腐解产生沼气后的副产物。包括沼气液和残渣。

绿肥：绿色植物肥料，主要分为豆科和非豆科两大类。豆科常用的有草木犀、沙打旺、毛苕子、绿豆、蚕豆、紫云英等。非豆科常用的有禾本科的黑稻草、十字花科的肥田萝卜等。绿肥的利用形式有覆盖、翻入土中、混合堆沤。充分腐熟达到无害化程度的沼气肥水也可用作追肥。

作物秸秆：农作物的秸秆是重要的有机肥源之一。作物秸秆含有相当数量的作物所必需的营养元素（如氮、磷、钾、钙、硫等），在适宜条件下通过土壤微生物的作用，这些元素经过矿化再回到土壤中被作物吸收利用。

有机化肥：指工厂生产的有机肥，如有机复合肥、菌肥，多为颗粒制剂，可直接施用。

（2）种肥

是以浸种、拌种、浸根、蘸根和种子包衣形式等使用的肥料。主要是微量元素肥料、菌肥和氮磷钾三元复合肥料等，一般在临播种或营养繁殖时施入，目的是保证种子萌发或移栽幼苗所需的养分。

（3）追肥

指在药用植株生长发育期施用的肥料，其目的是及时供给药用植物种苗生长所需的养分，提高种苗质量和产量。追肥的方法主要有以下几种。

撒施：将肥料均匀地撒在苗床上，浅耙后盖土。

条施：在种苗行间开沟，将肥料施入后盖土。

浇灌：结合灌溉，将肥料随灌溉水施入苗床或苗行间后盖土。

（4）叶面喷肥

种苗除根系可以吸收营养外，叶片也具有吸收营养元素的功能，而且可以将所吸收的营养元素在体内运转而被同化吸收。根外追肥也叫叶面施肥，就是利用叶片吸收营养的特点，将速效肥或微肥的水溶液喷洒在叶子的表面（上面或下面），使营养元素通过叶表皮的微细结构进入表皮细胞的原生质。

叶面施肥具有用肥量少、肥效快的特点，几天甚至几小时便可见效，尤其是当基肥不足、根系受损伤或急需补充微量元素时，叶面施肥能获得良好的效果。叶面喷肥是对种苗营养的一种补充措施，它不能取代常规的基肥和追肥。

叶面施肥应选择成熟的叶片，喷洒营养液的时间最好选阴天或早、晚，以雾滴布满叶片而不下滴为宜。营养液的浓度不宜过高。可每周喷 1 次，喷后 2d 内如遇雨应重喷。

注意：禁止施用城市生活垃圾、工业垃圾及医院垃圾；禁止施用未充分腐熟的人粪尿。

5. 施肥时期

施肥时期与药用植物的生长发育规律和根系状况密切相关，一般应在了解其年生长动态过程和对各种营养元素的吸收状况后，确定合理的施肥时期，以提高肥料的使用效果。在药用植物的发芽期、长叶期、迅速生长期施肥，以保证种苗在整个生长期都能获得充足营养。

留床苗在土壤中已经形成了一个完整的根系，在生长初期追肥效果较好。容易发根的移植苗定植后不久就可追肥，而难以生根的药用植物不要急于追肥，等药用植物种苗根系生长一段时间后再追肥为好。

培育前期生长型种苗时，首先要施足基肥、保持土壤疏松和湿润，为种子萌发和出土创造良好条件。如有些药用植物幼苗出土后，经过一个较短的生长期，便形成顶芽，从而结束高生长，此后节间略有伸长或不伸长。例如银杏，在 6 月下旬以后基本停止生长，没有明显的生长高峰。紫丁香停止生长的时期也较早，8 月中旬以后便停止生长，而且生长高峰出现在 7 月中旬。停止生长略晚的药用植物，生长期较长，一般到 9 月上、中旬以后才停止生长，年生长量较大并具有明显的生长高峰，整个生长期可明显地划分为出苗期、生长初期、速生期和生长末期等 4 个时期。除施基肥外还要追肥补充营养。种苗地上部高生长旺盛的时期即速生期，也是根系吸收营养物质最旺盛的时期。在这个时期到来之前适量追肥可以取得更好的效果。如黄栌，除施基肥外，还要在生长高峰到来之前适量追肥。对于整个生长季内生长量分配较均匀的种苗，无明显的生长高峰，除施底肥外，要少量多次进行追肥。

总之，施肥的时期因种苗种类、生长发育规律、生长地区等因素的不同而不同，不能千篇一律，只有合理、适时、适地施肥才能收到良好的效果。

三、病、虫、草害管理

病虫害管理工作是保证培育药用植物优良种苗的重要措施之一。药用植物的幼苗组织幼嫩，植株体积小，对病虫害的抵抗力较弱，加之苗圃中的植株密集，适于病虫害传播，应加强苗圃病虫害的防治工作。药用植物苗圃病害主要有立枯病、根瘤病、叶枯病、叶斑病、叶锈病、白粉病、炭疽病等。苗圃害虫的种类有根部害虫、食叶害虫、蛀干害虫等。对药用植物种苗生长发育影响较大的主要是根部害虫，它们栖居在土中，取食刚发芽的种子或种苗的幼根、嫩茎及幼芽，常引起缺苗断垄。草害主要是指由于杂草的生长，一方面与药用植物种苗争光争肥，对种苗生长造成妨碍和危害，也可能对种苗品质造成严重损害；另一方面，杂草还可能成为病虫害的传染源和越冬越夏的场所。

（一）病虫害防治的原则

药用植物苗圃病虫害的防治必须遵循"预防为主，综合防治"的工作方针，即用农业的、生物的、物理的和化学的多种防治手段控制病虫害的发生和危害。尽量不施或少施低毒、低残留的化学农药，不施高毒、高残留的化学农药，以免污染环境。在制定防治措施时，从生态系统的总体观点出发，综合运用各种防治措施，创造不利于病虫害滋生而有利于药用植物和各类天敌繁衍的环境条件，保持整个生态系统的平衡和生物多样化，减少病虫害所造成的损失。优先采用农业防治措施，通过认真选地、加强苗圃管理、人工除草、深翻晒土、轮作倒茬等一系列措施起到预防病虫发生的作用，尽量采用物理防治和生物防治等措施。

（二）农药使用原则

"中药材规范化生产农药使用原则"规定了中药材规范化生产过程中允许使用的农药种类、毒性分级、卫生标准和使用原则。必须依此原则执行。

农药的合理使用要求做到用药少，防治病虫效果好，不污染或很少污染环境，低毒、低残留或无残留，对人、畜安全，不杀伤天敌，对作物无药害，能延缓害虫和病菌产生抗药性等。

1. 选择合适的农药种类和剂型

农药种类和剂型不同，其化学性质、防治对象、使用方法和防治效果也不一样。因此，要根据作物和病虫特点正确选择和合理使用合适的农药种类和剂型。

农药种类不同，对人、畜的毒性，在田间残效期的长短，防治病虫的作用方式等差异很大。农药品种使用不当，危害非常严重。如施用有机氯、有机磷等高毒、高残留农药，尤其是有机氯六六六及滴滴涕的残留时间长，在人体内具有浓缩、累积及胚胎转移现象，现已禁用。

2. 适时用药

使用农药防治病虫害，必须抓住有利时机，确保作物免遭危害。一般在病虫发生初期施药，收效最大。若防治过迟，病虫已造成损失，给防治带来很大困难；若用药过早，到病虫大量发生时药已失效，会造成浪费和加重污染环境。

3. 准确掌握用药量

要准确控制药液浓度、用药量和施药次数，使用最低有效浓度和最少有效次数，符合经济、安全、有效、省药、省工、省成本的原则。避免对药用植物和虫害天敌产生药害，减少残毒。

4. 讲究施药方法

尽量采用种子处理、土壤处理、性引诱剂和毒饵诱杀等方式，用低容量和超低容量喷雾法，或撒施颗粒剂，对环境污染较小。尽量避免使用防治效果较差，又污染环境的大田喷洒农药方法，如喷粉法、喷粗雾法、撒毒土法及泼浇法等。

5. 看天气用药

气候条件的变化，影响药剂的理化性质和防治对象的生理活动，施药天气不合适会影响药效的发挥。如气温过高时易产生药害，应尽量减少或避免在中午高温时施药；刮风、下雨会使喷施的药液很快流失，降低药效；水溶性大的药剂最好不要在雨天施用。

6. 交替使用农药

不同农药交替施用可提高药效和避免病、虫产生抗药性。将2种或2种以上农药混合使用，既可同时兼治几种病、虫害，又可防止病、虫产生抗药性。

（三）苗圃病虫害防治方法

1. 植物检疫

在药用植物育苗前对种子（包括有性繁殖和无性繁殖）的调入要严格控制，加强繁殖材料的检疫，防止危险性有害生物随种子的调入而引起严重的病虫害。

2. 土壤消毒

为了减少苗期土壤传播病害（猝倒病、立枯病等）和地下害虫（蛴螬、蝼蛄、地老虎等），除在药用植物种苗繁殖区注意轮作，避免连作同类或近缘药用植物和病虫害相同的药用植物外，在育苗前对苗圃地进行土壤消毒可以减少或消灭土传病虫害，尤其是在前茬病虫或杂草较多的苗圃。常用的方法有高温处理和药剂处理 2 种。

高温消毒是在秋季将柴草、树叶和秸秆等堆放在苗圃地上进行焚烧和烟蒸，使 30cm 以内的表层土壤升温到 50 ～ 80℃持续 0.5 ～ 1h。经过以上高温的处理，可达到杀死多数病菌和杂草种子的作用。

用作药用植物苗圃土壤消毒的药剂很多，考虑到既要达到消毒的作用，又不污染环境，常采用福尔马林和硫酸亚铁进行土壤消毒。采用福尔马林时，每平方米用福尔马林 50 mL，对水 6 ～ 12 L，在播种以前 10 ～ 20 d 洒在苗圃上，然后用塑料布覆盖，周围压严，7 ～ 14 d 即可。采用硫酸亚铁时，每平方米用 2% ～ 3% 的硫酸亚铁水溶液 9L 进行喷洒。如果在雨季，可用硫酸亚铁干粉按 2% ～ 3% 的比例与细干土制成药土撒在苗床上，每公顷用药土 1500 ～ 2 250 kg。

3. 种子消毒

在播种前对药用植物种子进行消毒处理，消灭种子表面本身所带的各种病害，使药用植物种子在土壤中免遭病虫危害。常用的消毒方法有以下几种。

（1）福尔马林处理

播种前 1 ～ 2 d 将药用植物种子放入 0.15% 的福尔马林溶液中浸 15 ～ 20 min，取出后密闭 2 h，再将种子阴干后即可播种。用福尔马林消过毒的种子应马上播种，长期不播种会使种子发芽率和发芽势下降。

（2）硫酸铜消毒

用 0.3% ～ 1.0% 的硫酸铜溶液浸种 4～6 h 进行消毒。

（3）高锰酸钾消毒

用 0.5% 的高锰酸钾溶液浸种 2 h，然后用清水冲净后沙藏。对催过芽的、胚根已突破种皮的种子，不宜用高锰酸钾溶液消毒。

4. 预测预报

根据当地的环境条件和药用植物的生物学特性，应用科学的监测手段进行动态监测，掌握病虫发生的动态规律，在病虫发生高峰期前及时做好防治准备，制定合理的无公害综合防治措施。

5. 综合防治

（1）农业防治

采用农业措施可减少病虫害发生，如选用抗病、抗虫的药用植物新品种，进行种子处理、土壤消毒处理，加强苗圃生产管理，及时中耕除草，注意低洼地的排水，合理轮作等。

（2）物理防治

物理防治是利用机械、器具或光、热、电、放射能等来捕杀、诱杀、阻隔、窒息害虫，控制害虫发生的方法。根据害虫的生物学特性，采取毒饵、糖醋液和黑光灯等方法诱杀害虫，用光和热处理药用植物种子和土壤，杀死病菌和虫卵等。糖醋液和黑光灯对金龟子诱杀效果显著，毒饵对蝼蛄诱杀效果明显，人工捕杀对于蛴螬和蝼蛄也有显著的效果。

（3）生物防治

生物防治是利用有益生物或其他生物来抑制或消灭有害生物的防治方法。如可以利用绿僵菌、苏云金杆菌、昆虫病原线虫等活体微生物制剂和鱼藤精、百步草、狼毒等植物源农药进行防治。

（4）化学防治

在药用植物苗圃内，如果病虫害大面积发生时，使用化学农药防治能有效地控制病虫害蔓延。化学防治目前是其他防治方法暂不能完全代替的重要手段，但应注意科学合理用药，不能滥用农药。如必须施用农药时，应按照《中华人民共和国农药管理条例》规定，采用最小有效剂量并选用高效、低毒、低残留农药，以降低农药残留和重金属污染，保护生态环境。

（四）苗圃主要病虫害及其防治措施

1. 主要病害及其防治

（1）猝倒病

主要有以下 4 种症状。

种芽腐烂型：播种后种芽出土前被病菌侵入，病菌破坏种芽的组织，引起种子腐烂，外部有一层白色或粉红色的丝状物，地面表现为缺苗。

茎叶腐烂型：幼苗出土期因土壤湿度过大或种苗播种量多，或揭除覆盖物过迟，种苗被病菌侵染，茎叶呈水肿状腐烂。

幼苗猝倒型：幼苗出土后扎根时期，种苗茎部尚未木质化，外表未形成角质层和木栓层，病菌从根茎侵入。病菌在茎部蔓延，破坏苗茎组织，使幼苗迅速倒伏。

立枯型：种苗茎部木质化后，病菌从根部侵入，使根部腐烂，病苗枯死。种苗茎部已木质化，不倒伏，故称立枯病。

发病原因主要有非侵染性和侵染性两类。非侵染性主要原因是圃地积水，覆土过厚，土表板结或土表温度过高，灼伤根茎。侵染性病原为交链孢菌、丝核菌、腐霉菌。

农业防治措施：选好圃地，最好在新开垦地进行药用植物育苗，这类地块土壤中病菌少，种苗发病轻，若采用熟地育苗时要轮作倒茬。尽量不选地下水位过高或排水不良的土地作为药用植物苗圃地。也可在药用植物育苗前对土壤进行消毒处理。整地要在土壤干爽和天气晴朗时进行，以免板结。施肥以有机肥料为主，化学肥料为辅。及时播种使种苗生长健壮，提高抗病性。

化学防治：用浓度为 2% ～ 3% 的黑矾水溶液喷洒土壤或种苗。如在雨天或土壤湿度大时，可用细干土混 2% ～ 3% 的黑矾粉，每公顷撒 1 500 ～ 2 250 kg 药土。幼苗发病后，一般来势很快，应立即用药土施于种苗根茎部。茎叶腐烂型病，可喷 1 : 1 :（120 ～ 170）的波尔多液，每隔 10 ～ 15d 喷 1 次，共喷 2 ～ 4 次。

（2）根腐病（白绢病）

被害植株须根或侧根先发病，有的药用植物主根根尖先感病，再蔓延至主根。病根根系维管束自下而上呈褐色病变，可蔓延至茎或叶柄。以后根的髓部发生湿腐，最后整个主根变成黑褐色的表皮壳，只剩乱麻状的木质化纤维，地上部枯死。

发病原因及规律：病原菌为小核菌。病菌在病株残体上、杂草上或土壤中存活。该病菌在土壤中可存活 4 ～ 5 年，借助种苗或流水传播。其生长适宜温度为 20 ～ 32℃。在高温高湿地区发病严重，在积水的药用植物苗圃或衰弱的药用植物种苗上也容易发病。

防治措施：选择土层深厚、地势高、排水畅的沙壤土地种植，并实行合理轮作。增施磷钾肥，适当施氮肥提高药用植物植株抗病力。发病期间可喷灌 50% 多菌灵可湿性粉剂 500 倍液，或 50% 甲基托布津 800 倍液。

（3）茎腐病

在夏季高温炎热地区常发生。感病植物死亡率高达 90% 以上。不同的寄主被害后所表现的症状不完全一致，但在种苗上一般表现为茎腐。此病危害多种药用植物，常见的有银杏、杜仲等。

发病原因：夏季炎热，土壤温度升高，药用植物种苗茎基部受高温的损伤使病菌侵入。在药用植物苗床低洼容易积水处，种苗生长较差，发病率显著增加。

防治措施：促进药用植物种苗生长健壮，提高种苗抗病力；夏季降低苗床土温；使用足量有机肥做基肥；夏季可在种苗行间进行覆草或间植其他抗病的药用植物或农作物等。

（4）根瘤病

主要发生在树干基部，通常是嫁接处，有时也在根茎或侧根上或药用植物植株的地上部分。受害处形成大小不等、形状不同的瘤。初生的小瘤呈灰白色或肉色，质地柔软，表面光滑，以后渐变成褐色至深褐色，质地坚硬，表面粗糙并龟裂。

发病原因：根瘤细菌主要存活在根茎的表面和土壤中，可存活几个月甚至1年以上。如果是单纯的细菌进入土壤，只能存活很短的时间。病菌通过灌溉用水或雨水传播，也可通过嫁接工具、机具、种苗运输传播。通常在湿度大的微碱性疏松土壤中发病率高，而酸性、黏重的土壤不利于此病发生。

防治措施：严格遵守药用植物种苗检疫制度，发现病苗要立即烧毁；对可疑的种苗在栽植前用1%硫酸铜浸泡5 min消毒后，用清水冲洗干净再栽植。尽量选择未染病的地区建立苗圃。如果药用植物苗圃地已被污染，需进行3年以上轮作以减少病菌的存活数量。选用健康的种苗进行嫁接，嫁接时嫁接刀要消毒。对于初发病病株，用刀切除病瘤，然后用石灰乳或波尔多液涂抹伤口。

2. 主要害虫及其防治

苗圃中的害虫分为地下害虫和地上害虫。地下害虫主要有蛴螬、蝼蛄、地老虎等。这些地下害虫生活在土壤中，取食发芽的药用植物种子和幼苗的根系。地上害虫主要有大灰象虫、波纹斜纹象虫、蚜虫、介壳虫等，它们主要危害出土的药用植物幼芽及幼苗的嫩茎、嫩叶。

（1）蛴螬

蛴螬是鞘翅目金龟甲总科幼虫的总称。

形态特征：蛴螬体肥大弯曲，近"C"形，多白色。体壁较柔软，多皱，体表疏生细毛。头大而圆，多为黄褐色，或红褐色，生有左右对称的刚毛，常为分种的特征。胸足3对，一般后足较长。腹部10节，第十节称为臀节，其上生有刺毛，其数目和排列也是分种的重要特征。

危害：蛴螬主要在药用植物苗圃及幼苗地危害幼苗的嫩根、幼茎，除咬食侧根和主根外，还能将根皮剥食尽，造成缺苗断垄。成虫以取食阔叶药用植物树叶的居多，也取食种苗的茎、枝的表皮等。往往由于个体数量多，可在短期内造成严重危害。防治方法主要有农业防治、物理防治和化学防治等。

农业防治：加强苗圃管理。药用植物苗圃地必须使用充分腐熟的有机肥做底肥，否则极易滋生蛴螬。苗圃地要及时清除杂草和适时灌水。在圃地周围或苗行间种植蓖麻有诱食毒杀作用。

物理防治：可采用人工捕杀和诱杀的方法。人工捕杀是当蛴螬在表土层活动时，适时翻土，随即拾虫。利用成虫的假死习性，在盛发时期，人工捕杀成虫有一定效果。一些成虫有较强的趋光性，可在羽化期利用灯光、糖醋液诱杀。

化学防治：每667m²用50%辛硫磷乳油200～250g，加水10倍，喷于25～30 kg细土上拌匀成毒土，顺垄条施，随即浅锄，或以同样用量的毒土撒于种沟或地面，随即耕翻，或混入有机肥中施用，或结合灌水施入；每667m²用3%呋喃丹颗粒剂，5%辛硫磷颗粒剂，5%地亚农颗粒剂，都能收到良好效果，并兼治金针虫和蝼蛄。

（2）小地老虎是危害较大的地下害虫。

形态特征：成虫体长16～23 mm，翅展42～54 mm，深褐色，前翅由内横线、外横线将全翅分为3段，具有显著的肾状斑、环形纹、棒状纹和2个黑色剑状纹；后翅灰色无斑纹。卵长0.5 mm，半球形，表面具纵横隆纹，初产乳白色，后出现红色斑纹，孵化前灰黑色。幼虫体长37～47 mm，灰黑色，体表布满大小不等的颗粒，臀板黄褐色，具2条深褐色纵带。蛹长18～23 mm，赤褐色，有光泽，第5～7腹节背面的刻点比侧面的刻点大。

危害：属杂食性，危害幼嫩植物，常将幼苗从近地面处咬断。

防治方法主要有农业防治、物理防治和化学防治等。

农业防治：除草灭虫，加强苗圃管理。中耕、清除杂草均可减少小地老虎的危害。杂草是小地老虎产卵的场所和初龄幼虫的重要食源，也是幼虫转移到药用植物危害的桥梁。育苗前应精耕细耙，清除杂草，消灭虫卵；重视肥料处理，在成虫产卵期，防止小地老虎卵随肥、草入圃；及时清洁苗圃，清除药用植物残枝烂叶，减少其发酵物对成虫的诱集。

物理防治：可采用捕幼虫和诱杀成虫的办法。诱捕幼虫可用泡桐叶或莴苣叶置于田内，清晨捕捉幼虫。当检查药用植物苗圃内断苗率低于1%，可采取人工捕杀。高于1%时，宜采取毒饵、毒草诱杀。诱杀成虫可利用性诱剂或糖、醋、酒诱杀液诱杀成虫，既可作为简易测报手段，又可减少蛾量。

化学防治：采用喷雾、毒土、毒饵或毒草等进行防治。

喷雾防治是用90%晶体敌百虫或50%辛硫磷1 000～1 500倍液，菊酯类农药1 500倍液喷雾。2龄幼虫抗药力低、危害轻，多在药用植物植株嫩心危害，防治时期应掌握在1、2龄幼虫盛期，用喷雾或毒土法防治。

毒饵或毒草防治是在田间断茎株率超过1%时，用毒饵或毒草诱杀。毒饵可用90%晶体敌百虫0.5 kg，加水2.5～5 kg，喷拌50 kg碾碎炒香的棉籽饼或麦麸或50%辛硫磷50mL拌棉籽饼或麦麸5 kg；毒草可用0.25 kg晶体敌百虫拌和铡碎的鲜草或蚕豆茎叶 30 ～ 50 kg 于傍晚撒在作物行间。

（3）蝼蛄

是苗圃中常见的主要地下害虫，对药用植物播种苗造成严重危害。形态特征：成虫体浅茶褐色，全身密生细毛。前翅短，后翅长。触角丝状，前足特别发达，端部有数个大型齿，适于掘土。

危害：主要危害种子、幼根和接近土表的嫩茎。蝼蛄常在土中沿水平方向钻隧道，使药用植物幼根与土壤脱离，以致播下的种子不能发芽，影响药用植物种苗生长，甚至干枯死亡。

习性：昼伏夜出，趋光性很强，对香甜物质特别嗜食，对马粪等腐烂有机质粪肥也有趋性。

防治方法主要有药剂拌种、毒饵诱杀、黑光灯诱杀、马粪鲜草诱杀和毒土药杀等。

药剂拌种：在播种前每 50 kg 种子用 75% 辛硫磷 150 ～ 200g 进行拌种。

毒饵诱杀：将饵料（谷子、麦麸、豆饼、棉籽饼或玉米碎粒）5 kg 炒香后，用 90% 敌百虫 30 倍液 0.15 kg 拌匀，适量加水，拌潮为度，每 667m^2 施用 1.5 ～ 2.5 kg，在无风闷热的傍晚施撒效果最好。

黑光灯诱杀：在成虫盛发期，晴朗无风闷热天气诱杀成虫。

马粪鲜草诱杀：在苗圃步道间每隔一定距离挖一长宽各 30 cm、深 20 cm 的土坑，傍晚将马粪或洒上水的鲜草放入坑中，第二天早晨捕杀坑中诱集的蝼蛄。

毒土药杀：整地作床时，用 50% 的辛硫磷 0.25 ～ 0.5 kg，加水 20 ～ 30 倍均匀喷洒在 25 ～ 50 kg 细土上做成毒土，然后翻入表土层。

第十二章 现代设施育苗

设施栽培又称保护地栽培，即在人工控制条件下，创造适宜植物生长发育的条件，实施集约化栽培，实现高产、优质、高效的目的。设施栽培不受季节限制，能实现周年生产，目前广泛用于蔬菜、果树、集约农业、花卉、观赏植物生产和林木工厂化育苗。设施栽培是"精确农业"的重要内容，今后将是名贵药用植物栽培的研究重点与生产发展方向。

第一节 现代化智能温室的结构和功能

一、温室的分类

温室的种类繁多，我国各地区常见的温室大多根据不同用途、不同温度、种植植物种类、覆盖材料、建筑结构等进行分类。

（一）根据用途分类

1. 展览温室

也称"观赏温室""陈列温室"。多建在公园、植物园、植物研究所或其他公共场所，用于展览各种花卉、盆景等，供观赏、科研、科普和教学使用。展览温室的外形较为美观，室内宽敞。

2. 市场型温室

建立在花卉市场，用于展览、销售花卉、盆景、观赏植物。

3. 繁殖温室

专用于播种或扦插繁殖。室内设有扦插床、苗床、台架等。建筑形式有的采用半地下式，以便于保温保湿。

4. 生产温室

用于盆栽或地栽植物。用于生产和养护各类盆栽植物的温室，室内需设有花架，最好采用顶脊倾斜式温室。

地栽温室用于周年生产、栽培。有良好的光照、加温保温、遮阳、通风、降温等条件。室内地面应充分利用，只留出很少的步道和畦埂即可。

5. 促成温室

又叫催花温室，专供冬季花卉的促成栽培之用。随着花的生长要求，可以控制温度的高低。

（二）根据室内温度分类

1. 高温温室

室温在 18 ～ 32℃。主要栽培热带植物，也可用于花卉的促成栽培，还可在冬季生产切花或代替繁殖温室使用。

2. 中温温室

室温在 12 ～ 25℃。主要栽培和养护亚热带和热带高原产植物，亦可供 1、2 年生草本花卉进行播种使用。

3. 低温温室

室温在 7 ～ 16℃。主要用于栽培养护原产亚热带和大部分暖温带的常绿花木越冬使用，亦可用于贮存不耐寒的球根及扦插繁殖等。

（三）根据覆盖材料分类

1. 玻璃温室

用玻璃作为覆盖材料，这也是应用比较普遍的材料。其优点是透光性好，保温力强，使用年限长，但投资费用高。一般用作展览型温室。

2. 塑料薄膜温室

用塑料薄膜作为覆盖材料。塑料薄膜所用的主要原料是聚氯乙烯（PVC）和聚乙烯（PE）树脂。其产品主要有 PVC 防老化膜、PVC 无滴防老化膜、PVC 耐候无滴防尘膜和 PE 防老化膜、PE 无滴防老化膜、PE 保温棚膜、PE 多功能复合膜等。近几年又开发出一种乙烯—醋酸乙烯共聚物——EVA 树脂，用它制造的农膜具有高透光、高保温、耐气候性好等特点，能适应世界各地的气候条件，温度适应性范围从 -30℃ 到 50℃，还可抵抗恶劣天气和污染。薄膜经抗尘处理灰尘不易附着，并易于清洗，还可充分满足光合作用所需有效可见光谱的要求。高强编制膜也是近年来开发出来的新型薄膜，它是一种增强型聚乙烯膜，它的内外两个表面层使紫外线透过率仅为 10%，而且可吸收 60% 以上的长波辐射，同时具有优良的抗老化和保温性能。由于中间层的加强编制结构，使薄膜几乎没有拉伸变形，整体抗拉强度比普通聚乙烯提高 20 倍以上。

3. 聚碳酸酯中空板、波浪板

聚碳酸酯类塑料制品属硬质材料，具有采光好、保温、轻便、强度高、抗击穿抗破坏性强，易于设计造型、经济耐用等诸多优点。透光度达 90%。

比单层玻璃节能 50%。重量仅为玻璃的 1/6，丙烯酸板的 1/3。并具有防滴功能，在湿度非常高的情况下，防滴层使结露水在内表面形成薄薄的水层沿倾斜的方向流下，不会形成水滴。防滴效果可减少病虫害的发生。波浪板厚度在 1mm 左右，中空板有双层和三层结构，厚度有 8 ~ 20 mm 多种规格。使用寿命一般在 10 年以上，是新一代的玻璃替代产品。但这种硬质材料造价高，一般多用于温室侧墙。

（四）根据建筑形式分类

1. 双窗面脊式温室

采用钢、木、铝合金作为框架，覆盖玻璃或聚碳酸酯硬质材料。主要采光窗面向东西方向，南北延伸。屋面角应小于 35°。该温室有单脊式和连脊式两种形式。

2. 拱型温室

多为南北向延伸，太阳光从东西两侧进入室内。因太阳散射光多，室内光线均匀柔和，空间利用率高。这种温室一般以镀锌钢材为框架，覆盖聚乙烯或聚氯乙烯或乙烯—醋酸乙烯塑料薄膜，有些采用双层塑料膜中间充气以增加保温效果。拱型温室可分为单拱和连拱型两种。在大规模生产中都使用连拱型温室，比单拱温室可节能 30% ~ 40%。拱型温室都设有加温和通风降温系统。

3. 一面坡温室

东西延伸，坡面向南倾斜；有全坡式、非全坡式和弧形坡式 3 种形式。全坡式温室从顶部呈一个平面倾斜，前窗和坡面用玻璃覆盖；非全坡式温室南北两侧屋面坡度相同，但两面斜长度不同，北侧较南侧短，其中前坡占温室跨度的 3/4，同前窗一起用玻璃覆盖，后坡占温室跨度的 1/4，由水泥板和其他材料覆盖。弧形坡式顶部朝南的一面为弓形框架，以塑料薄膜覆盖。这 3 种温室的后墙和山墙大多为砖结构，因此结构牢固并有较好的保温隔热作用，且造价低廉。但不足之处是三面为墙，采光较差，通风不良。

4. 节能型日光温室

基本结构属于一面坡温室类型，但墙体的后坡构造、用材及附加设备等方面做了很多改造，使其保温、透光性能有了很大提高，可以在冬季不采暖和基本不采暖的条件下生产。

温室跨度一般为 5 ~ 8 m，脊高为 2.5 ~ 3.2 m，后墙厚度为 0.8 ~ 1 m。墙体材料有土坯、干打垒、砖墙和砖面土墙复合结构。砖面结构的后墙一般为 3 层，

两墙中间为隔热层，填充珍珠岩、锯末等多孔材料，外墙多为加气混凝

土砖墙。温室承力骨架由竹片、竹竿、钢筋或钢管构成。后屋面多由预制板和一些保温性能好的材料复合而成。温室前坡多为半拱型，上面覆盖塑料薄膜。薄膜一般设计为可拉动式，以便在温室温度升高时拉开缝隙，通风降温。温室前坡外部应挖防寒沟，宽 0.8 m，深 1 m，沟内填以秸秆，以提高温室内地温。此外还应准备采暖设备，便于在阴天或夜间温度太低时补温。目前较为常见的日光温室为全钢结构，造价低、室内无柱、操作空间大、易于机械化作业，且经久耐用。

二、温室的造型或设计

现代化温室的定型产品十分丰富，结构和功能逐步完善。一般选用进口和国产定型温室设施及配套的环境控制设备，国产温室有一跨三尖顶、一跨一尖顶、拱顶、尖弧顶、锯齿斜弧顶多种类型供选择。

自行设计建造温室时，主要应根据使用目的及植物的栽培方式、种类、当地纬度和气候条件的不同来确定采取的结构和形式，温室设计应满足植物生长所需温度、光照、湿度，符合不同植物的生态特性。

温室所处的位置和环境条件是影响未来生产及其他方面能否正常进行的重要因素，一般选址应考虑光照及通风条件，如树林、树丛以及建筑物的北侧不宜建筑温室，而应建在其南侧。这样，建筑物和树林、树丛既可作为防风屏障，又不影响进入温室的光线。地势也是应考虑的因素之一，要选择地势略为高燥、地下水位低的地方，以防雨季大量积水。如果地势低洼，则应增加防水设施，做好排水沟。选择地势平坦、土质良好的地区建造温室，以利于苗木栽培，并减少施工时的土方工程。此外，还应考虑水、电、交通是否便利等因素。

温室面积的大小，应根据生产需要、栽培植物的种类以及加温通风条件而定。一般生产温室宜大，盆栽或供繁殖用的温室宜小，研究单位、植物园的标本温室、公园的展览温室，需要栽培不同环境条件的各种观赏植物，应根据需要分隔成不同小间。

三、现代温室的结构与性能

现代化温室又称智能温室，采用计算机控制系统，保证温室正常作业的环境控制，以及配套的种植设备系统、优良基质，再结合现代管理技术构成一个优质、高效的生产体系。

现代温室的生产代表国主要有美国、荷兰、日本、英国、韩国、以色列等国家。近年来我国由上海、广东等地厂家生产的国产化温室也已与国际水平接近或基本一致。

以下以美国胖龙公司的定型产品为例，介绍现代化温室的结构和功能。除定型产品外，厂家还可以根据客户要求专门设计制造不同框架、不同覆盖材料、各种用途、各种造型的市场型、观赏型及生产型温室。

现代温室定型产品有一跨三尖顶、一跨一尖顶、尖弧顶、拱顶、锯齿斜弧顶等外形。

一般采用热镀锌钢制骨架，铝合金型材或专用聚碳酸酯制作连接件和密封件。

一跨三尖顶温室具有小屋顶、多雨槽、大跨度、格构架的特点，内部可方便地设置隔间或悬挂顶喷等设施。温室屋顶相对低矮，冬季可节省加热能耗，还具有很强的排水能力，可大面积连栋。

第二节　节水灌溉系统及配套设备

传统的漫灌方式无法准确控制水量，不能根据植物需要量供水，因此不仅浪费水资源、灌溉不均匀，而且会造成土壤板结。漫灌时，水漫过整个畦面，并渗透表土层，土壤孔隙全部被水充满，根系在一定时间内处于缺氧状态，无法正常呼吸，植物生长发育受到影响。在连续几次漫灌后，畦内表土层因沉积作用变得越来越紧实，表土层物理结构被破坏，土壤的透气透水性越来越差。随着栽培技术的发展，这种陈旧的灌水方式将逐步被节水灌溉而取代。节水灌溉被列入我国"十五"计划重大农业发展策略之一。

一、喷灌

喷灌是用动力将水喷洒到空气中，充分雾化为小水滴，然后像下雨一样降落到地面的一种灌溉方式。喷灌系统由喷头、喷灌泵、动力机、喷灌输水管道、喷灌机组成。喷灌一般分为固定式喷灌和移动式喷灌两种。按使用地点分为大田喷灌和室内喷灌。

固定喷灌一般指管道按一定的间距安置，固定不变，并按一定距离安设喷头进行喷洒。喷头为固定式喷灌系统的关键设备，主要有散水式喷头和摇臂式喷头两大类。散水式喷头又可分为折射式、缝隙式及离心式3种。此外还有地埋式园林喷头、微喷喷头、雾化喷头等产品以满足不同使用目的。在生产中可根据苗木种类、生产目的选择不同的喷头。喷头著名的生产商有以色列雨鸟、丹尼喷头、美国万得凯喷头等。

微喷是在滴灌和摇臂式喷头基础上产生的，它克服了前两者的缺点，综合了它们的优势，同时还具有降温加湿调节小气候的优点，已被广泛应用于大田喷灌和设施栽培。

移动式喷灌悬吊轨道沿温室和塑料大棚的纵轴线中央垂直悬吊在空中，支撑着主行走箱和随机行走机械，并通过主行走箱和随机行走机械带动喷灌装置。输水软管沿轨道平行往复运行，同时喷洒出均匀的水雾。喷洒装置离地面的高度可视作业需要进行调节。

近年来，电脑全自动控制喷灌系统在药用植物苗木生产中得到了应用，如全自动移动式喷灌机可自动调节喷水量、喷水时间、灌溉次数及运行速度，供水十分均匀，极大地减少了人工投入和水肥流失。

胖龙公司生产的室内移动式喷灌机智能控制系统一次可输入 20 个程序，自动选择地块、自动施肥、自动变速、自动停运和退回，有记忆和报警功能。喷洒均匀，并可随水施肥。

室外喷灌机整个构架沿中心导轨移动，翼臂一侧由侧轮支撑，另一侧悬空。配有卷带器，其喷灌范围为 25 m×200 m。可集中控制，并可设定喷灌往来次数及行进速度。可对选定区域及不同高度的植物进行灌溉。

二、滴灌

滴灌是滴水灌溉的总称，它将水增压、过滤、通过低压管道送达滴头，以点滴方式，经常地、缓慢地滴入植物根部附近，使植物主要根区的土壤经常保持最优含水状况的灌溉方式。

一个典型的滴灌系统由贮水池、过滤器、水泵、肥料注入器、输水管线、滴头和控制器等组成。利用河水、井水等为水源时应设贮水池，而自来水因本身有一定压力，可不用贮水池和水泵。过滤器是滴灌中至关重要的设备，为有效地防止滴头被水垢及杂质堵塞，贮水池出口以及水泵出口处都应装有过滤器。

使用滴灌系统灌溉，可大大提高水的利用率，节水 50%～60%；同时滴灌使土壤表面和叶面湿润度减至最小，减少了病虫害的发生。

滴灌系统分为地面滴灌和盆栽滴灌。地面滴灌所用的滴水器根据结构不同有多种类型，目前最新的有 3 种方式：一种是滴箭系统，由 PE 管和滴箭组成；第二种为滴灌管式，它采用涡流式水流，避免了迷宫式水道易堵塞的缺点，其中有一种为地埋式滴灌管，埋于地下使用；第三种为滴灌带，以色列生产的滴灌带采用内壁附铜灌管，流量均匀性最高。

滴灌通常与施肥结合起来，所以施入的肥料只集中在根区附近，减少了用肥量，提高了肥料的利用率。

三、温室施肥系统

施肥系统与灌溉系统配合使用，为植物提供精确的灌溉用肥和无土栽培营养液。该系统除了在园艺、草坪等行业被广泛使用外，还被广泛用于水处理、畜牧养殖等领域。

肥料箱安装在供水管道上，不用电驱动，以水压作动力。肥料混合与主水管流量成正比，但不受主水管流量和压力变化的影响，配比精确。

施肥机施肥系统是专门为温室栽培而配套的一种设备。整个系统由主泵、混肥箱、EC 和 pH 传感器、自动吸肥装置、过滤器、自动控制系统组成，通过外部、内部的环境控制参数传感器及 EC、pH 传感器，来控制肥料浓液与主水源混合而成的肥料溶液的 EC、pH 值，以达到自动施肥的目的，并且针对不同的植物可以实现不同的肥料配方，以满足不同灌溉区内不同植物的需要，使每种植物在不同的条件下达到最适宜的水肥条件。

施肥机的主要功能为自动注入各种肥料或调节酸碱与水混合，达到设定的 pH 和 EC 值后输出营养液。

第三节　容器育苗

容器育苗开始于 20 世纪 50 年代中期，70 年代大规模应用于生产，特别是为北欧的芬兰、瑞典、挪威以及美国等国家迅速采用。此外，加拿大、澳大利亚、日本、泰国、巴西、印度、马来西亚、尼日利亚、南非、东非等国家容器育苗发展很快。我国容器育苗开始于 20 世纪 50 年代末期，70 年代也有较快的发展。

容器育苗已经被广泛应用于蔬菜、花卉、苗木、观赏植物等的栽培，是集约化设施栽培的重要组成部分之一。

一、容器育苗的优缺点和应用范围

（一）容器育苗的优点

与一般育苗方式相比，容器育苗具有显著的优点：

繁殖速度快，育苗周期短。容器育苗采用人工配制的优良基质，通气、保水、养分状况良好，加上集约化管理措施，苗木迅速生长。由于容器苗一般带土栽植，大大缩短育苗周期。采用设施栽培时环境条件优越，生长时间延长，甚至可以周年生产。

栽植不受季节限制。容器苗除我国北方地区严寒的冬季以外，几乎全年都可栽植。

栽植成活率高，初期生长快。容器苗栽植基本上没有缓苗期，根系发达且完整无损，初期生长量显著高于裸根苗。

改善某些特殊植物的栽培表现。一些造林较难成活的植物，采用容器育苗栽植可以显著提高造林成活率。

不良立地条件下栽植易成活。

充分利用有限的种子资源。特别是对遗传改良的种子或珍稀药用植物品种，由于种子数量有限，利用容器育苗能得到较高的出苗率。

培育的苗木均匀整齐，适合于机械化作业。由于育苗基质和环境条件优良，管理精细、苗木规格整齐，适合于机械化作业。

（二）容器育苗存在的问题

容器育苗虽然具有上述优点，但还存在以下一些问题。

1.育苗成本较高。育苗容器、基质、设施维持及精细管理的费用相对较高。

2.需要较多的管理，育苗技术相对复杂一些。容器育苗集约化程度较高，每个环节都需要有丰富经验的人员去管理，才能获得较好的育苗效果。

3.栽植时运输体积大，苗木运输费用较高。

4.栽植区整地要求较高。

（三）容器育苗的应用范围

针对容器育苗的优缺点，容器育苗一般用于以下几个方面：

1.用裸根苗栽植难以成活的药用植物；

2.自然条件恶劣或立地条件差的地区，用裸根苗栽植成活率低的地区；

3.珍稀药用植物或具有优良遗传性状而种子数量较少的采用；

4.扦插繁殖时使用；

5.组织培养苗培育过程中使用。

某些经济价值较高的药用植物的培育阶段。我国目前主要是露地容器育苗和设施育苗，而且设施容器育苗近年来迅速发展，前景喜人。

二、育苗容器

（一）育苗容器的种类

育苗容器随制作材料、规格大小、形状的变化而千变万化，而且不断改进。按照形状可以把育苗容器分为筒形（管形）、圆锥形（子弹形）、正方形、六角形、书本形、蜂窝形、营养砖等类型。

按照制作材料，育苗容器可以分为纸质、黏土、合成纤维、软质塑料、硬质塑料、生物降解塑料、泥炭、聚乙烯泡沫等类型。

按照栽植方式分为可栽植容器和不可栽植（可回收）容器两大类。可栽植容器通常是纸杯、黏土营养杯、泥炭容器、营养砖、营养杯，等等。不可栽植容器一般由塑料、聚乙烯等材料制成。

容器内部常设有 2～6 条纵向棱状突起，苗木根系沿棱线向下伸展，防止根系在容器中盘旋。

正六边形容器可以相互紧密排列，有防止低温冻害的效果。

（二）容器的规格

容器规格取决于栽培对象、培养目标和环境条件。体积小者 30 cm^3 左右，大到 700 cm^3，甚至更大。一般常规育苗容器高 10～25 cm，直径 5～15 cm。美国南方松育苗容器容积一般为 40～165 cm^3，长 10～12 cm，直径 3 cm。栎类育苗容器适宜的容积为 400 cm^3。

（三）常用育苗容器

1. 筒形（管形）容器

有圆形、正六边形等种类。芬兰纸杯栽植后能迅速降解。

2. 圆锥形（子弹形）

方便人工或机械栽植，高径比约 5：1。

3. 纸杯

纸内层塑料复合层不易腐烂，但成本低，带纸杯栽植便于机械化作业。

4. 隔膜式蜂窝纸容器

由蜂窝纸质容器专用机制成，直径 5～10 cm，各规格高度 4～16 cm 供选择。填充基质方便，空间利用率高。

5. 营养砖

由泥炭、木屑、腐熟树皮等制作而成，有些种类吸水膨胀，使用方便。

6. 硬质塑料容器

有各种规格大小和形状，可重复使用，强度高。有些内壁做成阶梯状或 3～5 条纵向棱线，防止苗木根系盘旋。

7. 塑料或聚丙烯泡沫容器

穴盘有各种规格的板块：4 cm×6 cm、5 cm×10 cm、6cm×10 cm、6cm×12 cm 等规格，每穴口径大小在 4～7 cm^2 等多种规格。

三、容器育苗基质

容器育苗基质是苗木培育的物质基础，是至关重要的因素。对育苗基质的基本要求是：疏松、质地轻、透气、持水力强、养分充足、阳离子交换能力较强等。

无性繁殖的扦插基质中，除河沙之外都可用于容器育苗，但一般都不单独使用。一般采用泥炭、蛭石、珍珠岩、树皮粉、松林土、有机肥等按一定的比例混合配制而成。所选材料的种类、比例随培育对象和培育目标而定。

（一）主要材料

1. 泥炭和泥炭藓

泥炭是最常用的一种培养基质材料，它是由各种水生、湿生和沼生植物残体构成的疏松堆积物。泥炭的成分比较复杂，可分为3种基本类型：藓类泥炭、苔类泥炭和腐殖质泥炭。其中以水藓泥炭为最理想的培养基质材料。

泥炭在自然状态下湿度很大，含水量一般都在50%以上，因此，一旦被水饱和，通气性就较差，所以必须与通气性极好的其他材料如珍珠岩、炉渣等混合使用。泥炭多呈酸性，pH为5～6.5。

2. 蛭石

蛭石是云母经过高温处理后膨胀而成的海绵状颗粒。蛭石的重量很轻，只有100～140 kg/m³，呈中性，具有良好的缓冲性能，不溶于水，但能吸收大量水分，吸水量400～450kg/m³。蛭石具有较高的阳离子交换能力，能够储备养分，逐渐释放，供苗木生长之需。

蛭石在园艺上的应用比较普遍，按照其颗粒大小分为4种规格：1号园艺蛭石的颗粒直径为5～8 mm；2号园艺蛭石为2～5 mm；3号园艺蛭石为1～2 mm；4号园艺蛭石为0.75～1 mm。

培育苗木的蛭石型号尚无统一标准。蛭石在培养基质中主要是起疏松作用，防止其过分紧实或下沉，并保持良好的通气性和透水性。

3. 珍珠岩

珍珠岩也是一种细小的海绵质颗粒，是由火山岩浆岩经高温煅烧膨化而成。具有很高的持水力，能保持相当于自身重量3～4倍的水分。珍珠岩的化学性质基本上呈中性，没有阳离子交换能力，不含矿质养分，最大的用处是增加培养基的通气性。

4. 树皮粉

在树皮资源丰富的地方，如木材加工厂附近，可以利用树皮粉来代替泥炭，但要注意有些树种的新鲜树皮对苗木有毒害，必须经发酵腐熟才能使用。用树皮粉代替泥炭时，通常要补充氮素，因为树皮粉分解时会消耗氮素，易造成失绿症。

此外，还使用营养土、有机肥等材料配合使用。

（二）配方简介

育苗实践中常用的配方有以下几种。

1. 泥炭和蛭石的混合物

常用混合比例为 1∶1、3∶2、7∶3 等。泥炭和蛭石的混合物是最常用的培养基质，二者的配合比例因具体条件不同（容器、温室和树种）而异。一般来说，蛭石越多，培养基的通气性和排水能力也越高；但蛭石加得太多，则培养基质显得过分松散，不利于保持根团的完整性。使用泥炭和蛭石培养基时，通常加入少量石灰石或矿质肥料。

2. 泥炭、蛭石和表土的混合物

泥炭、蛭石和表土按 1∶1∶2 的比例混合使用。

3. 泥炭和树皮粉的混合物

泥炭和发酵腐熟的树皮粉按 1∶1 比例混合，并加入少量氮肥。因发酵树皮粉酸性较强，一般加石灰把 pH 值调节到 6.0 ～ 6.5。

4. 泥炭和珍珠岩的混合物

泥炭和珍珠岩按 1∶1、7∶3 的比例混合使用。

（三）配方基质的处理

1. 调节基质的酸碱度

一般地，针叶树育苗基质 pH 为 5.0 ～ 6.0，阔叶树 pH 为 6.0 ～ 7.0。在育苗过程中，由于施肥、灌水等措施，基质的 pH 值还会发生变化，需进一步调整。

2. 接种菌根

接种有益微生物，能增加根部吸收养分和水分的表面积和范围，增加树木对干旱、土壤高温和不适宜的土壤酸碱度的适应能力。菌根接种一般采用把含有菌根的土壤加入容器育苗基质的办法。

3. 基质消毒

基质消毒方法有两大类型，一类是采用高温消毒和蒸汽消毒，另一类是化学药剂熏蒸消毒。

（四）商业化基质

有商标注册的商业化育苗基质性能优良，规格型号较多，能满足各种栽培目的需要。但是商业化基质价格较高，生产成本上升，一般用于珍贵稀有树种或价值较高的观赏植物栽培。加拿大、美国、日本及北欧等林业发达国家都有商业化基质销售。

四、环境控制

环境控制的程度取决于植物生物学特性及培育时期。如在正常生长期育苗，则环境控制程度为最小，主要是采取遮阳防止苗木过热，并且提供充足的水分。

如不在正常生长季节，则必须保持苗木生长所需的光照、温度、水分。

（一）发芽期环境

种子发芽需要充分的光照、水分和适宜的温度。

1. 光照

种子休眠与解除部分讨论过种子发芽的需光性，多数树种在黑暗条件下虽然能够发芽，但光照对种子发芽和幼苗生长有显著促进作用。

一般情况下光照强度并不十分重要，但光照周期较为重要。

2. 水分

在种子发芽阶段，基质含水量必须保持在田间持水量附近。水分胁迫会降低植物种子的发芽能力。因此，种子发芽期间必须经常向育苗容器供水。不同植物对干旱的反映有些差异。

供水的最好方式是通过雾化喷头喷洒。自动控制器有 2 种方式：一种是时间定时控制器，另一种是用自动水分探测器控制。后一种方式更为有效，两种都已商业化生产。

3. 温度

发芽对温度的敏感程度随物种、种批、层积处理时间等因素有变化。

（二）发芽以后的环境

1. 光照

光照时间和强度影响苗木的生长和生长末期顶芽的形成、节间长度、叶形大小。应用这个原理在夏末秋初缩短光照时间，诱导顶芽形成并有利于抗寒。

苗圃育苗常用遮阳来减少太阳辐射，避免夏季高温对苗木的伤害。一般通过遮阳 30%～55% 来达到降温 5℃左右的效果。但有研究表明遮阳对长叶松地径、地上部分重量，特别是根部重量有显著降低作用。

2. 水分

这个阶段水分不宜过多，喷水也不宜频繁，最好保持基质表面干燥，防止猝倒病等病害发生。同时保证基质较低的含水量，使基质通气，吸收矿质营养，保证根生长良好。

3. 温度

冬季育苗必须采用加热温室，可采用上方加热或苗床加热。炎热季节必须采取降温措施来提供适宜的生长温度。昼夜温度节律影响苗木生长。有研究表明白天温度以 20～26℃为宜，夜间温度在 10～17℃为好；昼夜温差在 12℃左右较好。

五、容器育苗实践

（一）基质填充

为保证培育的苗木均匀一致，容器的基质填充也必须均匀。可用手工或机械填充基质。

（二）播种技术

1. 播种

容器育苗应该选用高质量的种子，并实行每穴单粒播种，提高种子使用率。如不可避免地使用发芽率不高的种批，则需复粒播种，即一个容器内需播数粒种子，以减少容器空缺造成的浪费。复粒播种时，种子发芽出苗后必须间苗，使得每容器保持 1 株苗木正常生长，因而费用成本也有增加。

一般采用手工播种，或使用播种模板。也经常使用真空播种机播种。真空播种机由真空泵连接到吸头上，吸取种子，移入容器后解除真空，释放种子。

2. 覆盖

一般大粒种子使用基质覆盖较厚，小粒种子覆盖较浅。采用弥雾系统供应水分时甚至不覆盖而使种子迅速发芽出苗。

3. 菌根接种

有益菌根增加苗木对养分吸收，特别是增加对磷的吸收。有时容器育苗地与林地接近，菌根孢子丰富，天然接种就可满足育苗需要。

除人工在基质中接种有益菌根外，有将菌根孢子通过加入种子丸化（裹衣）剂的方式来接种。

一些杀菌剂会影响菌根的生存，必须加以监控。

（三）移植和间苗

容器空缺会增加成本，而一个容器中生长多株幼苗会降低苗木质量，解决这些问题应该通过种子质量控制和播种技术来解决。瑞典农业大学提出的 IDS 法能够从种批中去除无生产能力的种子，包括空粒、机械损伤粒和虽饱满而死亡的种子。经过种子调制而得到高发芽率的种子用于容器育苗，解决上述问题。

通常不可避免地要进行间苗和移栽，来保证每一容器有正常生长的健壮幼苗。

（四）施肥

1. 施肥种类和浓度

施肥方案根据培育树种特性、培育目标而定。大量元素需要量相对较大。微量元素尽管需要量很小，但对幼苗生长发育至关重要。

2. 施肥方式

容器育苗一般通过以下 2 种方式施肥。

（1）施用长效缓释颗粒肥料

一种方法是在填充基质时加入缓释肥料；另一种方法是在生长阶段向容器中加入颗粒肥料。长效缓释颗粒肥料根据苗木生长节律设计，缓释期有 2 个月、8 个月甚至 12 个月等多种规格。我国已有长效缓解颗粒肥商业化生产。

（2）通过喷灌系统施肥

也有几种形式，一是商业化可溶性肥料，溶于水中，通过喷灌系统喷施或人工喷施。二是人工配制混合肥料溶液，加入喷灌系统。采用计算机控制的现代化配方施肥系统在本章中已有介绍。

（五）病害防治

1. 土壤病害

根腐病、霉菌可能通过基质、灌溉系统或在幼苗之间相互传播。因此，从基质消毒开始就要做好防病工作，并保证排水良好，幼苗不宜供水过多。

及时正确地使用一些有效的杀菌剂，能控制猝倒病、根腐病，然而没有一种万能的杀菌剂对所有病害都有效。

2. 叶部病害

由于温室通气不良，常诱发叶部病害。因此，应注意改善温室通风，幼苗喷灌尽量在早晨进行，保持白天叶面干燥。

此外，容器育苗实践中还要控制杂草的发生和藻类的繁衍。可以设置一些物理障碍、投放诱杀药剂、使用诱捕器防止鼠类、昆虫、蚜虫等危害幼苗。

（六）幼苗形态调控

1. 地上部分控制

截顶的目的主要是控制高生长，使苗木整齐均匀，降低茎根比来提高栽植成活率。幼苗截顶一般不进行，只有当地上部分发育不适宜时，通过修剪调节地上部分与地下部分的平衡。

2. 根形态控制

与裸根苗培育中的切主根、切侧根措施相似，目的是为培育具有良好根团的优质苗木。

（1）空气自然截根

无论单个容器或穴盘容器，底部都留有孔洞或筛孔状通透网纹，把容器置于高 30～40cm 的架子上，底部通风透气，当幼苗根系生长至基质与空气的界面处时即自动停止生长，从而达到自然截根的目的。自然截根是最为有效和经济的措施。

（2）化学截根

美国采用 200～1000mg/L 的碳酸铜和乳胶混合，涂在容器内壁，当幼根生长至此时便受到抑制而停止生长，不仅起到截根作用，还能防止根系盘旋。

（七）幼苗质量调控

幼苗质量调控的措施主要有：制造水分逆境、短光周期、控制营养供应、抗寒锻炼。

在苗木生长末期，减少氮素养分的供应、控制水分供应、缩短光周期都可减少生长，促进芽的形成。并且这种措施在一年中任何季节都可采用，目的是通过炼苗控制幼苗生长、促进顶芽形成、茎木质化，为栽植做准备。

如计划在晚秋或冬季栽植，还需对苗木进行抗寒锻炼。即逐步降低环境温度，缩短光周期。例如，松类苗木在 6 周内逐步降低到 1～5℃环境，便能达到抗寒锻炼的目的。

第四节　育苗辅助设备

一、自动播种生产线

现代苗木生产中已开始采用先进的林业育苗生产线，早在 20 世纪 80 年代中期欧洲一些国家就开始使用，近年来设备功能已有显著改善。以美国胖龙公司播种生产线为例，其功能是自动完成基质混料、基质分盆、容器填料、打播种孔、播种、覆盖、淋水、容器码垛、容器分离等一系列过程，适用范围小至矮牵牛种子，大到橡树种子（4cm 左右），以及各种树木种子和大多数园艺、花卉种子。

整个生产线均由计算机程序控制，可由单人操作，一次性完成整盘播种。

基质混料机有大、中、小型之分。有些型号自带内流式混料注水头，可同时连续、均匀地混合各种难填的基质、化肥和农药等材料。自动加湿器可自动调控供水量。

填料机对任何干、湿基质均可使用，适用于各类穴盘，且每穴填料量可以调控，还自带余料清扫回收装置。

填盆机可完成分盆、填料、打孔、自动调节基质填充量和压实程度，可根据需要打出孔数不同、大小各异的穴孔。

容器播种机有小型针式播种机、全自动针式精量播种机、康尼克普及型播种机等数种类型，能够播种各类大小的种子及畸形种子。全自动针式精量播种机能使填料、刮平、压坑、点种、盖种、喷水整个生产过程全部实现自动化。

淋水设备采用聚碳酸酯可调速的链条传动，顶部配有 3 个可调换的喷嘴，可根据需要调节用水量的大小。

二、移动式苗床

苗床为架高 80cm 的结构，方便操作。手动驱动，可向左、右两个方向移动，移动范围为 3m，能使温室的使用面积达 82% 以上。并设有限位防翻装置，防止由于偏重引起的倾斜。移动苗床高度和宽度尺寸还可按用户要求订制。

三、移苗机

移苗机实现打孔、移苗、注水一次完成，适用于移植不同种类、不同生长期、不同型号的穴盘苗。移苗时能做到不伤根、不伤叶，最大限度地缩短缓苗期。

四、移植操作台

将已打好孔的苗盘或容器，通过操作传送带，操作员将苗移植到育苗盘中。有 4 座和 6 座工作座位等规格，座位和苗盘架的高度均可调节。

五、穴盘清洗机

可清洗任何型号的穴盘，利用高压枪彻底清洗穴盘。

六、穴盘消毒机

适用于硬质穴盘，利用高湿消毒法消毒。

七、蒸汽发生器

燃油式蒸汽发生器可以移动使用，是温室和苗圃土壤消毒的专用设备。它可对基质、温室内苗床和苗圃用具进行消毒。

第十三章 药用植物种苗出圃、包装、贮藏

苗木出圃是育苗工作的一个重要环节，它直接关系到苗木质量与合格苗产量，关系到整个育苗工作的成败，最终影响到相应药材生产的产量和质量。为了尽可能地减少苗木从育苗地到栽植地这一过程中可能出现的各种损失（质量降低、致伤、致死或丢失等），并便于合理安排苗木供销和栽植等各项工作，必须认真做好起苗、苗木分级和数量统计，以及贮藏和运输等一系列工作。

第一节 种苗质量评价

苗木是栽培的材料，其质量优劣是决定栽植成败的关键。即便是同一个树种的苗木，有些苗批在立地条件很差的情况下都能成活，并生长良好；而有些苗批栽植不久便死亡，栽植后每年都需要进行补植。苗木的这种差异正反映出苗木质量上的差别。苗木质量是指苗木在不同环境条件下成活与否和成活后生长能力的综合。通常，苗木质量的好坏以苗木栽植后的成活率和生长表现来衡量。

一、种苗质量指标

（一）苗木质量指标

早期评价苗木质量主要是依据形态指标，但形态指标只能反映苗木的外部特征，难以说明其生命力的强弱。因为苗木的形态特征相对较稳定，虽然其内部生理状况已发生了很大改变，甚至苗木死亡后，外部形态也没有大的变化。随着对苗木质量认识的不断加深，评价苗木质量越来越全面，逐渐由形态指标深入到生理指标。

1.苗木质量形态指标

（1）苗高

苗高是最直观、最容易测定的形态指标，对苗高的测定不需要特别的仪器，仅直尺或钢卷尺即可。苗高的测定是从苗木地径处或地面量到苗木顶芽，

如苗木的顶芽没有形成，则以苗木的最高点为准。优良苗木必须达到一定的高度，过于矮小的苗木在苗圃地中一般都是生长衰弱的被压苗，栽植后恢复生长能力差，而且易受杂草危害。但是，苗高与栽植成活率关系不紧密，尤其在干旱条件下，甚至出现苗木高度越高，成活率越低的现象。因此，苗木过高会影响栽植成活率，过低更会影响苗木的生长量。不同植物种类苗木存在着各自的适宜高度，在适宜的高度范围内，成活率和生长量都可以兼顾。

（2）地径

地径是指苗木主干靠近地面处的直径，有时也称为根茎部位的直径。地径是苗木分级的主要指标，因为地径能够比较全面地反映苗木的质量，从大量的调查数据来看，地径与苗木的根系发育状况、苗木重量及苗木的其他品质指标都是密切相关的。在苗木年龄和高度相同的条件下，地径越粗的苗木，其质量越好，栽植成活率越高。

但是，当地径升高到一定程度后，栽植成活率提高幅度趋缓，并且随着地径进一步提高，成活率只会少量地增加，或者在一个水平线附近上下变动，甚至出现下降。Mullin等（1972）的研究也证实，地径对栽植成活率和栽植后生长量的影响与苗高有相似之处，只不过地径与成活率的关系曲线比苗高与成活率的曲线要平缓得多。另外，过分粗大的苗木也不利于起苗、包装、贮藏、运输和栽植，同时成本也更高。因此，地径也有一个适宜范围，不过这个范围比苗高的适宜范围要宽。与苗高一样，在保证栽植成活前提下，地径越粗越好。

（3）高径比

高径比是苗高与地径之比，它反映苗高与地径的关系。苗高相同时，地径越大，高径比越小，苗木越粗壮。不同树种高径比有很大差异，如杜仲、喜树等播种苗，苗木高径比的数值比较大，而栎类、核桃等播种苗则比较粗壮，高径比的数值就比较小。同一树种由于育苗技术和田间条件的不同，苗木高径比的数值也不完全相同，如遮阳过度、氮肥过多、追肥过迟、密度过大等都会使苗木高径比变大。苗木高径比数值大的苗木纤弱或地上部分有徒长现象，发育不匀称。高径比适宜的苗木生长均衡、质量好。

（4）苗木重量

指苗木的干重或鲜重，可以是全株重，也可以是各部分的重量。鲜重易测定，但受含水量影响较大，不易获得稳定可靠的数据；而苗木干重则可排除含水量的影响。苗木生长量的大小，主要看其物质积累量多少。干重是反映物质积累状况最主要的指标，也是苗木质量的较好指标，可作为不同研究结果之间相互比较的可靠指标。多数研究表明，干重与地径密切相关，在以干重指示栽植成活率和生长量方面，其可靠程度与地径相近。

（5）根系指标

根系是植物的重要器官，目前生产上采用的根系指标主要有根系长度、根幅、侧根数、根系重、根系总长度、根表面积指数（根表面积指数＝根的数量×根总长度）等。根系长度指从根基部靠近地表处至根端的自然长度，是起苗时应保留的根系长度，在控制起苗深度上有重要作用。根幅指从主根基部靠近地表处至四周侧根的长度，是起苗时应保留的侧根幅度，在控制起苗宽度上有重要意义。但是，苗木根系长度和根幅在反映苗木根系，尤其是苗木须根状况方面有明显缺陷，根系长度和根幅大的苗木其须根量并不一定大。根重和根体积也存在同样问题。

相比较而言，侧根数、根系总长度、根表面积指数等指标则能较好反映苗木的须根状况。侧根数的测定一般先要确定一个侧根长度，如大于 1 cm 长的侧根数等。当然，根系总长度、根表面积指数也可规定范围，以便于测量计算。在生产上，往往通过统计大于 5 cm 的一级侧根数来反映苗木的须根状况，既简便易行，又能良好地反映栽植成活率。

（6）茎根比

指苗木地上部分与地下部分的重量或体积之比，体现了苗木水分、营养的收支平衡问题。在适宜的茎根比范围内，茎根比越小越利于苗木生长与成活。

（7）顶芽

用顶芽的长度、高度或基部粗度表示。它是反映冬芽形态的指标，与苗木的抗寒性有关。顶芽越大，芽内所含原生叶数量越多，第二年苗木生长量越大，所以可用顶芽大小反映苗木质量。多数研究证明，顶芽大小与苗木第二年的高生长呈正相关。因此，顶芽在反映苗木生长潜力方面有重要意义。

对于萌芽力弱的树种，发育正常而饱满的顶芽是合格苗木的一个重要条件，但是，对萌芽力强的树种，顶芽有无对苗木质量影响不大。

2. 苗木质量生理指标

（1）苗木的水分状况

水分是维持苗木生命活动不可缺少的物质，苗木体内的一切生命活动都必须在水的参与下才能正常进行。缺水会对苗木的解剖、形态、生理、生化等许多方面产生不利影响。轻度缺水会引起气孔关闭、光合作用减弱；重度缺水则会破坏光合器官。苗木缺水还会影响呼吸、碳水化合物和蛋白质代谢，损伤细胞膜的结构，改变酶活性等；同时缺水苗木易遭受病虫害的危害。因此，苗木水分状况与苗木质量密切相关。反映苗木水分状况的指标很多，如根系含水量、地上部分含水量、地上部分水势、饱和状态下的相对含水量等，但水势反映苗木质量更为敏感。

（2）导电能力

在一定程度上反映苗木水分状况和细胞受害情况，可以指示苗木活力大小。测定导电能力的方法主要有：①测定植物组织外渗电导率；②测定苗木茎电阻率。

将苗木茎干作为一个电容器，通过测定其电阻抗，建立苗木茎干电阻抗与苗木受冻害程度的关系，评价苗木质量。苗木电阻抗法是一种快速无损的检测方法，可以直接用于测定苗木受冻害情况，但该法对测定温度的要求较高，而且测定值受苗木大小、苗木含水量、电极类型和电流频率等多因素影响，在田间测定难以控制。苗木直径越小，电阻抗越大，但如果苗木直径大于 0.5cm，则苗木大小对电阻的影响很小；测定温度越低，苗木电阻越大。另外，建立的电阻抗与苗木质量的关系不是很稳定。

（3）矿质营养

营养物质不足会导致苗木生长不良，营养物质过剩会对苗木生长产生毒害作用；适宜的矿质营养水平对苗木初期生长、成活及苗木抗性有重要影响。因此，为了建立苗木营养状况与苗木质量的关系，必须对苗木的矿质营养状况进行诊断，确定健壮苗木营养水平的标准含量。

（4）根生长势（root growth potential，RGP）指苗木在适宜条件下新根发生和生长的能力。常用新根生长点数量（TNR）、大于 1cm 长新根数量、新根重、新根表面积指数等表示。根生长势不仅取决于苗木的生理状况，而且还与苗木形态特征、生物学特性及生长季节密切相关，能较好地预测苗木活力及栽植成活率，所以 RGP 是目前评价苗木活力最可靠的方法之一。

在测定 RGP 时，先将苗木的所有白根尖去掉，然后用混合基质（如泥炭和蛭石的混合物）、沙壤或河沙栽植在容器中，置于最适宜根系生长的环境（如白天 25℃左右、光照 12 ~ 15 h，夜间 16℃左右、黑暗 9 ~ 12 h，空气相对湿度 60% ~ 80%）下培养，保持苗木所需的水分（如 2 ~ 4 d 浇一次水），28 d（根据苗木发根速度决定测定时间）后将苗木小心取出，洗净根系的泥沙，统计新根生长点（颜色发白）数量。

（5）苗木的耐寒性

耐寒性是指在寒冷情况下存活一定数量的苗木所能忍受的最低温度。它是影响栽植成活率的一个重要因素，是表达苗木质量的一个重要因子。从秋季开始，随着光合作用减弱、温度降低，苗木耐寒性迅速增加，到冬季达到最大。在苗木的贮藏期间，其耐寒性不会增加，最多只能保持起苗时的水平。

（二）不同苗木质量测定方法主要用途分类

1. 一般应用

测定形态、水势、电导、叶绿素荧光变化、胁迫诱导挥发性气体。

2. 为起苗做准备

测定耐寒性、休眠、电导、叶绿素荧光变化、有丝分裂指数。

3. 栽植后表现预测

预测成活率；测定苗木形态、根生长势、水势、电导率、胁迫诱导挥发性气体。

（三）苗木质量测定方法的评价标准

1. 苗木质量测定方法的特点

理想的苗木质量测定方法应该具备以下特点：①快速，立即得到最后结果；②容易理解，各种层次人员均可操作；③费用低，可被不同层次用户接受；④可靠；⑤无损，被测苗木可用于栽植；⑥定量；⑦具有诊断作用，可指示苗木受损原因。

2. 预测苗木栽植后生长表现测定方法的评价标准

①能解释从苗圃到栽植地期间苗木质量的任何变化；②能为采取栽培措施提供依据；③既可测定单株，也可测定一批苗木的特性；④不同质量苗木的生长表现能反映栽植地的立地条件；⑤能用于育苗期间的质量控制。

（四）苗木质量综合评价与控制

苗木质量是针对栽植地立地条件和培育目的而言的。由于立地条件和培育目的的变化很大，适合各种立地条件的优质苗木很难选出。因此，如何根据栽植地立地条件，考虑苗木质量动态特性，采用多种指标，建立完整的苗木质量综合评价和保证体系是当前及今后一段时期苗木质量研究所要解决的问题。

要做好苗木质量的综合评价及控制，可参考以下几个方面。

1. 适地适苗

适地适苗是指在栽植地立地调查、立地分类基础上，适宜树种、地理种源和生态类型已确定的情况下，根据栽植地的立地条件选择最适于该立地的苗木类型、年龄、大小和生理状况的苗木进行栽植。

栽植效果是苗木质量评价的出发点和依据，即苗木质量的好坏主要看它对栽植地的适应程度。根据栽植地立地条件对苗木质量进行评价和选择。

第一，对苗木类型进行选择。苗木类型是苗木质量的一个重要方面，不同苗木类型是指经不同繁殖材料、不同育苗方法培育出的苗木，它们在形态、生理及适应能力上都存在极大的差异，并对栽植成活和成活后的生长产生重大影响，因此，苗木类型的选择是适地适苗的第一步。

第二，在苗木类型选择的基础上确定苗木的大小规格。由于苗木形态指标各种各样，不同指标反映了苗木生长发育的不同侧面，可根据栽植地立地条件，有侧重地选择苗木形态指标，如干旱地区应强调根系发达，高径比和茎根比小；有冻害情况下应注意苗木的木质化程度及顶芽状况；杂草竞争激烈地区应注意选用地上部分较大的苗木。

第三，确定苗木生理指标，以保证栽植时苗木的活力。

2. 多指标综合评价苗木质量

正常生长情况下各种指标之间是有一定联系的，但非正常条件下，如干旱胁迫、寒冷、营养缺乏等，每种测试手段所获得的结果只是苗木在某一方面的反映，并不能全面体现苗木质量。因此，采用多指标、多方面综合评价苗木质量是不可避免的。就目前研究水平看应从以下几个方面考虑：（1）种子问题。适宜的地理种源和具有优良遗传品质的良种是优良苗木的先决条件，对苗木质量评价时应首先对种源和种子遗传品质进行调查，这是任何形态指标和生理指标所无法替代的一步。（2）苗木类型和年龄。（3）形态指标。（4）苗木生理状况。

3. 苗木质量的动态性及质量评价的阶段性

苗木是活的生物体，其形态、生理及活力都处于不断变化过程中，因此苗木质量具有动态性。对苗木质量的评价不能用静态方法，只做一次检验，而应根据苗木质量的变化特点及各种指标的特性，分阶段地对苗木质量进行控制和评价。例如，可将苗木从起苗到栽植，分成起苗前、出圃前和栽植前三个阶段，各个时期控制和评价苗木质量的侧重点是不同的。

起苗前的苗木生长期重点是促进苗木生长，使其达到规定标准。所以，建立各主要栽培树种苗木的高、地径、根系及矿质元素含量标准曲线，是科学育苗、控制苗木质量的基础。在苗木形态、木质化程度和矿质元素含量达标后便可起苗。苗圃应掌握所育苗木的 RGP 年变化规律，选择 RGP 最高时起苗，保证苗木具有较高活力和较强抗逆性。

起苗后的苗木分级主要根据苗高、地径和根系而定。苗木起苗分级后如立即出圃，可不必对生理指标做测定，但要强调对苗木活力保护，尤其是保持苗木水分平衡。如需贮藏后再出圃，则在出圃前应考虑用苗木根系外渗液电导率、碳水化合物含量和水势等方法来测定苗木活力，以防苗木霉烂、贮存物质消耗过多或失水死亡等。同时对出圃的苗木还要调查掌握其种源情况，为栽培提供重要的基础数据和信息。

出圃后至栽植前这一段时间，苗木处于复杂的环境条件，易出现水分丧失、霉烂和受损现象，因此在栽植前抽查测定苗木水势或导电能力，检查苗木完整性是控制苗木质量的最后一关。

4. 建立苗木质量调控体系

现行的苗木质量评估只是对已生产出的成苗进行质量评价，决定个体或批量淘汰，这显然是质量管理中的一种消极对策。考虑到苗木质量是苗木在苗圃整个培育时期对所受培育条件和措施的集中反映，且各发育阶段间又有因果关系，所以有可能在苗木生产全过程中，根据栽植地立地的情况，确定出最适宜的苗木，通过环境及培育技术调控苗木生理和形态，尽可能地生产生理一致的苗木。

苗木质量评价的目的是保证栽植成功，使栽植后苗木达到或超过我们预期的生长表现，尽快满足人们的要求。因此将被动的苗木质量评价转变为积极主动的苗木质量调控，是苗木质量管理上的一次认识飞跃。美国一些林学家提出目标苗木（target seedling）的概念就充分反映了这一认识的飞跃。目标苗木是指以保证栽植成功为目的，将苗木在形态、生理等多方面的特性以数量化的形式与保证栽植成功联系起来，只要苗圃能根据用户的要求（即栽植地立地条件）生产出相应规格的苗木，栽植成功就有较大的保障。

建立苗木质量调控体系是指在深入研究各种育苗技术措施对苗木形态、苗木生理、苗木活力及栽植成活率和生长量作用的基础上，根据用户要求或栽植地立地条件，通过在苗木培育过程各阶段进行的生长发育状况监测，实施最佳管理措施，保证分阶段目标的实现，最终实现所生产的苗木符合规格。

二、种苗产量和质量调查方法

在苗木地上部分生长停止前后，按树种或品种、苗木种类、苗龄分别调查苗木质量、产量，为做好苗木生产、供销计划提供依据。

苗木调查要求可靠性 90%，产量精度 90% 以上，质量精度 95% 以上。

（一）调查区的划分

凡是树种、育苗方法、苗龄、作业方式以及育苗的主要技术措施（如施肥时间与施肥量、灌溉次数与灌溉量、播种方法等）都相同的育苗地可划分为一个调查区。同一调查区的苗床要统一编号。

（二）样地的形状和规格

苗木调查一般是抽取有代表性的、小面积的地段——样地作为调查苗木产量和质量的调查单元。

样地按形状分为方形、线形、圆形，即样方、样段和样圆。

样地的大小取决于苗木密度、育苗方法和要求测量苗木质量的株数等条件。比如，苗木密植的样地宜小，苗木密度稀的样地宜大；播种育苗宜小，插条和移植育苗宜大；要求测定苗株数少的宜小，株数多的宜大。

（三）样地的数量

样地数量的多少，直接影响到调查精度和调查工作量。样地多、精度高、调查工作量增加；样地太少，调查精度达不到要求，要补设样地，工作量也增加。所以在进行苗木调查时应确定适宜的样地数。样地数受苗木密度的均匀度、苗木质量的整齐度等条件影响。密度均匀，苗木生长整齐，样地宜少；否则样地宜多。

一般采用经验数字法或极差估算法预估样地数量。

（四）抽样方法

苗木调查所得到的苗木产量质量数据的精度如何，是否能反映苗木的实际情况，主要取决于抽样方法和测量苗木的准确程度。只有采用科学的抽样方法，认真调查苗木数量和质量指标，才能得到精度较高的数据。

苗木调查采用抽样方法，有机械抽样法、随机抽样法、分层抽样法。最常用的是机械抽样法。

（五）苗木产量和质量的调查

样地数量决定之后，即进行布点和调查样地内的苗木数量与质量。调查方法如下：

1. 苗木统计

统计样地的全部苗木数量；同时将有病虫害、机械损伤、畸形、双顶芽等苗木分别记录在外业调查表的备注中，以便计算各种苗木的百分率。

2. 苗木质量指标的测定

根据国家标准规定，在生产上用的苗木质量分级指标以苗高、地径和根系长度为主。所以苗木调查必须测量苗高、地径、根幅、大于5cm长的1级侧根数量，并记录综合控制条件。综合控制条件中，如涉及新根生长数量（TNR）的需作测定。

第二节 起苗与分级

一、起苗技术

（一）苗木水分生理

苗木生命活动取决于苗木体内的水分状况。正常生长的苗木，从土壤中吸收水分，通过苗木体进行光合作用，并通过蒸腾和蒸发最后散发进入大气，形成土壤—苗木—大气这一连续系统。苗木一旦从土壤中起出，该系统便遭破坏。从失水部位看，根系是一个重要方面。苗木根系生活在比地表环境变化小的土壤中，水分充足、气温变化小、无风，水分蒸散调节组织不像地上部分器官那样发达。同时为了便于土壤水分进入根部组织，根的表皮组织很薄、细胞排列疏松、细胞膜较薄、水分易于蒸腾，只要露天暴晒几分钟，根部细胞就会枯萎死亡；而茎叶表皮组织致密、不易失水。根部失水多导致水势降低，茎叶水分在水势作用下倒流入根部；也就是说起苗后苗木失水的主要部位是根系，须根多、根系大、失水速率高，易造成苗木死亡，因此必须做好苗木保护。

根系粗细不同，其失水速率也不同。粗根容量大，相对失水面积小、失水速率低；而细根容量小，失水面积大、失水速率高。当木质部的水分向表皮传递时，细根皮层薄、距离短、阻力小，粗根则正好相反，这也是造成细根失水快的原因。可见苗木失水快的部位在根系，根系失水的重点是细根。

事实上苗木晾晒过程中不仅仅是单纯的简单失水。随着晾晒时间的增加，其内部也发生一系列的生理变化，加剧水分丧失导致根细胞膜结构损伤率明显增大，膜透性增加，其对水和离子的控制能力减弱甚至丧失，细胞中钾离子外渗液量不断增加。所以失水造成根细胞膜完整性的破坏是干旱胁迫后苗木活力下降过程中的关键性生理变化之一。

（二）起苗对苗木活力的影响

由于苗木根系分布较广，任何起苗方法都不可能完全将苗木根系毫无损坏地起出，因此起苗过程实际上是根系损坏的过程。

起苗时根系损伤程度与苗木的年龄大小呈正相关。苗龄越大，苗木根系分布越广，起苗造成根系损伤越多，其活力降低也越大。因此起苗方法、起苗深度及保持根幅都要和苗龄相适应。

不同物种苗木根系萌生能力差异很大，对根系损伤的忍耐程度不同。根据物种特性，做好起苗准备工作、选择适宜起苗季节和时间、掌握起苗深度和根系幅度、控制起苗时土壤水分和疏松程度，可明显减少起苗时根系损伤，保持苗木活力。

（三）起苗时间的确定

起苗时间主要取决于苗木生物学特性，既要与栽植季节相配合，又要有利于苗木生活力的保存。一般来说，随起苗随栽植能保证苗木活力，有利于提高栽植成活率，然而实际生产上起苗时间和栽植时间并不都是正好吻合，所以选择最佳起苗时间就显得非常重要。

1. 起苗季节

在确定起苗时间时，首先要确定起苗季节。生产上常见的起苗季节为春季和秋季。

（1）春季起苗

春季起苗适合于绝大多数物种苗木。但这个阶段苗圃土壤黏重、含水量较高时，寒冷地区常有栽植地土壤顶浆而圃地起不出苗木的情况，特别是对于萌动较早的树种，土壤冻结化透前苗木地上部分已开始萌动，影响了栽植成活率。此外，如苗圃休闲地安排不合理，春季起苗易造成苗圃育苗生产被动。

（2）秋季起苗

秋季起出的苗木有 2 种情况：一种是随起苗随栽植，这是因为秋季土壤温度变化比气温缓慢，苗木地上部分虽已停止生长但栽植后根系还可生长一段时间，可为第二年春快速生长创造有利条件；另一种是将起出的苗木进行贮藏，等到来年春天再栽植，这有利于人为控制苗木在来年春天的萌动期，使之与栽植时间吻合。大部分树种适于秋季起苗，此外，秋季起苗有利于苗圃实行秋耕制，减轻春季工作量。

2. 起苗时间

确定起苗的具体时间通常比确定起苗季节对苗木生活力的影响更大。有时起苗时间即使相差 1～2 周也会成为一些树种苗木栽植成活与否的关键。

（1）根据苗木休眠状况确定起苗时间

苗木休眠状况是最常用的确定起苗时间的生理指标。但是在确定休眠时间方面，树种间差异较大。对于落叶树种来说，从苗木落叶至翌年芽萌动之前这段时间为休眠期，起苗一般较适宜，而且从外观上也容易判断。

（2）根据苗木根生长潜力确定起苗时间

RGP 是苗木移栽在适宜生长条件下，根系发根的能力。许多研究都表明，

RGP 的大小直接影响到苗木栽植成活率。RGP 具有明显的季节变化规律，这种变化受苗木生长重心的调控，当生长重心位于根系时 RGP 增大；当重心转向高生长时 RGP 最小。

（3）根据苗木耐寒性确定起苗时间

在寒冷地区，苗木起苗时的耐寒性是影响栽植成功的一个关键因素。

（4）天气和土壤条件

天气条件也是影响起苗时间因素之一。干旱、大风天气会加快苗木失水速度，降低苗木活力。因此，最好选在无风的阴天起苗，苗木水势较高，失水速度也较慢。同一天内不同时间起苗，其结果也不同。

起苗时土壤水分过多易造成板结；土壤过干会形成干硬的土块，苗木不易从土壤中起出，根系尤其是须根损伤严重。一般认为，当土壤含水量为其饱和含水量的 60% 时，土壤耕作阻力较小，这种土壤状况下起苗也较适宜。所以在苗圃地土壤干燥时，应在起苗前一周适当灌水，使土壤湿润。另外在土壤有冻结情况下起苗，对苗木根系损伤严重。

（四）起苗技术

1. 起苗技术要求

起苗要保证苗木根系质量，即不但要注意苗根的长度和数量，又要最大限度地减少根系失水，严防苗根干燥。苗木根系的长短和多少对栽植后的成活率和生长情况有很大影响，所以起苗必须达到一定深度。起苗具体深度与树种的根系特性和苗木的高度有关，通常 1 年生播种苗起苗深度应不小于 20 ～ 30cm。

2. 起苗方法

起苗有人工起苗和机械起苗。目前，我国中小型苗圃多用人工方法起苗，大型苗圃中机械和人工方法兼用。人工起苗时，先在第一行苗木前顺苗行方向开沟，沟距苗行的距离视苗木根幅要求而定，然后根据起苗要求的深度切断苗根，再于第一、二行中间切断侧根，并把苗木与土一起推倒在沟中即可取出苗木。如有未断的根，要先切断后再取苗木。若起大而疏的插条苗或移植苗，则宜单独挖取。人工起苗工作效率低，需用劳动力较多。

机械起苗可使用拖拉机牵引的"U"型起苗犁，能提高工作效率十到十几倍，并减轻劳动强度，起苗质量也较好。

（五）起苗操作中应注意的问题

第一，起苗要使苗木有较多的根系，并保证所要求的长度。

第二，起苗时为减少苗木侧根和须根的损失，圃地土壤不宜太干。如果土壤很干，在起苗前 2 ～ 3 d 要灌溉。

第三，为防止苗根失水，要边起、边捡、边分级、边假植（或及时包装运输）。

第四，为避免根系失水过多，不宜在大风天起苗。

二、苗木分级

（一）苗木分级标准

苗木分级（grading）是为了使出圃苗达到国家或其他相应规定的苗木标准，保证用壮苗栽植，提高栽植成活率和生长量，减少栽植后的苗木分化现象。目前，我国苗木分级标准主要根据苗木的形态指标和生理指标两个方面。常用的形态指标包括苗高、地径、根系状况等。生产上苗木分级按照国家或各省的苗木质量标准进行，一般可分为 2 级，对小规格的苗可按高度分级，适当照顾干径；大规格苗则应以干径大小为主，适当照顾高度；对于一些灌木，则以冠径大小为主，适当照顾高度。根据 GB6000—1999，露地培育的裸根苗木分级标准为：

合格苗木以综合控制条件、根系、地径和苗高确定。

综合控制条件达不到要求的为不合格苗，达到要求者以根系、地径和苗高 3 项指标分级。

综合控制条件：无检疫对象病虫害，苗干通直，色泽正常，萌芽力弱的针叶树种顶芽发育饱满、健壮，充分木质化，无机械损伤。对长期贮藏的针叶树苗木，应在出圃前 l0 ～ 15 d 开始测定苗木 TNR，其应达到相应树种的要求。

分级时，首先看根系指标，以根系所达到的级别确定苗木级别，如根系达 1 级苗要求，苗木为 1 级苗或 2 级苗，如根系达到 2 级苗的要求，则该苗木最高也只为 2 级，在根系达到要求后按地径和苗高指标分级，如根系达不到要求则为不合格苗。

合格苗分 1、2 两个等级，由地径和苗高两项指标确定，在苗高、地径不属同一等级时，以地径所属级别为准。

苗木分级必须在庇荫背风处，分级后要做好等级标志。

（二）苗木分级方法

生产上苗木分级常与起苗后的拣苗工作相结合，作业流程为：除杂剔废，将混杂在苗木中的异己苗及等外苗先剔除；然后按标准规定要求，初选出 1 级苗，再按标准选出不合格苗，最后拣出占数量最多的 2 级苗。

具体分级方法在生产上有以下几种情况：

1.起苗前对苗木进行质量调查，如苗木质量整齐，绝大多数（>90%）苗木超过标准，则起苗后可立即包装，免除逐一分级的程序，减少苗木裸露失水的机会。

2. 完全按标准逐一分级。由于这种方法劳动强度大，分级成本高，生产上应用在减少。

3. 只剔除不合格苗木，防止受损伤、发育不良的苗木出圃。

4. 不做任何分级和剔除不合格苗木的工作，起苗后立即包装运输。这种方法要求栽植苗木人员在栽植地选苗，否则会栽植一些不合格苗木。

苗木分级是在育苗技术落后，同一批苗木质量差异较大情况下，为保证苗木质量而采取的一项技术措施。随着育苗技术的发展，对苗木质量调控能力的提高，将来培育的苗木在形态和生理上都达到相当的整齐度，合格苗比例相当高，苗木分级工作将主要是剔除少量的不合格苗。

第三节 种苗包装和贮藏

一、种苗包装

为了使出圃苗木的根系在运输过程中不至于失水和折断，并保护幼苗的树体免受机械损伤，对出圃苗木要加以保护，必要时进行包装。

（一）包装前的苗木根系处理

保持苗木水分平衡是维持苗木活力的一个重要措施，因而在苗木包装以前要进行苗木防失水处理。常用苗木蘸根剂、保水剂处理根系，也可以通过喷施蒸腾抑制剂处理苗木，以减少水分蒸发。

1. 泥浆蘸根

俗称打浆，将苗木根系蘸上一层泥浆，使根系形成湿润的保护层，能有效地保持苗木水分。

2. 浸水

在起苗后对苗木根部浸水，在定植前再浸一次水，效果比蘸泥浆更好。浸水最好用流水或清水，时间一般为 1 昼夜，不宜超过 3d。

3. 苗木蘸根剂蘸根

苗木蘸根剂是一种新型高分子材料，有多种型号，无毒无味，具有很高的保水性，加入土壤还有改良土壤结构的作用。实践中常用 1 份蘸根剂（80—100 目的细粒效果最好）加 400 ～ 600 倍重量的水，搅拌即成胶冻状，用于苗木蘸根，价格便宜，用量少，是既理想又经济的苗木保水方法。

4. HRC 苗木根系保护剂

HRC 苗木根系化学反应剂是在吸水剂的基础上，加入营养元素和植物生长激素等成分研制而成的。HRC 为浅灰色粉末，细度为 40～60 目，有效磷含量为 10%，吸水量可达自身的 70 倍以上，加适量水后呈胶冻状，用于苗木蘸根，提高栽植成活率，效果明显。

（二）包装材料和方法对苗木活力的影响

苗木需较远距离运输或有特殊要求时，必须将苗木包装。常用的包装材料有聚乙烯袋、聚乙烯编织袋、草包、麻袋、草席、内层涂蜡的牛皮纸、浸蜡硬纸箱等。我国大兴安岭地区从德国引进苗木贮运保鲜包装袋技术，研制开发的专利产品苗木保鲜袋由三层性能各异、作用不同的薄膜复合而成，外层为高反光层，反光率达 50% 以上，中层为遮光层，能吸收外层透过光线的98%，内层为保鲜层，能缓释出抑制病菌生长的物质，防止病害的发生。这种苗木保鲜袋可重复多次使用。

根据苗木的规格和其特殊用途，包装方法主要有以下几种。

1. 卷包和装箱包装

把规格较小的裸根苗木运送到较远的地方时，可采用卷包包装和装箱包装的方法。具体做法是把包装材料如草席或聚乙烯编织袋等铺好（装箱前在浸蜡硬纸箱或木箱先铺好一层湿润苔藓或湿锯末），将出圃的小苗枝梢向外，苗根向内并互相略行重叠地摆好，再用湿润的苔藓或锯末填充苗木根部空隙，照此方法把苗木和湿苔藓一层层地垛好，直至一定数量（以搬运方便为适）即可用铺好的包裹材料将苗木卷起捆好（装箱的再在上面覆以一层湿润苔藓后封箱），再用冷水喷卷包或箱，以增加包或箱内水分。苗木经防失水处理的可不用湿苔藓或湿锯末填充或覆盖。此种包装需注意避免苗木数量过多，压得过实导致苗木腐烂发热。

2. 挖带土球包装

特殊需要的苗木，可采用挖带土球包装。挖掘的土球大小要适宜，土球过大，会造成装卸运输方面的困难和提高工程造价。如土球过小，又会影响苗木栽植后的成活，因此土球质量的好坏和土球规格的大小直接影响着栽植的质量，故要严格按不同规格苗木所需土球规格的要求挖苗。通常土球形状是上部略大，而横径略大于高度的圆球形。常绿树种的苗木高度 1～2m 的，一般横径为 40cm，高度为 30cm；更大规格的苗木，则土球还要酌量增大。土球包装要严密，草绳要打紧不能松脱，如土质松软，则应增加草绳密度，以防土球裂散。

3. 双料包装

适用于运距较远、树种珍贵、规格较大的带土球苗木。具体做法是将已带土球的苗木，再稳固地放入已经备好的筐中或木箱中，然后用草绳将苗干和筐沿固定在一起，土球与筐中的空隙，要用细湿土填满压实，使土球在筐中不摇不晃，稳固平衡。装卸时要搬抬筐箱，以保护土球完好，有利于苗木成活。

包装好的苗木都要挂以标签，注明树种品种、苗木种类和苗龄、等级、株数、苗圃名称和出圃日期。

二、种苗贮藏及活力保护

苗木活力保护主要是指从苗木被起出后至栽植这段时间的保护，此时保护工作的好坏，直接影响到栽植后苗木的成活与生长。这在生产上是一个薄弱的环节，是我国有些地区栽植成活率低的主要原因之一。

（一）苗木的贮藏

在起苗后栽植前的一段时间内，为了保持苗木质量，减少苗木失水，防止发霉或腐烂等问题的出现，最大限度地保持苗木的生命力，要做好苗木的贮藏工作。苗木的根系不耐失水，尤其细根极易失水致死，因此，保存苗木生活力首先要保护好根系，防止风吹日晒。目前有假植和低温贮藏两种贮藏苗木的方法。

1. 假植

假植是为保存苗木生活力，防止根系干燥，用湿润的土壤将苗木根系进行暂时的埋植。根据假植时间的长短，有临时假植和越冬假植之分。越冬假植也叫长期假植，在秋季起苗春季栽植的情况下采用。

假植要选排水良好、背风的地方，垂直于主风方向挖一条沟。沟的规格因苗木大小而异，播种苗假植沟一般是深与宽各为 30 ～ 40cm，迎风面的沟壁修成 45°的斜壁，临时假植则将苗木成捆排列在斜壁上培土即可。如果长期假植，要将苗木单株排列在斜壁上，然后把苗木的根系和苗干的下部用湿润土壤埋上，压实覆土，使根系与土紧密接触，掌握"疏排、深埋、实踩"的要求。如果假植沟的土壤干燥时，应适当灌水，但要严格控制，以防湿度过大导致苗根腐烂。在寒冷地区，可用草类、秸秆等覆盖苗木地上部以防寒，也可用土埋。在风沙危害较重的地区，要在迎风面设置防风障。假植地上要留出道路，便于春季起苗和运苗。苗木假植完要插标牌，写明树种、苗木年龄和数量等。假植株数较多时，为便于统计和栽植时取苗，应每隔几百株或几千株做一记号。

2. 低温贮藏

将苗木置于可控制温度和湿度的低温环境中贮藏，既能保持苗木质量，克服假植可能出现干梢的缺点，又可推迟苗木萌发期，延长栽植的时间。

低温贮藏的条件，对于多数树种以 0～3℃ 为宜，最高不超过 8℃ 这一温度范围适于苗木休眠，而不适于腐烂菌的繁殖。贮藏环境的空气相对湿度应达到 85% 以上，要有通气设备。有试验表明，将苗木置于贮藏箱内，苗木根部填充无菌的湿润珍珠岩，再贮存于气调冷库内，贮藏效果非常好。

（二）苗木在运输、栽植地和栽植过程中的活力保护

苗圃是培育苗木的地方，其环境条件最适合苗木生长，然而苗木将来的归宿——栽植地的环境条件则变化很大，也不可能进行人为控制。苗木将要面对的是没有人工灌溉和保护的环境，干旱、高温、低温、植被竞争、动物破坏等现象随时可能发生。因此，将苗木运至栽植地后和栽植过程中，做好保护工作，为苗木提供一个良好的开端非常重要。

1. 苗木运输过程中的活力保护

大量苗木外运可用汽车、火车、轮船、飞机等运输工具，可将苗木包装运输，也可装入集装箱运输。最好的苗木运输环境，是将苗木保持在近似贮藏的温度、湿度条件下，即温度 0～3℃，空气相对湿度 90%～95%。带叶苗木必须在 5～10℃ 温度下运输，最好采用冷藏车厢，也可采取加冰降温的办法。休眠苗木，对短期运输途中的温度要求，上不超出 15℃，下不低于 0℃。

在运输期间，要定期倒腾苗包，经常检查包内的温度和湿度，防止苗木发热霉烂。如果包内温度高，要打开适当通风，必要时更换湿润物。如果湿度不够，要适当浇水。如到达目的地时苗木失水较严重，要先用水将根部浸泡一昼夜再进行假植或定植。

2. 苗木运到栽植地后的保护

苗木运至栽植地后，第一件最重要的工作不是马上栽植，而是将苗木妥善地保护起来。因为，一般所运苗木的数量不是马上就能栽完，有时甚至需要几天的栽植时间。这时对苗木活力保护就显得格外重要。

有条件的地方采用移动冷藏室来临时贮藏苗木，这是目前栽植地苗木保护所能采取的最佳选择。

常规方法是选择一背风和庇荫之处，将苗木假植于土壤中，使根系与土壤充分接触、压实，并浇水。但如果苗木包装采用保湿性能较好的材料，而且袋内的水分有保证，可将苗木仍放在包装袋内，直接置于背风庇荫处。

在栽植地应尽量减少对苗木不必要的处理，如苗木截干、分级、剪根、数量统计等工作都应在苗圃完成，不应留到栽植地来做。

3. 栽植过程中苗木活力的保护

（1）苗木分装

将已运至栽植地的苗木分发给每一个栽植者的过程，要求迅速、根系不

能裸露，最好在苗木包装袋内进行，也可以将苗木从包装袋或假植地取出，放进一个装水的桶内，这样既有足够时间统计分发苗木，又可让苗木吸收水分，同时因起苗包装前蘸泥浆而此时又干燥的苗木，也不会出现分发时损伤苗木须根的现象。苗木分装地应选在背风庇荫处。

（2）苗木栽植包使用

苗木栽植包由聚氨酯泡沫材料或具有保水性的类似材料制成，这种内填聚氨酯泡沫的保湿包，能保持苗木处于湿润状态达数小时，足以使苗木在栽植过程中免除干燥的危险。同时，栽植者还能将包挎在腰间，腾出手来进行苗木栽植。这在许多国家是一种比较常见的苗木保护方法。

（3）蘸根

在苗木装入栽植包前进行蘸根，对苗木在栽植过程中的短时间裸根会起到有效的保护作用，有的材料还可以给栽植后的苗木提供一个湿润环境，促进根系发根。常用的蘸根材料有外源激素，如萘乙酸、吲哚乙酸、吲哚丁酸、赤霉素等。

（4）塑料水桶提苗

在我国很多地区，尚不具备苗木栽植包，但可采用塑料水桶提苗，桶里盛少量水，将苗木根系浸入水中，栽1棵从桶里拿1棵，对保护苗木活力极有利。

（5）不伤须根

在栽植过程中，取苗时要小心，不能用大力将苗木分开，因为苗木根系缠绕在一起，用力将其分开会伤害苗木的须根。

第十四章　药用植物种子种苗的生产与经营管理

　　《中华人民共和国种子法》（以下简称《种子法》）于 2000 年 7 月 8 日第九届全国人民代表大会常务委员会第十六次会议通过、2000 年 12 月 1 日施行；2004 年 8 月 28 日第十届全国人民代表大会常务委员会第十一次会议修订，在中华人民共和国境内从事品种选育和种子生产、经营、使用、管理等活动，必须遵守其各项规定。

　　《种子法》是我国历史上第一部关于种子的专门立法，其宗旨是保护和合理利用种质资源，规范品种选育和种子生产、经营、使用行为，维护品种选育者和种子生产者、经营者、使用者的合法权益，提高种子质量水平，推动种子产业化，促进种植业和林业的发展。它的颁布实施，标志着我国种子产业的发展将进入一个新的历史时期，将是一个有力的"助推器"推动种子产业的发展，使得种子管理工作更加有法可依，可操作性更强，种子管理步入法制化轨道。

　　我国目前药用植物种子种苗是一种特殊的生产资料，生产周期长，利小风险大，因此生产经营管理相对比较落后，在仓储、晒场、种子加工设备、检验仪器等基础设施方面比较薄弱，管理人员的素质和经营管理水平有待提高。药用植物种子种苗生产经营管理可从以下几方面展开工作：首先是加强药用植物种子、种苗标准化工作，执行主要药用植物种子种苗生产及品种纯度检验技术规程，提高种子种苗质量。其次，及早建立常用大宗药用植物种质资源圃和种子基地，健全良种繁育体系，不断更新药用植物种子的经营范围，提高经济效益。再次，规范种子种苗流通体系，在搞好种子种苗生产，立足于为药用植物生产服务的前提下，积极开展多种经营，发展各种形式的联营和协作。

第一节 种子种苗标准化

药用植物种子标准化是通过总结种子生产实践和研究成果，对药用植物品种特征、种子的质量、生产、加工、检验、包装、运输和贮藏等方面做出科学、合理、明确的技术规定，制定先进而又可行的技术标准，以便于种子工作者检验和认真贯彻执行。种子标准化是在反复实践中，不断地提高品种种子质量水平，以达到最佳的经济、生态和社会效益，为中药现代化提供保障。

有关标准的制定和执行要具备严肃性、科学性、先进性和群众性。凡国家规定的标准必须严格执行。标准要具体、条文要明确，做到先进合理。制定标准时应在总结经验的基础上，充分发动群众讨论。制定后必须严格执行，不能随意更改，做到相对稳定。标准化工作范围广泛，就种子种苗工作来说可分管理标准化和技术标准化两个方面。

一、药用植物种子种苗的管理标准化

管理标准化是为了提高种子种苗质量制定的各种管理工作制度和工作标准，药用植物种子种苗的管理标准化同样必须严格遵守《种子法》。《种子法》把良种的选育、鉴定、繁殖、推广和种子的检验、检疫、收购、销售、贮备等方面的管理制度，以法律形式固定下来，确保了为农业提供质量合格的种子，充分发挥良种的增产作用，严厉打击以假乱真，以次充好，坑害药农的违法活动；维护了种子选育者、生产者、经营者和使用者合法权益；保障了各个环节种子工作顺利进行，确保种子种苗质量，促进农业的发展。

《种子法》共 11 章 78 条，对种质资源保护、品种选育与审定、种子的生产、经营、使用、种子质量、种子进出口和对外合作、种子的行政管理以及违法的法律责任做了规定。主要内容如下。

（一）种质资源保护制度

国家依法保护种质资源；国家有计划地收集、整理、鉴定、登记、保存、交流和利用种质资源，定期公布可供利用的种质资源目录；国家对种质资源享有主权，任何单位和个人向境外提供种质资源的，应当经国务院农业、林业行政主管部门批准。

（二）品种审定制度

主要农作物品种和转基因农作物品种在推广应用前应当通过国家级或者省级审定；应当审定的农作物品种未经审定通过的，不得发布广告，不得经营、推广。国家确定的主要农作物为：水稻、玉米、小麦、棉花、大豆、油菜和马铃薯，各省还确定了 1～2 种主要农作物，目前我国大面积种植的转基因作物是抗虫棉花。

（三）新品种保护制度

国家对具备新颖性、特异性、一致性和稳定性的植物品种，授予植物新品种权，保护植物新品种权所有人的合法权益。未经品种权人同意，任何人不得以商业目的生产或销售该品种的种子。选育的品种得到推广应用的，育种者依法获得相应的经济利益。

（四）种子生产管理制度

主要农作物和转基因品种的商品种子生产实行许可制度，种子生产者具备一定的条件，到农业行政主管部门办理许可证；商品种子生产应当执行种子生产技术规程和种子检验、检疫规程；商品种子生产者应当建立种子生产档案。

（五）种子经营管理制度

种子经营实行许可制度。种子经营者必须先取得种子经营许可证后，方可凭种子经营许可证向工商行政管理机关申请办理或者变更营业执照。种子经营者专门经营不再分装的包装种子的，或者受具有种子经营许可证的种子经营者以书面委托代销其种子的，种子经营者按照经营许可证规定的有效区域设立分支机构的，可以不办理种子经营许可证，但应办理营业执照。

种子经营者拥有自主经营权，任何单位和个人不得非法干预。种子经营者应当建立种子经营档案，应当向种子使用者提供种子的简要性状、主要栽培措施、使用条件的说明与有关咨询服务，并对种子质量负责。

销售的种子应当加工、分级、包装，附有标签。标签标注的内容应当与销售的种子相符。

种子广告的内容应当符合本法和有关广告的法律、法规的规定，主要性状描述应当与审定公告一致。调运或者邮寄出县的种子应当附有检疫证书。

（六）种子质量管理制度

农业行政主管部门负责种子质量监督；种子检验机构和种子检验员要具备一定的条件，经省级以上农业行政主管部门考核合格；实行最低种用标准基础上的真实标签制度，禁止生产经营假劣种子；由于不可抗力原因，为生产需要必须使用低于国家或者地方规定的种用标准的农作物种子的，应当经用种地县级以上地方人民政府批准。

（七）种子进出口审批制度

从事商品种子进出口业务的法人和其他组织，应当具备农业部核发的种子经营许可证和外贸部门核发的从事种子进出口贸易的许可证；进出口种子必须实施检疫，禁止进出口假、劣种子以及属于国家规定不得进出口的种子。进口商品种子的质量，应当达到国家标准或者行业标准。

此外，《种子法》还规定了救灾种子储备制度、外资企业审批、种子行政管理者不得参与和从事种子经营活动、种子使用者拥有自主购种权、因种子质量问题造成损失经营者应予赔偿等制度。

二、药用植物种子种苗的技术标准化

技术标准是衡量种子种苗性能和质量的技术尺度。自 20 世纪 70 年代以来中央及各省、自治区、直辖市都先后制定了许多种子的技术标准。这些标准对品种的繁殖、收购、检验、鉴定、贮藏和运输的技术，都有明确的规定。如《农作物种子检验规程》（1984 年 1 月 1 日实施）、《主要农作物种子包装标准》（1987 年 10 月 1 日实施）、《主要农作物种子贮藏标准》（1987 年 10 月 1 日实施）、《中华人民共和国农作物种子的国家分级标准》（1987 年 7 月 24 日由农业部起草，经国家标准局发布，1988 年 1 月 1 日实施）、《农作物种子检验管理试行办法》（1989 年 9 月 5 日由农业部发布）等都是植物种子技术标准化的重要文件。

（一）我国制定药用植物种子种苗质量标准的迫切性和意义

1. 制定药用植物种子种苗质量标准的迫切性

药用植物种子种苗是中药材生产和发展的源头。没有优质的种子，就没有优质的药材。药用植物种子种苗质量是决定中药材质量的内在因素，是发展优质中药材生产的科学前提。药用植物种子种苗是药材生产的一项很重要的基础工作，它涉及药材是不是能够提高单产、高产、丰收，最终涉及药材的质量优劣，涉及农民的利益。这个基础工作没做好，必然会给中药材后续的生产、质量带来影响。

目前，我国中药材生产中种子种苗混杂、质量低劣的问题，已严重阻碍了中医药的发展和临床医药的应用。在我国药材问题日益突出的今天，加强药用植物优良种子种苗的繁育和药用植物种子种苗产业的发展，从药材生产的源头——种子种苗抓起，已经受到了国家政府相关部门的高度重视。

药用植物种植是很严格的。不论有性繁殖还是无性繁殖，都需要进行选优，培育种子种苗；同时，药材生产历史上就讲地道性、区域性，必须遵循客观规律。违反了客观规律，就会失去药材的疗效，达不到它的质量要求，所以药材生产首先要保持其基源的纯化。如果基源搞乱了，选优、复壮的工作没有做好，品种就会慢慢变异退化，影响药材质量。但是，现在这方面的工作很缺乏，没有专门的部门去抓这项工作，更没人去解决种子的退化、复壮问题。

推行中药材的规范化生产，没有药用植物种子种苗的标准化是不现实的。目前我国药用植物种子种苗标准化的基础太薄弱，基本是空白，必须实现跨越式的进程才能适应国内外需求，才能跟上中药现代化发展的步伐。

由于药用植物种子种苗的标准化工作基本是公益性事业，产生的主要是社会效益，特别是所培育的药用植物品种基本是常规品种，推广之后种植者多自繁自用，药用植物种子种苗的产业化集团无法做到垄断经营，投入高、收益少，仅靠零星的国家各类基金资助，无法满足需求，也不可能取得全面的、突破性的进展，因此需要国家的有效资助和扶持，结合规范化种植基地建设，科研与企业合作，才能迅速推动此项工作顺利起步。

同时，由于栽培药用植物的种类众多，而每种的种植面积有限，其退化品种的提纯复壮或更新换代工作将会是一项长远的持续性工作，因此，必须培育企业集团，将来过渡到以市场行为和市场利润来推动该项事业的长远发展。

要有一个药用植物种子管理条例，才能有法可依。要进一步明确具体负责的部门，要有一个强有力的部门来执法。要制定药用植物种子种苗质量标准，使执法及检测部门有依据。要建立国家级的检测机构。

2. 药用植物种子种苗质量标准制定的意义

种子种苗是实现各种种植业稳产、高产的基础，种子的生产和经营过程中需要保持其生命力、遗传特性及再生产能力，而这些起关键作用的内在质量从外观上很难鉴别。因此，制定种子种苗标准，实行种子的标准化管理，采取行之有效措施确保种子种苗质量，是药用植物种子种苗管理工作的最终目的。

药用植物种子种苗是特殊的商品。制定药用植物种子标准，并实行标准化管理尤为重要。药用植物种子种苗标准化是一项综合性技术基础工作。参照国家《农业标准化管理办法》等有关规定，所谓种子标准化，即按照统一、简化、协调、优选的原则对作物品种、种子质量以及种子的生产、加工、检验、包装、运输、贮藏等环节制定先进而又可行的技术标准，并在种子生产经营、管理服务等工作中严格贯彻执行的过程和结果。

实现药用植物种子种苗标准化是我国中药走向现代化的标志。以质量为中心，市场为导向，科技为动力，生产为基础，为农业增效、农民增收提供基础保障。实现种子种苗标准化是一项涉及面广、政策性强、要求高的全新事业，必须加强领导，严密组织，科学决策，全面实施。

药用植物种子种苗标准化是加速科研成果尽快转化为现实生产力、促进中药材高产优质的重要途径，是防止优良品种退化混杂，提高种子种苗质量的重要手段。种子种苗标准化包括制（修）定种子种苗标准和贯彻执行这些标准两个步骤。

中药标准化是中药现代化和国际化的基础和先决条件。中药标准化包括药材标准化、饮片标准化、中成药标准化，其中药材标准化是基础，而中药材的标准化有赖于中药材生产过程的规范化，为稳定和提高中药材的质量及中药资源的可持续利用，必须从中药材规范化种植抓起，以完善现代中药质量的保障体系。

（二）药用植物种子、种苗技术标准化工作的研究及现状

新中国成立后，我国政府在农作物方面已建立了一套完整的管理体系，尤其是对种子种苗的研究和管理。

在育种研究与品种审定方面，仅少量药用植物开展了自然变异类型的比较筛选，基本上没有新品种选育，良种繁育技术的研究基本上是空白。

农作物实行生产许可证制度，有良种繁育技术规程，有专业化的良种繁育基地，种子认证有试点。而药用植物种子种苗生产基本是由分散农户进行个体生产，无生产许可证，无良种繁育技术规程，无专业化的良种繁育基地，种子种苗认证也无试点，药用植物种子种苗只是药材生产的附属品。

农作物种子、种苗的储藏、包衣、包装都有严格的标准，而药用植物则是空白。农作物对种子的处理加工要经过烘干、清选、分级、包衣、包装等，已基本实现了自动化、机械化；药用植物种子的储藏、包衣、包装没有统一的标准，对种子的处理、加工仍只是简单干燥、筛选、大麻袋包装，采用手工操作。

在种子、种苗销售时，农作物实行经营许可制度，农作物的种子经营企业由各级国有种子公司、农业科研单位及专业化种子公司形成了较完整的网络；农作物种子销售有标牌及质量明示；农作物种子有完善的售后服务。中药材没有实行经营许可制度；药用植物种子种苗市场流通体系不健全，大部分种子种苗为农户自用或农户之间流通，部分进入市场流通的种子种苗没有正规渠道，仍是由个体商贩经营，规模小，分散，无序；药用植物种子种苗销售无标牌及质量明示，且质量问题突出，无完善的售后服务，只是一般性的承诺。

另外，农作物已基本形成政策、法规、标准、办法等较完整的政策法规

体系；农作物拥有由质检机构、检验规程、质量标准等构成的较完善的质量监督体系，市场执法管理已成为日常性工作。药用植物种子种苗尚未形成法规、标准等较完整的政策法规体系，其有效管理的体系仍未建立，且没有专有的管理条例。

（三）药用植物种子种苗标准化工作面临的问题

药用植物的种子种苗质量标准和检验规程一直是一个"超真空状态"，无任何史料或文献记载。其以往所谓的检验和质量标准都是参照我国农作物种子种苗的检验和质量标准实施。众所周知，药物不是食物，药品不等于食品，它比任何一个进入我们人体的食用物品的质量要求都严格。中药是用于治疗身体疾病的物品，必须符合"安全、有效、稳定、可控"的原则。

中国医学科学院药用植物研究所（2001年）对我国北方地区常用大宗药用植物的种子质量现状调查显示，在检测的36种药材770批次中，种子的生活力平均仅54%，有16.2%的种子生活力低于20%。这深刻表明药用植物种子种苗的生产还基本处于原始的初级生产水平，质量缺乏监督和检测。

到目前为止，药用植物的种子检验只有人参、麻黄、甘草和西洋参等少数几个种类建立了种子质量标准和种子检验规程。大部分药用植物都没有建立种子质量标准和种子检验规程。而且，药用植物的种植中种质混乱，同一科属不同种间混用，同名异物与同物异名大量存在，严重影响了药材的药效。同时，由于没有种子检验机构和药用植物种子质量标准，导致伪劣、假冒药用植物种子坑农、害农事件经常发生，给农民、种植者、企业和国家带来了巨大的损失。药用植物种子种苗的无质量标准状态直接影响了我国药材的质量。因此，迫切需要制定常用药用植物种子种苗质量标准和检验规程，开展药用植物种子种苗检验工作。

种子和种苗是中药材规范化种植的基础，是影响药用植物种植产量和质量的一个关键性因素。要提高药材的产量和质量，必须有足够的良种。因此，制定药用植物种子质量标准和规范化检验规程，加强种子检验工作势在必行。

（四）药用植物种子种苗标准化工程主要内容

药用植物种子种苗标准化包括药用植物品种标准化和种子种苗质量标准化。

药用植物品种标准化是指大田种植采用标准化优良品种；种子种苗质量标准化是指所用品种的种子种苗质量达到规定标准，包括药用植物种子种苗（原、良种）生产技术规程、种子质量分级标准、种子检验规程和种子包装、运输、贮存标准。药用植物种子种苗标准化工程是一个系统工程，从中药材生产现状出发，其核心内容可以概括为开展"四项研究"，建设"两个体系""一个中心"和"一个资源库"。

第二节 药用植物种子种苗的生产与经营管理

一、药用植物种子种苗的生产管理

生产管理内容很多，对药用植物种子种苗经营具有重大影响的有种子种苗的生产基地，种子的收购、贮存、加工等。

（一）药用植物种子种苗的生产基地建设

建立药用植物种子种苗生产基地，是逐步实现药用植物种子生产专业化、品种布局区域化、种子种苗质量标准化、种子加工机械化的重大步骤。它是适应药材生产发展的需要，是改变传统药材生产模式、提高社会经济效益的重大措施。药用植物种子种苗经营部门的经营方向和良种繁育计划，应把种子种苗生产布局在适宜的自然、技术和经济区内，并能在短期内为市场提供大量、廉价、优质的商品种子种苗。

1. 建立药用植物种子种苗生产基地的条件

基地规模的大小应以销定产，以产定基地面积。基地种植面积应由该基地提供的商品量、自留量和平均产量所决定。

基地位置，应选择适于留种药用植物生产发育的地段，要求具有良好的温、光、水、土壤、肥料条件，交通方便，具有自然屏障，可供隔离，以防止混杂退化等。

要具有一定的技术、管理水平。专业化的种子种苗生产基地如果没有相应的技术力量和管理水平，则所留种子无法保证应有的质量，必将影响商品信誉及企业的发展。

要拥有一定的资金、劳力并能取得地方领导支持。

2. 药用植物种子种苗生产基地的类型

在生产实践中，往往不可能找到十分理想的生产基地，而常常是根据实际条件和需要，建立不同类型的种子生产基地，通常有以下 3 类。

（1）永久性的药用植物种子种苗生产基地

应选自然、地理、技术、管理、资金等各项条件都较好的地方作为永久性药用植物种子种苗生产基地。对经济价值较高、需求数量较大、留种技术要求较高的主要药用植物种子，可在永久性的药用植物生产基地留种，以获得稳定的、高质量的货源，满足销售需要。

（2）特约性药用植物种子种苗生产基地

为解决某一药用植物品种种子不足，选择有较好自然地理条件的地方，与这些地方的生产单位签订合同，为经营提供种子。

（3）临时性药用植物种子种苗生产基地

为了补充某些药用植物种子种苗货源不足，每年选择一定面积做留种基地，称临时性药用植物种子种苗基地。临时性药用植物种子种苗基地经逐步建设有可能上升到永久性药用植物种子种苗生产基地，如生产的种子质量过差，也应予以淘汰，以保证种子质量。

（二）药用植物种子的收购

种子收购根据本地区销售情况，有选择地收购。对供不应求的畅销种子应积极开辟收购渠道，争取多进多销；对供求平衡的种子就多销多进，少销少进；对新品种应逐步打开销路，收购量由少到多；对供过于求的种子应减少收购；对确有优越性，药农尚未了解的应积极宣传，大力推广，逐步增加收购量，以促进药用植物生产的发展。

1. 药用植物种子收购工作的特点

因生产的季节性，造成收购的淡旺季。种子经营部门应抓住旺季集中收购，如长江流域 6 ~ 7 月是菘蓝等药用植物种子集中收购的季节。除此以外，药用植物还有许多小品种也应陆续收购。

由于药用植物种子基地一般都相对集中，种子收购季节可在基地设立收购网点，集中收购。

2. 药用植物种子收购的组织工作

（1）准备工作

收购前的准备工作包括集中人力，组织好收购队伍，并进行业务培训；配备好检验、计量、计价用的各种工具和仪器；对仓库进行清理消毒，并配备包装器材，准备好收购资金。

（2）检验质量

所有收购的种子必须有田间检验合格证，再按国家检验规程规定的方法测定纯度、净度、含水量、发芽率、千粒重等项目。检验质量应尽可能利用先进的测试仪器及方法，以加速进度，方便群众。

（3）评定等级、称重计量

根据质量检验结果，对照国家制定的种子分级标准进行定级，做到质价相符，优质优价，劣质劣价。称重必须准确，以保障供种单位利益。

（4）按品种分等级入库

种子称重后要登记户名，每份种子有分户标志，按品种分类、分级入库。严防不同品种、不同等级混杂，以便发现问题，追查责任。

（5）结算付款

按称重的数量和评定的等级价计算，除正确地扣回种子预定金外，不得以任何理由强行扣款。

3.药用植物种子的贮存量

种子生产与种子消费在时间上的分离，使生产出来的种子不能直接投入再生产，必须经过一个贮存阶段。在种子经营中既要防止种子供应中断、脱销，又要防止种子滞销，增加种子贮藏费用和积压资金。合理的贮存量应是保证当地药用植物生产正常进行所需的种子，再加上防止自然灾害的后备贮存量；对绞股蓝、浙贝母及细辛等寿命较短的种子还应防止超过贮存年限，失去种用价值而带来的亏损。正常贮存量或称必要贮存量的计算公式是：

某药用植物种子的贮存量 ＝ 该种种子销售日数 × 每日平均销售量

药用植物种子的收购，一般是在种子的收获之后集中进行，计算贮存量的时间是以药用植物再留种的生产周期为单位。

后备贮存量：为防止自然灾害影响，进行补种和必要的周转机动数量，其数量应根据当地历年自然灾害和该种药用植物生产发展情况而定。

二、药用植物种子种苗的经营管理

（一）药用植物种子种苗的市场调查

药用植物种子种苗市场调查是种子种苗经营部门经营管理的一项重要工作。市场不仅是经营的终点，而且也是经营的起点。市场上需要什么种子，需要多少，只有通过市场调查才能做到心中有数，才能把握市场的状况和发展趋向，为经营预测和决策提供真实可靠、充分完整的信息资料。而经营预测和决策是否正确，直接关系到种子种苗经营部门的兴衰成败。

1.市场调查的内容

种子种苗的供与求受很多因素的影响。根据各种子经营部门不同的目的和要求，市场调查的范围、内容和侧重点各不相同。但就种子种苗经营的一般要求来看，调查的基本内容如下。

（1）市场环境调查

种子种苗市场环境有政治、经济和社会环境。政治环境主要指国家对种子工作的方针、政策和法律规定。政治环境的变化，对种子种苗经营会产生极大的影响。经济环境主要是国家和地方财政、信贷对种子种苗工作的支持程度和种植结构的变化情况，以及农民经济收入的状况。社会环境主要是农民价值观念、科技水平和传统习惯的变化情况。种子种苗经营部门要正确认识所处的环境，以便准确制定种子种苗经营目标和策略。

（2）市场需求量的调查

即调查种子种苗需求者在一定时期、一定市场范围内，按种子种苗的现行价格能够购买的种子种苗数量。其调查的主要内容包括以下几个方面。

需求量调查：即对种子种苗经营部门所服务的范围内种子种苗需求总量的调查。在需求总量中，要调查种子的串换调剂量，用户自留量，然后算出需要经营部门的供应量。在调查中，应注意对各类及各品种的需求量都要有一个估计。

市场需求结构调查：种子种苗需求结构的调查，着重考虑种植结构，各品种结构，种子种苗价格，农民的支付能力等因素。种子种苗需求结构调查虽然难度较大，但对种子种苗经营关系极为重要，是市场需求调查的重要内容。

市场需求趋势调查：随着农村经济体制的改革和发展，科学技术的进步，药用植物种植行业对种子种苗的需求及其结构也不断发展变化。为此，必须对需求发展的趋向进行调查，以便了解未来种子种苗需求情况。

包装、广告和服务的调查：购种者不仅要求种子的实体，而且对种子的包装、广告和服务要求也较高。了解购种者这方面的需求情况，也是市场调查的重要内容。

外贸种子需求调查：外贸出口种子需求取决于国际市场的需求，主要调查本地种子在国外市场的销路及其需求潜力。

（3）市场供给调查

在一定时期和一定市场范围内，可以投放市场的种子数量，为种子的市场供给量。要在探明种子的生产量、商品量、社会储备量和进口量的前提下，再调查种子市场的供给量。并对总供种量中各类种子的比重、同作物种子中各品种的比重、供给趋势进行调查。

（4）流通渠道调查

种子种苗流通渠道反映着种子种苗从生产者手中转移到用种者手中所经过的流通状况。对流通渠道应调查其类型、各类型所处的地位和作用、购销网点的设置和变化等。

（5）竞争态势调查

种子种苗既然作为商品，就有不同的生产者和经营者，市场竞争必然存在。这就需要进行竞争对手和其经营种子的品种、数量、分布、市场占有率、经营动向的调查，以便转变竞争机制，战胜对手。

2.市场调查的方式和方法

（1）调查方式

普查：就是将调查对象中全部单位进行逐个的调查。这种普查方式虽能获得准确性较高的第一手资料和数据，但工作量大，花费时间长，耗资多，一般只适于小范围的调查。

重点调查和典型调查：重点调查是在调查总体中选择一部分重要的单位进行调查。由于被调查单位没有普遍的代表性，用其调查结果推断总体就要特别慎重。典型调查是在调查总体中选择一些具有典型性或具有代表性的单位进行调查。这种方式关键是按调查的目的选好典型。如总结种子经营工作某方面先进经验，就选择这方面突出的典型。如果要用典型推断总体，就要"划类选典"。如对推断结果有精确度的要求，则不宜采用此方式。

抽样调查：在调查总体单位中，按照随机取样的方法，抽取一定数目的单位，并以其调查结果推断总体的调查方式。其形式有简单随机抽样、等距抽样、分层抽样和分群抽样。简单随机抽样是在总体单位中完全按纯粹偶然的机会抽取样本；等距抽样是将总体单位编号后，用样本单位数去除总体单位数，获得抽样距离，从总体单位编号中任抽一个号为起点，再按照抽样距离定样本。分层抽样是将总体单位按一定标志分层，然后从每层中随机抽取样本的形式，每层应抽样本的数目为：

每层取样数目＝（该层个体数／总体中个体数）× 总抽样数

分群抽样是将总体单位按一定的标准（如地区、单位）划分若干群，然后从各群中抽取样本，抽中的群内所有单位均为所抽的样本单位。

（2）调查方法

询问法：将要调查的内容通过走访、函件、电讯获得资料的方法。这种方法是请求对方回答要调查问题的事实、原因和意见。比如询问用种户对品种、质量、价格、包装、供种点、服务等方面的要求和意见。这种调查方法较灵活、直接，资料的真实性也较高。但函件调查的回收率一般较低。采用这种方法，需要选好被调查人，并给调查人以启发和鼓励，以求得合作。

观察法：它是调查人亲临现场观察、记录被调查人和事的一种方法。观察者不事先告诉，也不直接向被调查人提问题。

试验法：就是对调查项目进行试验。种子经营策略的改变，可先试验。比如当某种子销量大时，可做降低价格的试销试验，以确定降价多少，尽量减少损失。又如包衣种子对销量影响的试验等。

（二）药用植物种子种苗的经营预测和决策

预测就是对未来事情状况的研究和推测。经营预测，是通过所取得的数字资料和情报，对未来的经营前景进行展望和推测。它是实行科学管理的重要工具之一。决策就是判断、选择和决定。经营决策是指种子种苗经营部门在经营管理方面的决策活动。从狭义上讲，是在种子经营部门的经营管理活动中，决策人要在可能达到的同一目标的多种可行的方案中，选择一种最佳方案。从广义上讲，除选择合理决策方案以外，在作出最后选择之前必须进行的一切活动。经营决策是经营管理过程的核心和基础，决策的正确与否是关系到种子经营部门成败的关键。预测是决策的前提条件；决策是管理的基础。

1. 预测的种类、内容和程序

（1）经营预测的种类

按范围分：有经营预测和管理预测。经营预测是经营战略方面的预测，如种子的经营方向、销售量、利润率的确定等。管理预测是在种子生产经营过程中各方面的经营界限预测，如种子库存量、质量与成本的最优方案选择，等等。

按内容分：有技术预测和经营预测。前者指劳动手段的演变，如设备更新、购买良种专利权对种子经营部门的影响；后者指市场预测、良种发展预测、价格变动预测、销售额预测等。

按时间分：有短期预测（1个季度到2年）、中期预测（3～5年）、长期预测（5年以上）。

按方法分：有判断预测、历史引申预测、因果预测。

（2）经营预测的内容

经营预测的内容十分广泛，按其属性可概括为以下几种。

资源预测：包括良种基地开发利用、劳动力的合理安排、原材料的保证程度、中试产品的转化、环境的变更，等等。

市场预测：包括市场需求量、销售量、占用率和竞争能力预测等。

品种预测：包括品种资源、新品种引进开发、种子基地产种量、种子贮藏寿命及经济效益等方面的预测。

经营成果预测：经营成果预测主要是流通费、利润、劳动生产率、人均收入、积累和消费比例关系的预测。

经营预测是对社会经济发展前景的一种科学研究工作。在经营预测中，必须有明确的目的，搜集必要的资料，选择切合实际的科学的预测方法，进行周密的分析研究，才能使预测的结果比较符合实际。

2. 预测的主要程序

确定预测的目的：经营决策者要有明确的目的，根据其目的搜集必要的资料，然后确定预测工作的进程和范围。

资料搜集：进行经营预测，必须掌握大量的准确的数据和第一手资料，并对资料进行筛选、审查和整理，使资料在时间间隔上、所包括的范围上、计算方法、计量单位和计算价格上保持一致。同时，还要建立资料档案，系统地积累资料，以便分析研究经营活动的发展趋势，演变过程和市场动向。

预测方法的选择：根据预测的目的，所占有的资料和对预测准确度的要求，预测费用等来选择合适的预测方法。

预测结果：对预测结果进行研究、分析、判断和修正。如果根据历史资料进行预测时，应以相对的自然条件、生产条件和经济条件为前提。如自然条件发生突然变化，必然要影响生产条件的变化；政策和市场形势的变化，都将影响种子的生产和发展。如果搜集的数据和情报不够准确，采用的预测方法不当，都会使预测值和实际值之间发生差别，这种差别称离差，这是预测误差。分析误差的目的，在于提高预测质量。因此，及时研究自然条件、生产条件和经济条件的变化，对预测的初步结果进行分析判断和调查都是必要的。

3. 经营预测的方法

（1）判断预测法

是经营者根据自己所掌握的市场调查和有关情况、数据，凭自己的经验和集体的智慧，对预测的目标作出符合客观实际的判断。

（2）历史引申预测

这种方法是在了解历史资料的基础上，运用数学方法加以引申而进行的一种预测方法。此方法简单易行，但长期预测可靠性不高，多用于短期预测。主要方法有移动平均预测法、指数平滑法、趋势预测法、季节变化预测法等。

（3）因果预测

此法强调找出事物变化的原因，找出原因与结果之间的联系方法，并据此预测未来。这是经营中常用的方法，它多用于更复杂的预测，需要考虑多种变量之间的关系。最常用的有回归分析法，也叫因果分析法，它是处理变量之间相关关系的一种数理统计方法。变量之间的关系一般可分为确定性和非确定性两类。

确定性的关系，就是由一个（或几个）变量，可以精确地求出另一个变量值的关系。非确定性关系，就是指变量之间既存在着密切的关系，又不能由一个（或几个）变量的数值，精确地求出另一个变量值，这类关系也称相关关系。这种方法在处理相关关系的经济、技术问题中，得到越来越广泛的应用，而且方法本身也在不断地丰富和发展。回归分析法根据有关变量的多少，可分为一元回归、多元回归和非线性回归 3 种。在种子经营部门的实际工作中，主要运用一元回归预测方法。

4.经营决策的内容

生产决策：主要包括经营品种的选择和组合，生产基地的选择和实施，生产技术规程，生产组织，生产要素结合，原材料采购和储备，设备更新等。

销售决策：包括市场销售渠道、销售方式的选择，销售范围的决定，销售量、运输方式的选择，销售价格、服务内容和方式的决定，包装、商标及广告的种类、方法的选择等。

财务决策：主要是筹资决策和投资决策。筹资决策要确定资金来源和筹措办法，研究各种非货币投资的折价办法。投资决策是解决资金的投入和投资项目的选择，应选择投资少、见效快、收益大的投资方案。

经营方式决策：种子流通的复杂性和用种户需求的多样性，要求经营方式多样化。种子经营部门存在着多种多样的经营方式，如单一经营、综合经营、自营、联营等。要根据其外部环境和内部条件选择最有效的经营方式。

经营目标决策：即决定在一定时期内预期达到的目标。如种子购、销增长目标，提高经济效益目标，品种结构调查目标等。

（三）药用植物种子种苗经营计划

种子种苗的经营计划一般分为综合计划和专题计划两大类。综合性计划内容较全面，通常为企业的整体计划；根据计划期限的长短不同又可分为长期计划、年度计划和阶段计划。专题计划是为完成某一特定的、关系重大而复杂的任务拟定的专项计划；其特点是：以某一项专业为中心，计划对象集中，计划具体细致。

1.药用植物种子经营计划的编制

编制经营计划时应遵循目的性、科学性、群众性、平衡性的原则，同时坚持以销定购、以购定产和留有余地的原则。

（1）编制计划的基本步骤

在调查研究的基础上对经营部门内部条件与外部环境的关系搞清楚。根据市场调查，确定下年度本地区主要药用植物当家品种、搭配品种、接班品种和有苗头品种的用种量。结合经营部门当年的购销情况及历年平均种子销售量，预测各种种子的销售量。

制定方案并进行评价，以便决策。编制出几种不同的综合计划方案，进行分析比较，从中选出最佳方案。

通过综合平衡，确定正式的计划草案。

（2）编制经营计划的方法

综合平衡法是编制计划最基本的方法。在种子种苗经营部门的经营活动中，需要进行产需平衡、购销平衡、价值平衡。通过编制各种平衡表，反复核算平衡。

滚动计划法就是按照"近细远粗"的原则制定一定时期内的计划，然后根据计划的执行情况和条件的变化，调整和修订未来的计划，并逐步向前移动。它是一种把近期计划和长远计划结合起来的方法。其程序是：通过调查和预测，掌握各种有关情况，然后按照"近细远粗"的原则，制定一定时期的计划；在一个计划期终了时，摸清计划的执行结果，找出差距，了解其存在的问题；分析经营部门内、外部条件的变化，对原计划进行必要的调整和修订；按照原则将计划期向前滚动一个计划期，再制定出下一个时期的计划。

2.药用植物种子种苗经营计划的执行和目标管理

（1）经营计划的执行

编制计划的目的，是为了把计划蓝图变为现实。其执行过程是：首先分解和落实计划指标。把计划目标分解为若干具体标准。这些标准既能测定生产经营活动是否按计划进行，又能反映活动的具体效果。其次是开展社会主义劳动竞赛，把计划的执行变成组织群众、动员群众的手段。其三是通过统计、会计和电子计算机等，把计划执行结果与计划目标比较，如发生偏离，及时采取措施纠正。其四是做好计划的补充和修订工作，使计划在经营管理职能中起到主导作用。

（2）目标管理

所谓目标管理，是种子种苗经营部门在一定时间内定出总目标，然后进行目标分解；使总目标指导分目标，分目标保证总目标，并采取措施保证目标实现，取得较高经济效益，以达到自我控制的一种管理方法。其特点是：强调以目标为中心，实行全面考核；主要表现为一种整体性的管理，强调个人目标和组织目标融合一体；实行"自主管理"和"自我控制"。

经营部门的目标管理把以工作为中心和以人为中心的管理方法统一起来，使职工了解工作的意义，增强事业心和责任感，能保证经营计划的全面执行。

实现目标管理的步骤大致可分为3个阶段，即制定目标阶段、实行目标阶段和评定成果阶段。实施目标管理的表现形式是目标卡片。通过目标卡片可以使目标管理方法表面化、具体化、程序化，使之一目了然。

（四）药用植物种子种苗运销管理

1.药用植物种子种苗的运输

种子种苗从生产地到需求地需要由集中到分散、由分散到集中的位置转移，即为种子种苗运输。种子种苗运输具有不同于其他商品的特点。

（1）种子种苗调运有较强的季节性

药用植物种子种苗是按照季节生产和供应的，运输的淡旺季节非常明显。种子种苗要根据季节不违农时地组织调运和供应，绝不能错过播种期和栽培期，否则种子种苗本身就失去了种用价值。

（2）对运输条件要求比较严格

种子种苗是有生命的生产资料，必须有维持其生命的温度、湿度、气候等环境条件。同时应避免污染，保证发芽能力。运输中要严防人为混杂，做好包装和标记工作。

（3）短途运输量大

种子种苗供应的对象是广大农村，主要靠短途运输，其特点是运输效率低、运杂费开支大，运输时间拉得长。

种子种苗运输的时间要快，距离就近，直线运输，费用尽量减少。为了药用植物种子种苗能合理运输，可以时间和运价作为评价运输方案、检查运输工作的重要标志。

种子种苗要实现合理运输可以从以下三方面进行：首先，根据种子种苗产销分布情况和交通运输条件，确定种子种苗的合理流向。把种子种苗的产、供、运、销关系用流向图表示出来，选择合理流向的运输路线，使种子运输合理化、制度化。其次，采用直达、直线运输。种子种苗运输中尽量减少中间不必要的层次和环节，把种子种苗从产地或起运地直接运到销售地和用户手中。其三，选择运输工具时应按照"及时、安全、准确、经济"的原则，通过运输时间、里程、环节、费用等项目对比计算，选择最合理的运输工具组织运输。

2.药用植物种子种苗的销售

（1）种子种苗销售的基本任务

在调查用种户对种子种苗需求的基础上，做好销售网点的布局工作，做好广告、包装、标记和服务工作。种子种苗销售要尊重用户的需求权、选择权和反映意见的权利，注意良种、良法一起推广。

（2）种子种苗销售应增强竞争机制

人们在种子种苗销售中，已积累了不少经验，俗称"生意经"。如"你无我有，你有我优，你优我廉，你廉我转"。另外还可试行"种子促销五法"，即：现身示范法，以实物表演或试用来展示品种的特征特性，吸引用户的注意和兴趣，促进销售；关联推销法，在顾客购种时向其推荐相关品种；点柴引火法，在种子销售清淡时组织部分紧缺品种销售，带动其他品种销售；比较推销法，拿其他质量、价格差异的品种向用户比较，推荐自己的品种；以小促大法，在新辟的市场努力销售哪怕数量很少的名特优新品种，以引起用户注意，再销大批良种。同时在种子经销竞争中要学会"十要诀"：质量竞争，以优取胜；品种竞争，以新取胜；价格竞争，以廉取胜；信誉竞争，以诚取胜；服务竞争，以热情、周到取胜；品种陈列竞争，以整洁、美观、醒目取胜；信息竞争，以及时、准确取胜；宣传广告竞争，以简明、艺术、新奇取胜；招徕用种户竞争，以一视同仁取胜；经营竞争，以善于管理取胜。在种子销售中要灵活运用这些经营手段，以扩大销量。

（3）销售广告

种子种苗销售要借助于各种媒介向用户广泛宣传，以促进销售或扩大服务。广告的基本功能是传递种子种苗信息、沟通种子种苗产需，特别是帮助用种户认识种子种苗的特征特性、栽培要点、购种手续等。广告还能够唤起生产者的注意，导致生产者的购买行为，从而激发需求，增加销售。

（4）销售包装

具有吸引力的销售包装能引起用种户的注意，也便于用户识别、选购、携带和使用。种子销售包装要与种子的质量、稀有程度相适应。对数量较少的"三系"种子，原原种和原种要特别讲究包装，避免包装自贬其值。

包装上图案和文字应美观大方，回答购买者最关心的问题，消除其疑虑。销售包装应逐步标准化，并要有不同的规格方便购种者。

（5）种子种苗标记

种子种苗作为商品流通，必须用标记区别生产者、经营者的责任。从我国目前的种子生产、经营和使用来看，应将种子的作物品种、名称、特征特性和纯度、净度、发芽率、含水量、产地、经营单位等都详细标明。

为使种子运输、贮存和销售顺利进行，还要在包装物上做出特定标记，一般应做好指示标记和识别标记。按照种子特性用图案或简易的文字标出运、储、销应注意的事项，如种子防雨、防潮、使用伞形图案表示。

（五）种子种苗经营信息管理

信息，是反映客观世界中各种事物特征和变化的一种可通信的知识；或者说它还具有新内容的消息、数据，是人们在实践活动中为了认识某一客观事物或解决某一问题所必需的资料。经营信息是关于经营目标、经营过程和经营结果的新消息或新情况，是对内外情况及发展动态收集、加工、判断后的事实、数据和情况。经营信息的载体主要是数据、文字、符号和语言交换。

1.经营信息的内容和特点

（1）经营信息的内容

市场信息：立足于目前市场、地区市场、国内市场，放眼未来市场、国际市场。市场信息的主要内容有市场环境信息、市场需求信息、市场供给信息、市场价格信息，等等。

生产信息：包括种子种苗生产基地的布局、生产的品种、世代、质量和数量，生产的技术规程和组织等。

财务信息：包括财务会计、资金筹集和运用信息，成本和价格信息，收入和盈亏信息。

经营水平信息：包括经营体制、组织结构、领导素质、经营目标、经营计划、经营规模、经营信誉、经营责任制度、统计会计制度、经营效益等信息。

（2）经营信息的特点

种子种苗经营和管理离不开信息，但作为经营工具的信息，具有其突出的特点。经营信息被接收的程度差异较大：由于接收者所处的地区、科学文化水平、社会经验的差异，使信息被接收的程度差异较大。接收者所处环境状态越好，信息的接受率越高。种子种苗生产的季节性和地域性关系：由于种子种苗生产的地区性和季节性，给经营信息也带来鲜明的地域性和强烈的季节性，说明经营信息随着时间和地点的变化而变化。经营信息的分散性：由于广大农村以农户生产为主，所以种子种苗经营部门在获得、发出和应用经营信息时都表现得分散，因通信交通的不便，信息传递比较困难。

经营信息的传递受经营体制的影响：有的权力过于集中，信息的决断权在上层，使信息传递形成多层次，这样就会使信息的质量降低，甚至贻误、失真、湮灭。有的体制权力过于分散，又要受传递渠道的限制，下层不易从上层得到信息。所以处理好分权和集权，自主经营和集中经营的关系，能加速信息的传递。

2. 经营信息管理的要求和程序

经营信息管理的基本要求是真实、迅速、经济和适用。要客观地反映经营条件的特征和变化；在单位时间内尽量收集、整理和传递更多的信息；而且信息花费要尽可能地少；信息必须着眼于经济活动的实际需要，所用信息一定要遵循经营目标原则。

经营信息管理的程序包括信息的收集整理、信息的评议、鉴定信息的保存和信息的推广应用。

3. 建立经营信息管理系统

为确保信息的完整、安全和使用的方便，应建立信息档案，专人管理、编码存放。同时把经营信息管理系统工作的各个环节组织起来，成为有机的整体，即为经营信息管理系统。系统内信息的格式要统一，统计和综合工作要标准化。经营信息系统内的信息，不仅应有经营的各种实际资料，而且也应有各种预期的资料，比如预测、定额、标准、预算等数据。这样信息系统可以对实际资料和预期资料进行处理，以使经营活动科学化。

三、药用植物种子种苗管理工作要点

（一）消灭无证经营现象

种子为农业生产中最基本的生产资料之一，有了优良的种子才有可能提高产量，确保药农的经济效益。若提供的种子（种苗）质量低劣，品种难辨，药农生产出的药材可能产量不高，或者大片的药材属伪品或混淆品，由此将造成药农很大的经济损失，大大挫伤药农种药的积极性，导致药源供给不平衡。按照《中华人民共和国种子法》规定，种子生产经营许可证核发权在县级人民政府的农业行政主管部门。种子管理部门受农业行政主管部门的委托，要充分认识办证工作的严肃性，摒弃不想管、怕麻烦的错误思想，改正忽视药用植物种子管理的陈旧观念，勇于行使法定职责，对药用植物种子生产、经营进行一次拉网式排查，摸清底子，取消无证经营现象，加强药用植物种子（种苗）品质管理，保证药农的经济效应，提高药农种药的积极性。

（二）管理部门要不断提高管理水平

种子管理者要适应药用植物种植发展要求，更新知识结构，尽快掌握药用植物种植方面的基本知识和基础理论，认真学习药用植物种子质量标准，深入实际，了解本辖区内主要药用植物品种的特征特性，提高鉴别能力，减少假劣种子上市的可能性。各级政府有关部门应正确履行职责，提高业务管理水平，运用我国《药品管理法》《种子法》《新药管理办法》等法律、法规，把药用植物种子（种苗）市场管理好。

（三）开展咨询服务

采取专题讲座和开展技术咨询等多种形式向农户普及药用植物种子基本知识及栽培技术，让他们能掌握几种从种子种苗颜色、形态特征、大小、气味等特征识别伪劣种子。指导农户购种要到证照齐全、规模大、信誉好、技术力量强的经销部门，不轻信广告宣传，多咨询，多比较。选择品种避难就易，不能跟着价格跑，绕着市场转，要查看种子有无内外标签，标注内容是否有种子产地、生产时间、经销单位，所标注的质量是否达国家质量要求。购种后要向售种单位索要购种发票，并妥善保存。不能因贪图便宜而上当受骗，造成不应有的损失。

（四）加强质量管理

加强种子种苗质量管理，定期或不定期向广大农户发布种子质量信息，让农民及时了解掌握市场上销售的种子种苗质量状况，择优购买。假劣药用

植物种子的危害尤为严重，种子管理部门要主动与工商、邮政、公安等部门联合重查严打，克服地方保护主义思想，对属非法邮寄药用植物种子种苗的坚决不予受理，触犯法律构成犯罪要坚决绳之以法。要重点查和查重点相结合，要经常监督和集中整治相结合，对造成坑农害农影响较大的案件要利用媒体曝光，扩大影响，教育群众，维护药用植物种子市场的秩序，净化药用植物种子市场。

参考文献

[1] 王旭，何顺志，徐文芬，施慧．贵州平坝县药用植物种质资源调查研究 [J]. 贵州科学，2016(06)：1-5.

[2] 高燕，姚春，史文斌．云南文山五种药用植物考察报告 [J]. 热带农业科技，2016(04):28-31.

[3] 高燕．云南文山药用植物考察 [J]. 热带农业科技，2016(04):47.

[4] 邵玲，梁廉，梁广坚，郭秀媚，林琳，欧宇丹．广东金线莲大棚优质种植综合技术研究 [J]. 广东农业科学，2016(10):34-40.

[5] 本刊讯．关于召开中国药学会中药资源专业委员会 2016 年学术年会暨中医药产业发展与扶贫专题研讨会的通知 (第一轮)[J]. 中国药学杂志，2016(15):1307.

[6] 王瑶，苟光前，孙巧玲，陈云飞．贵州省江口县木本药用植物种质资源调查 [J]. 山地农业生物学报，2016(03):58-62.

[7] 崔瑞勤，陈科力，徐雷．珍稀药用植物白及种苗人工繁育技术研究进展 [J]. 现代中药研究与实践，2016(03):79-83.

[8] 曹建新，姜远标，张朝玉，彭莹，杨斌．药用植物白及研究进展 [J]. 林业调查规划，2016(03):29-32.

[9]. 安国市中药都药博园奠基 [J]. 河北中医，2016(05):661.

[10] 金钺，杨成民，魏建和．国家药用植物种质资源库中期库贮存 7 种药用植物种子生活力监测 [J]. 中国中药杂志，2016(09):1592-1595.

[11] 康天兰，刘学周．甘肃省中药材种子种苗产业现状及发展对策 [J]. 甘肃农业科技，2016(04):55-58.

[12] 孙红梅，谷巍，耿超，孙庆文，曹园．卷柏科药用植物种间遗传多样性的 ISSR 分析 [J]. 植物生理学报，2016(03):277-284.

[13] 吕定豪，何顺志，徐文芬，孙庆文．中国天南星属有毒药用植物种质资源的研究 [J]. 种子，2016(01):60-63.

[14] 王思明，赵雨，赵大庆．人参产业现状及发展思路 [J]. 中国现代中药，

2016(01):3-6.

[15] 刘学波，董小玲，赵国珍，尉俊超.杜仲林营造技术 [J].林业与生态，2016(01):28-29.

[16] 本刊讯.关于召开中药资源"十三五"可持续发展论坛的通知 [J].中国药学杂志，2015(23):2038.

[17] 许金石，王茂，柴永福，陈煜，王国勋，万鹏程，郭垚鑫，岳明.子午岭地区草本药用植物种间联结性研究 [J].西北植物学报，2015(11):2307-2314.

[18] 万明香，何顺志.梵净山自然保护区珍稀濒危及特有药用植物种质资源的调查与保护 [J].贵州农业科学，2015(11):23-27.

[19] 王河山，刘小芬，徐惠龙，杨成梓.福建单叶蔓荆不同种苗繁育方式比较 [J].福建中医药，2015(04):48-49.

[20] 杨雪，柴胜丰，韦霄，黄荣韶.药用植物短序十大功劳种苗分级标准研究 [J].种子，2015(08):115-118.

[21] 李景蕻，张丽华.药用兰科植物组培苗菌根化技术在种苗生产中的应用 [J].种子，2015(08):133-134.

[22] 万明香，徐文芬，何顺志.贵州沿阶草属、黄精属药用植物种质资源的研究 [J].种子，2015(07):59-62.

[23] 王晗，雷秀娟，宋娟，尹红新，王英平.药用植物种质资源超低温保存及遗传变异特性研究进展 [J].特产研究，2015(02):70-73.

[24] 乡村连线 [J].农家之友，2015(06):25-26.

[25] 魏胜利，刘勇，孙志蓉，王文全，李卫东，张子龙，胡会娟.中药资源综合实习内容构建及饥饿教学法实践 [J].中医教育，2015(03):31-33.

[26] 卜松竹.中国花卉"西游记" [J].人才资源开发，2015(09):108.

[27] 刘凤玲.红河州林下草果种植发展现状及建议 [J].现代园艺，2015(08):17-18.

[28] 刘震，卢安萨，徐丽，杨振德.药用植物假马鞭的组培繁殖技术 [J].农业研究与应用，2015(02):13-16.

[29] 李京润，吴菲菲，胡晓谅，苟光前.贵州省玉屏侗族自治县木本药用植物种质资源调查研究 [J].山地农业生物学报，2015(01):62-65.

[30] 杨梅，刘维，吴清华，陈翠平，马云桐，彭成，裴瑾.我国药用植物种质资源保存现状探讨 [J].中药与临床，2015(01):4-7.

[31] 孙光彩，田东林.沾益县中药材产业发展的思考 [J].吉林农业，2015(02):98-99.

[32] 李雪洁. 贵州沿河乌江生物科技发展有限公司——依托产学研高新技术发展贵州珍稀中药材 [J]. 中国科技产业，2015(01):61.

[33] 尚秀华，谢耀坚，张沛健，吴志华，彭彦. 5 年生锯叶棕生长情况调查分析 [J]. 桉树科技，2014(04):50-54.

[34] 张锋. 药用植物种质资源创新利用与栽培生理 [J]. 山东农业科学，2014(10):2.

[35] 尚虎山，刘效瑞，王富胜，张华. 全息生育适度系数法在黄芪新品种育苗期品比试验中的应用 [J]. 安徽农业科学，2014(30):10523-10524+10546.

[36] 江维克，周涛，肖承鸿，杨昌贵，艾强. 基于化学指纹图谱的药用植物种质资源多样性评价——以黔产川续断种质资源评价为例 [J]. 中国现代中药，2014(10):813-818+828.

[37] 许经伟，潘莹. 黄河三角洲野生草本药用植物种质资源及其利用研究 [J]. 种子，2014(08):61-64.

[38] 孟衡玲，张薇，陈吉，杨生超. 药用植物通关藤种子的生物学特性研究 [J]. 种子，2014(07):24-26+29.

[39] 匡双便，徐祥增，张广辉，孟珍贵，龙光强，陈中坚，魏富刚，杨生超，陈军文. 不同颜色农膜对药用植物三七 (Panax notoginseng) 种苗生长的影响 [J]. 中国农学通报，2014(16):231-237.

[40] 杨雯，何顺志，徐文芬. 贵州省独山县药用植物种质资源的调查研究 [J]. 种子，2014(05):59-63.

[41] 陆继亮. "大源新法" 促药用石斛健康发展 [J]. 中国花卉园艺，2013(24):13.

[42] 邓乔华，黄勇，徐友阳，潘雪峰. 中药材 GAP 基地建设中存在的问题与建议 [J]. 现代中药研究与实践，2013(06):3-6.

[43] 徐祥彬. 浙江省药用植物种质改良与质量控制技术重点实验室召开学术会议 [J]. 今日科技，2013(10):58.

[44] 毛丹，马学文，毛伟，赵宏. 河南云台山药用植物种质资源研究 [J]. 国土与自然资源研究，2013(05):80-82.

[45] 王永，何顺志，徐文芬，王悦云. 贵州省榕江县药用植物种质资源调查研究 [J]. 种子，2013(09):51-55.

[46] 张妙娟，贺学礼. 河北菊科药用植物种质资源和区系分析 [J]. 河北林果研究，2013(03):314-319.

[47] 陈凌艳，董雯，荣俊冬，郑郁善. 短葶山麦冬花蕾离体培养及快繁技术研究 [J]. 福建林学院学报，2013(03):220-224.

[48] 冯耀文，李泽生，耿秀英，李桂琳，白燕冰．铁皮石斛组培苗工厂化生产技术关键问题探讨 [J]．热带农业科技，2013(03):30-32.

[49] 浙江省药用植物种质改良与质量控制技术重点实验室 杭州师范大学 [J]．今日科技，2013(04):4-5.

[50] 周锦业，丁国昌，汪婷，颜志勤，林思祖，刘丽．LED 光源在种苗繁育中的应用现状及前景分析 [J]．江西农业大学学报，2013(02):370-374.

[51] 刘帆．种植"仙草"铁皮石斛 抓住商机收获财富 [J]．农村百事通，2013(10):29-30.

[52] 高永跃，徐文芬，何顺志．贵州威宁药用植物种质资源调查研究 [J]．种子，2013(03):55-59.

[53] 巫锡源，肖连明．金线莲大棚高产栽培技术 [J]．福建农业科技，2013(Z1):58-60.

[54] 张锋，单成刚，闫树林，张教洪，苏学合，王志芬．药用植物种质资源搜集技术规程 [J]．现代中药研究与实践，2013(01):3-4.

[55] 王丽叶，贺献林，贾和田，杨永胜．涉县中药材种植中存在的问题与建议 [J]．中国农业信息，2012(24):48-50.

[56] 冯家平，刘俊．浅谈金不换的培育技术 [J]．热带林业，2012(04):25-27.

[57] 陈昆，陈琳．官山保护区药用植物种质资源圃建设构想 [J]．华东森林经理，2012(04):50-52.

[58] 江风．凌云县建成广西最大的铁皮石斛种苗组培室 [J]．广西林业，2012(10):19.

[59] 阮桂琴，屈晓宇．浅谈山阳野生中药材资源的保护与开发利用 [J]．农民致富之友，2012(20):70-72.

[60] 李涛，伍龙，朱小迪，张浩．川西高原地区红景天属药用植物种质资源的分布与区系特点 [J]．华西药学杂志，2012(05):503-505.

[61] 黄向东，薛冬，王书言．牡丹土传病害及其防治研究进展 [J]．中国农学通报，2012(28):114-118.

[62] 张锋，张教洪，闫树林，苏学合，王志芬．药用植物种质资源保存技术规程 [J]．种子，2012(09):69-71.

[63] 徐祥彬．探寻大盘山的宝藏——浙江省药用植物种质改良与质量控制技术重点实验室 [J]．生命世界，2012(09):20-25.

[64] 邓朝晖．黔产药用植物桔梗的抗旱生理适应特性 [J]．江苏农业科学，2012(07) : 216-219.

[65] 潘超美，黄崇才，郑芳昊，唐晓敏，刘欣．药用植物土沉香种苗分级标准

的研究 [J]. 广州中医药大学学报，2012(02):180-184.

[66] 杨雪，孙娜. 生物工程技术与药用植物资源保护 [J]. 黑龙江科技信息，2012(07):9.

[67] 何顺志，徐文芬，王悦云，杨相波，周宁，贺勇. 淫羊藿药用植物种质资源 [J]. 贵州科学，2012(01):9-14+41.

[68] 湖南省林业科学院木本药用植物与观赏植物研究团队简介 [J]. 中南林业科技大学学报，2012(02):155.

[69] 谢军丽，何顺志，徐文芬，黄勇其. 贵州菝葜属药用植物种质资源的研究 [J]. 种子，2012(01):63-66.

[70] 何斌，刘勇. 不同种植密度对异株荨麻生长和光合特性的影响 [J]. 西北农业学报，2012(01):94-97.

[71] 姚绍嫦，凌征柱，李翠，吕惠珍，张占江. 药用唇柱苣苔叶片分化及植株再生研究 [J]. 种子，2011(12):30-33+37.

[72] 王升，李璇，周良云，林淑芳，吴志刚，郭兰萍. 新疆紫草繁育生物学及人工栽培 [J]. 中国现代中药，2011(11):18-22+56.

[73] 潘建平，杜一新，李永青. 大青木人工栽培技术 [J]. 农技服务，2011(11):1622-1623.

[74] 席刚俊，赵桂华. 铁皮石斛栽培技术概况 [J]. 安徽农业科学，2011(32):19740-19742.

[75] 云南省高等学校工程研究中心建设项目 云南省高校中药材优良种苗繁育工程研究中心简介 [J]. 云南中医学院学报，2011(05):2.

[76] 张家爱，张良友. 北方药用植物种质资源信息管理系统的构建 [J]. 中国市场，2011(40):136-138.

[77] 刘久洋. 山里红实生播种育苗及栽培技术初探 [J]. 林业勘查设计，2011(03):90-91.

[78] 单成钢，张教洪，朱京斌，陈庆亮，倪大鹏，王志芬. 我国药用植物种子生产研究现状与发展对策 [J]. 现代中药研究与实践，2011(04):14-15.

[79] 黄林芳，陈士林. 无公害中药材生产 HACCP 质量控制模式研究 [J]. 中草药，2011(07):1249-1254.

[80] 张俊，蒋桂华，敬小莉，陈佳妮，唐梅，陈琴，朱敏凤. 我国药用植物种质资源离体保存研究进展 [J]. 世界科学技术 (中医药现代化)，2011(03):556-560.